中国北方山地
常见植物花粉形态研究
——光学显微镜下精确鉴定方法探索

许清海　黄小忠　王　涛　主编

科学出版社
北　京

内 容 简 介

本书简要介绍了孢粉形态学的基本内容，利用光学生物显微镜观察研究了太岳山和长白山两个自然植被区常见植物的花粉形态特征，采用图文对应的方式进行编排。本书采用线性判别分析和分类回归树的方法，尝试解决花粉种间鉴定的困难，为提高化石花粉鉴定分辨率提供了一种解决方案。对植物花粉采用APG（被子植物种系发生学组）系统进行分类，解决因为分类系统不同而对研究造成的困扰，以适应花粉形态学的发展趋势。

本书主要为所有孢粉学研究相关的高等院校师生及科研单位研究人员参考。同时可供植物学、生态学、考古学、古植物学、古地理学、古气候学等有关学者及高等院校考古学、地理学、地质学、生物学、环境学等师生参阅。

审图号：GS京（2022）1211号

图书在版编目（CIP）数据

中国北方山地常见植物花粉形态研究：光学显微镜下精确鉴定方法探索 / 许清海，黄小忠，王涛主编. —北京：科学出版社，2022.10

ISBN 978-7-03-071522-7

Ⅰ.①中… Ⅱ.①许… ②黄… ③王… Ⅲ.①山地－植物－花粉－形态－研究－北方地区 Ⅳ.①Q944.58

中国版本图书馆 CIP 数据核字（2022）第 028090 号

责任编辑：孟美岑 马程迪 / 责任校对：何艳萍
责任印制：肖 兴 / 封面设计：北京图阅盛世

科学出版社 出版
北京东黄城根北街 16 号
邮政编码：100717
http://www.sciencep.com

北京汇瑞嘉合文化发展有限公司印刷
科学出版社发行 各地新华书店经销

*

2022 年 10 月第 一 版 开本：787×1092 1/16
2022 年 10 月第一次印刷 印张：26 3/4
字数：634 000

定价：398.00 元

（如有印装质量问题，我社负责调换）

Study of the Pollen Morphology of Common Plant Species in the Mountains of Northern China

——Exploration of Precise Identification Under an Optical Microscope

Editors in Chief: Xu Qinghai, Huang Xiaozhong, Wang Tao

编辑委员会

Editorial Committee

前　言

　　孢粉是最直接的古植被代用指标之一，在正确认识和恢复过去气候和环境变化方面具有不可替代的作用。利用化石孢粉资料定量重建古植被、古气候是孢粉学发展的新趋势，同时也是目前孢粉学面临的巨大挑战和艰巨任务。但现有孢粉记录的鉴定水平较低，木本植物花粉多鉴定至属一级，草本植物花粉多鉴定至科或属一级。由于单个植物科内属间和属内种间可能存在较大的生态差异，花粉鉴定的精准度成为利用化石孢粉数据定量重建古植被-古气候的关键。基于科或属一级水平的孢粉数据重建的古植被、古气候变化可能掩盖了植物群落物种间的变化，忽视了属内物种对气候和植被的响应。已有研究表明，扫描电镜下同属不同种植物花粉形态存在一定差异，但电镜花粉样品的制备方法并不适用于大量的地层花粉研究。因此，亟须对光学显微镜下花粉形态进一步开展研究，探索花粉种间鉴定的可能性，提高地层花粉鉴定水平。

　　本书利用光学显微镜观察研究了中国北方山地常见植物类型花粉 71 科 208 属 348 种常见植物的花粉形态特征，用线性判别分析和分类回归树的方法对花粉形态的一系列参数进行分解，找出一个或多个关键鉴定特征，尝试解决花粉种间鉴定的困难，为提高化石花粉鉴定水平提供了一种解决方案。本书采用图文对应的方式进行编排，每种选择 2～12 张花粉照片，包括极面观和赤道面观及孔沟纹饰等图片。每种花粉标注了花粉标本号，标本号开头为 CBS 的花粉采集地为吉林省长白山区，标本号开头为 TYS 的花粉采集地为山西省太岳山区。本研究对植物名称采用 APG（Angiosperm Phylogeny Group）系统进行分类，避免研究中因为分类系统不同而造成的困扰。全书科、属、种的顺序按照拉丁学名首字母顺序排列。

　　本书主要为从事孢粉学、植物学、古生态学研究的相关人员和研究生提供参考或教学辅助。由于编者认识水平和工作积累等方面的限制，书中可能存在很多不足，敬请批评指正。

许清海　黄小忠　王　涛

PREFACE

Sporopollen is one of the most direct and reliable indicators of paleo-vegetation, paleoclimate and paleoenvironment, which plays an irreplaceable role in understanding and reconstructing past climate and environmental changes. Quantitative reconstruction of paleo-vegetation and paleoclimate based on fossil pollen data is a new trend in palynological studies and it is also a great challenge and task in recent decades. However, the low identification level, mostly the family or genus level, of existing sporopollen records has hampered the high-precision quantitative reconstruction of paleo-vegetation and paleoclimate, as there may be great ecological differences between genera and species within a single plant family. The reconstructed paleo-vegetation and paleoclimate changes based on the low-identification-level fossil sporopollen data may also have covered up the ecological changes within plant community and ignored minor climate changes indicated by species-level variations. Previous studies have shown that there are some differences in pollen morphology of different plant species of the same genus under scanning electron microscope, but the preparation method of electron microscope pollen samples is not suitable for a large number of stratigraphic pollen studies. Therefore, it is urgent to further study the pollen morphology under the optical microscope to explore the possibility of pollen identification at species level.

In order to provide a solution for improving the identification level of fossil pollen in the northern China, pollen morphological characteristics based on optical microscope observations of 348 common plant species of 208 genera and 71 families from the mountains of northern China are descripted. This book explores a series of parameters of pollen morphology by using linear discriminant analysis and classification regression tree to find out one or more identification keys. It provides 2~12 pollen images for each species with corresponding text descriptions. Each pollen type is attached with its sample code. The sample code beginning with CBS was collected from Changbai Mountains in Jilin Province, and the TYS code means that the sampling site is Taiyue Mountain of Shanxi Province. In this book, plant names were classified by APG (Angiosperm Phylogeny Group) system. The families, genera and species of the book is listed in the alphabetical order of Latin names.

This book intends to provide reference or teaching material for relevant researchers and graduate students engaged in palynology, botany and paleoecology. Due to the limitations of the editor's experience and knowledge, there must be some deficiencies or mistakes in this book. Your valuable comments, suggestions and criticisms are sincerely wellom.

Xu Qinghai, Huang Xiaozhong, Wang Tao

目　录

第1章 引 论

1.1 孢粉和孢粉学

1.1.1 孢粉的形成

孢粉是孢子（spore）和花粉（pollen）的简称。藻类植物、菌类植物、苔藓植物和蕨类植物产生孢子，裸子植物和被子植物产生花粉。无论是孢子还是花粉，都是由孢子或花粉母细胞形成。孢子母细胞经过减数分裂形成四分体，四分体进一步分离形成 4 个小孢子（图 1.1）。花粉母细胞（pollen mother cell）经过减数分裂形成四分体（tetrad）（图 1.2），四分体壁中的胼胝质降解，分离成 4 个小孢子（microspore）；小孢子内部产生液泡，细胞核向细胞壁移动；之后小孢子经过有丝分裂（pollen mitosis I，PM I），形成一个营养细胞（vegetative cell）和一个生殖细胞（germ cell），此时花粉粒成熟，该类型成熟花粉为二细胞型花粉粒。另一些植物的花粉粒，在成熟之前，精细胞会再次进行有丝分裂（pollen mitosis II，PM II），形成两个精细胞，该类型成熟花粉为三细胞型花粉粒。

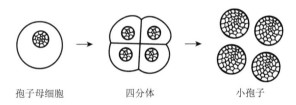

图 1.1 孢子的形成过程（改自强胜等，2016）

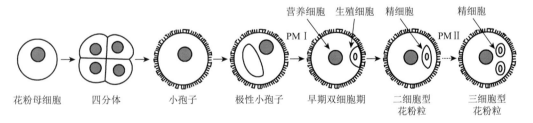

图 1.2 花粉的形成过程（改自 Borg et al., 2009）

1.1.2 孢粉形态的研究历史

1662 年，英国植物学家 Grew 在 *The Anatomy of Plants* 一书中描述到，不同植物科属的孢粉形态存在明显差异，这一发现是孢粉学研究的核心。花粉的直接观察是在虎克复式显微镜发明之后，Grew（1682）和 Malpighi（1687）最早在显微镜下观察研究了花粉形态。由于当时显微镜设备的限制，对花粉形态描述仅限于一般的外形及颜色。Linné（1751）首次使用了"pollen"一词。Sprengel（1793）最早识别出花粉外壁纹饰和萌发孔特征，奥地利植物艺术学家 Bauer、德国植物学家 Mohl 等欧洲学者开展了一系列花粉形态绘图及描述工作。在高性能显微镜的发明和使用下，Mohl（1834）和 Fritzsche（1837）对花粉的外壁层次进行了清楚的观察和描述，并发表了许多被子植物花粉形态研究的文章，花粉形态研究取得了进一步进展。而最早对化石花粉进行观察描述的是 Göppert（1837）和 Ehrenberg（1838）。

1944 年，Hyde 和 Williams 创造了孢粉学（palynology）一词，之后孢粉学发展成一门研究植物孢子和花粉的科学，越来越多的学者陆续开展了花粉形态绘图和描述工作。Wodehouse 对多个科属的花粉形态进行了描述，并讨论了其进化关系及分类学意义。1952 年，瑞典孢粉学家 Erdtman 出版了 *Handbook of Palynology and Plant Taxonomy* 一书，研究了花粉形态与植物分类的关系，为现代孢粉学研究奠定了基础。20 世纪 50 年代，苏联孢粉学家 Pokrovskaya 等编著的 *Pollen Analysis*（1950）、美国孢粉学家编著的 *Aspects of Palynology*（1969）和 Erdtman 整理出版的 *Handbook of Palynology*（1953），成为孢粉形态鉴定参考的经典专著。1960 年以后，随着扫描电子显微镜和透射电子显微镜的发明，花粉形态学有了新的进展：1965 年，Thornhill 等最早观察描述了扫描电子显微镜下的花粉形态；1967 年，Flynn 和 Rowley 最早观察描述了透射电子显微镜下的花粉形态。

国内花粉形态研究始自 1952 年，在中国科学院植物研究所王伏雄院士的带领下，于 1960 年出版了我国第一部花粉形态学专著——《中国植物花粉形态》；随后国内学者相继出版了《孢子花粉分析》（1965）、《中国蕨类植物孢子形态》（1976）和《中国热带亚热带被子植物花粉形态》（1982）等，对我国现代孢粉学发展起到了巨大的推动作用。近年来，随着孢粉形态学研究的不断开展和深入，国内陆续产生了一系列研究成果。区域性的研究成果主要有：《中国干旱半干旱地区花粉形态》（席以珍和宁建长，1994）和《内蒙古草地现代植物花粉形态》（宛涛等，1999）。专题性的花粉形态专著包括《中国实用花粉》《中国孢粉化石》《中国伞形科植物花粉图志》《壳斗科植物花粉形态及生物地理》《中国气传花粉和植物彩色图谱》《中国苔藓植物孢子形态》《中国常见水生维管束植物孢粉形态》《中国常见栽培植物花粉形态——地层中寻找人类痕迹之借鉴》《菊科紫菀族花粉的形态结构与系统演化》《中国第四纪孢粉图鉴》等。电镜花粉研究成果主要有《植物花粉剥离观察扫描电镜图解》《种子植物花粉电镜图志》《中国木本植物电镜扫描图志》等。

1.2 花粉的形态特征

1.2.1 类型

大部分植物的花粉在成熟时，四分体彼此分离形成单个花粉粒，称为单粒花粉（single grain）。有些植物的花粉成熟时，由两个以上花粉粒集合在一起，称为复合花粉（compound grain）。根据组成花粉颗粒的数目，复合花粉又可以分为二合花粉（dyads）、四合花粉、八合花粉、16 合花粉、32 合花粉等。此外，有些植物的花粉成熟时，由许多花粉结合在一起形成花粉块（pollen mass）。在复合花粉中，四合花粉最常见，其排列方式可以分为正四面体形四合花粉（tetrahedral tetrads）、十字形四合花粉（cross tetrads）、正方形四合花粉（square tetrads）、菱形四合花粉（rhomboidal tetrads）和线形四合花粉（linear tetrads）等（图1.3）。

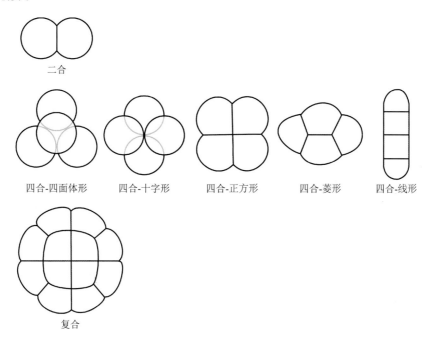

二合

四合-四面体形　　四合-十字形　　四合-正方形　　四合-菱形　　四合-线形

复合

图1.3　花粉的类型（改自王伏雄等，1995）

1.2.2　极性和对称性

大部分植物的花粉都有极性，花粉的形状和孔沟位置与花粉的极性直接相关，花粉的极性取决于花粉在四分体时期所处的位置（图1.4）。每个小孢子的极轴（polar axis）从四分体中心的近极（proximal pole）延伸至四分体外侧的远极（distal pole）。通过花粉中心与极轴垂直的线为赤道轴（equatorial axis）。赤道轴所在的平面为赤道面（equatorial face），赤道面位于小孢子的中心，与极轴垂直。赤道面将花粉分为近极面（proximal face）和远极面（distal face）。

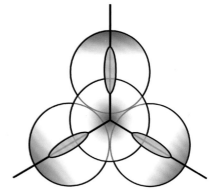

图1.4　四分体花粉的极性（阴影部分为远极，中心为近极）（改自Hesse et al.，2009）

在具有极性的花粉中，可以分为等极花粉（isopolar pollen）、异极花粉（heteropolar pollen）和亚等极花粉（subisopolar pollen）三个类型。等极花粉的近极面和远极面对等，大部分花粉属于此类型。异极花粉的近极面和远极面不同，如银杏科（Ginkgoaceae）、苏铁科（Cycadaceae）、松属（Pinus）等。亚等极花粉的近极面和远极面则稍有不同。

　　大部分花粉具有对称性，花粉的对称性一般可分为三种类型，即辐射对称、左右对称和完全对称。辐射对称具有两个以上纵的对称平面，或者只有两个这样的平面时，总是具有等长的赤道轴；左右对称的花粉具有两个纵的对称平面，但与辐射花粉不同，赤道轴不是等长的；完全对称的花粉是指通过花粉中心所切割的任何面都是对称的，属于这一类的花粉有无孔沟的球形花粉（图1.5）。

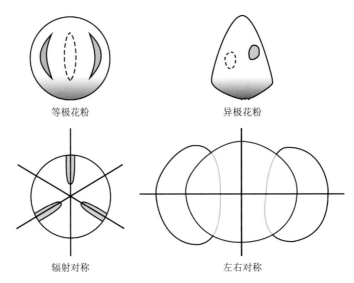

图1.5　花粉的极性和对称性

1.2.3　形状和大小

　　花粉的形状取决于极轴长度与赤道轴长度的比例。在球形花粉中，极轴长与赤道轴长约相等；极轴长大于赤道轴长的花粉粒为长球形；极轴长小于赤道轴长的花粉粒为扁球形。根据比例关系，可以分为表1.1所示的类别（王伏雄等，1995）。

表1.1　花粉基本形状类型表

花粉形状	极轴：赤道轴（$P:E$）	比值
超长球形	>8：4	>2
长球形	8：4~8：7	2~1.14
近球形	8：7~7：8	1.14~0.88
扁球形	7：8~4：8	0.88~0.50
超扁球形	<4：8	<0.50

　　花粉的大小变化幅度很大，最小的花粉粒径小于10μm，最大的花粉粒径大于200μm。根据粒径大小，可以分为以下类别（王开发等，1983）：①花粉很小，粒径<10μm。②花粉小，粒径为10~25μm。③花粉中等，粒径为25~50μm。④花粉大，粒径为50~100μm。⑤花粉很大，粒径为100~200μm。⑥花粉极大，粒径>200μm。

1.2.4　萌发孔

萌发孔是花粉外壁上开口或变薄的地方，在形态或结构上与外壁的其余部分显著不同，通常认为是花粉萌发时花粉管伸出的通道。根据萌发孔的形状，一般分为两种类型：沟（colpus），指长萌发孔，其长轴为短轴的两倍以上；孔（pore），指短萌发孔，其长轴为短轴的两倍以下，或为圆形。

根据萌发孔的位置，可以大致分为几个类型（图 1.6）。

（1）萌发孔不明显的类型：花粉表面不具有明显的孔、沟，在外壁的某些区域变薄，如杉科和杨属花粉等为无孔花粉。

（2）具孔类型：花粉外壁上具圆形、椭圆形或方形的开口。根据萌发孔的数目，常见的有单孔、二孔、三孔、四孔、五孔、六孔、多孔和散孔等。花粉的极性决定了萌发孔的术语，单孔位于远极处为远极孔，如禾本科等。二孔至多孔常处于赤道上，被子植物的许多科属的花粉都属此类。散孔则分散在花粉粒整个表面，分布较均匀，数目在 10 个以上，如苋科（Amaranthaceae）和石竹科（Caryophyllaceae）等。

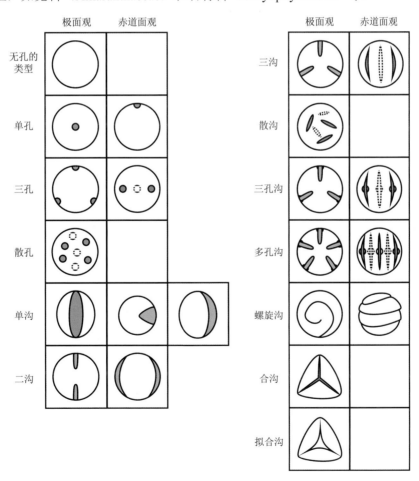

图 1.6　花粉萌发孔的主要类型（改自 Faegri，1975）

（3）具沟类型：花粉外壁上具长方形、纺锤形或细条形的沟，沟的长度一般都在其宽度的 2 倍以上。根据沟的数目常见的有单沟、二沟、三沟、四沟、五沟、六沟、多沟和散沟等。单沟位于远极处为远极沟，如百合科（Liliaceae）等。二沟至多沟常位于赤道面上且与赤道面垂直，被子植物许多科属的花粉都属此类。散沟则分布在花粉粒整个表面，如马齿苋属（*Portulaca*）等。

（4）具孔沟类型：花粉外壁上同时存在孔和沟，孔一般位于沟的中部，有的位于沟下面，孔径大于沟宽的称为内孔。根据孔沟的数目常见的有三孔沟、四孔沟、五孔沟、六孔沟和多孔沟等。被子植物的许多科属的花粉都属此类。

（5）其他类型：萌发孔呈螺旋形，如谷精草属（*Eriocaulon*）等；萌发孔呈环状，如睡莲属（*Nymphaea*）等；沟的末端在极面上相连，形成合沟；沟的末端在极面上先分支，分支相连接在极面留下一个没有沟通过的区域，称为拟合沟（或称副合沟、假合沟），如桃金娘科（Myrtaceae）等。此外，有些花粉萌发孔不明显，可以在前面冠以"拟"字，如拟孔、拟沟等。

1.2.5 花粉壁

花粉壁是一层由孢粉素和纤维素组成的特殊细胞壁，具有复杂的结构和形态特征（图 1.7）。花粉壁通常分为外壁（exine）和内壁（intine）两层，外壁内层由基层（foot layer）和下面的一层组成；外壁外层分为两层，由网格状的柱状层（columellae）和覆盖层（tectum）构成。花粉外壁覆盖着脂质复合物，名为花粉鞘（pollenkitt）或含油层（tryphine）。

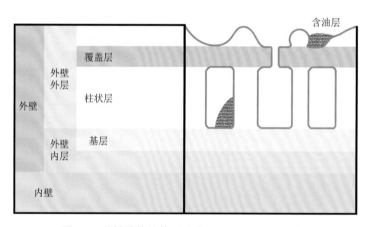

图 1.7 花粉壁的结构（改自 Hesse et al.，2009）

由于花粉外壁覆盖层上所形成的突起类型不同及柱状层上物质分子排列方式不同，花粉粒表面形成各种各样的花纹图案，统称为花粉的纹饰（ornamentation）。花粉表面的纹饰分为下面几种（图 1.8）：①光滑无纹饰。②颗粒状纹饰。花粉表面具圆形颗粒状突起，颗粒大小随种属而异。③瘤状纹饰。圆头状突起，最大宽度大于高度。④条纹状纹饰。由相互平行或交错排列的条纹组成，条纹的长短、宽窄和排列方式随种属而异。⑤棒状纹饰。棒状突起，高度大于最大宽度。⑥刺状纹饰。具刺或小刺，末端尖或钝，刺基部的宽度比末端宽度大。⑦脑纹状纹饰。由不规则隆起的条脊组成。⑧穴状纹饰。外壁上具圆形或近圆形的凹陷。⑨网状纹饰。由网脊和网眼组成，网眼及包围着它的一半网脊形成一个网胞。网脊的宽窄及网眼的大小和形状随种属而异。⑩负网状纹饰。网脊部分凹进，网眼部分突出。

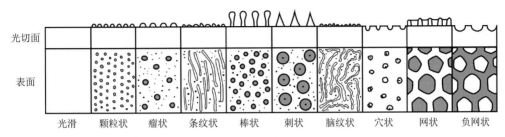

图 1.8　花粉外壁纹饰（改自王伏雄等，1995）

1.3　中国北方山地植被概况

中国北方从北到南，植被可以分为下列各个区域：寒温带针叶林区，温带针叶、落叶阔叶混交林区和暖温带落叶阔叶林区。

1.3.1　寒温带针叶林区

寒温带针叶林区在我国的面积不大，只包括北纬 49°20′以北，东经 127°20′以西的大兴安岭北部及其支脉伊勒呼里山的山地，是我国最北部的一个植被区域。

该区域植被垂直分布带可以划分为三个带和三个亚带。亚高山矮曲林带分布于海拔 1240m 以上的区域，地带性植被为偃松矮曲林；山地寒温针叶疏林带分布于海拔 1100～1240m，地带性植被为偃松-（岳桦）兴安落叶松疏林；山地寒温针叶林带分布于海拔 1100m 以下的区域，分为山地上部落叶针叶林亚带（海拔 820～1100m）、山地中部落叶针叶林亚带（海拔 450～820m）和山地下部落叶针叶林亚带（海拔 450m 以下），其地带性植被分别为藓类-（云杉）兴安落叶松林、杜鹃-（樟子松）兴安落叶松林和蒙古栎-兴安落叶松林。

1.3.2　温带针叶、落叶阔叶混交林区

该区域位于北纬 40°15′～北纬 50°20′，东经 126°～东经 135°30′，包括东北平原以北、以东的广阔山地，南端以丹东至沈阳一线为界，北部延至黑龙江以南的小兴安岭山地。

该区域植物种类繁多，从植物区系上看，该区域为长白山植物区系的分布区，随海拔的变化，该区域的植物区系成分也发生变化，这种变化与周围地区植物区系有相应联系，以长白山表现得最为完全而具有代表性，故温带针叶、落叶阔叶混交林区以吉林长白山为例。

长白山位于我国吉林省东南部的中朝交界处，是东北地区松花江、鸭绿江和图们江三大河流的发源地。主峰白云峰海拔 2691m，是我国东北地区第一高峰。长白山自然保

护区位于北纬 41°41′~北纬 42°25′，东经 127°42′~东经 128°17′（图 1.9）。本区气候区划属中温带湿润大区，由于山体高，气候随海拔变化较大。山下（海拔 470m）年平均温度约 2.8℃，而山顶（天池气象站，海拔 2623.5m）年平均温度只有−7.3℃。长白山雨量充沛且随海拔上升而逐渐增加，降水多集中在夏季，6~9 月降水量占全年降水量的 80%。山下年均降水量为 695mm，山顶天池年均降水量为 1340mm。

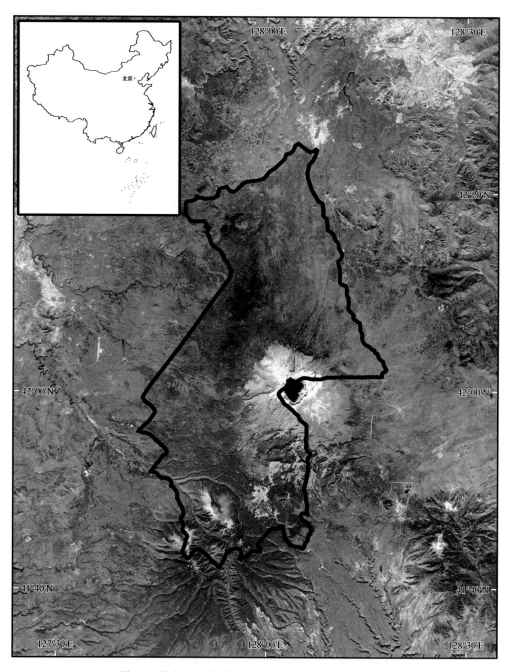

图 1.9　长白山研究区位置图（据高德卫星地图修改）

该区植被随着海拔的变化，呈明显的垂直分布带谱：①红松针阔混交林带，位于海拔 450～1000m，针叶树以红松（*Pinus koraiensis*）、杉松（*Abies holophylla*）为主，阔叶树以白桦（*Betula platyphylla*）、香杨（*Populus koreana*）为主，灌木以胡枝子（*Lespedeza bicolor*）为优势，混生有疣枝卫矛（*Euonymus pauciflorus*）、长白忍冬（*Lonicera ruprechtiana*）、光萼溲疏（*Deutzia glabrata*）、色木槭（*Acer mono*）和花楷槭（*Acer ukurunduense*）等。②云冷杉林带，分布于海拔 1000～1800m，主要木本植物为红皮云杉（*Picea koraiensis*）、鱼鳞云杉（*Picea jezoensis* var. *microsperma*）、臭冷杉（*Abies nephrolepis*）和黄花落叶松（*Larix olgensis*）。灌木层不发达，常见的有毛榛（*Corylus mandshurica*）、金花忍冬（*Lonicera chrysantha*）和东北溲疏（*Deutzia parviflora* var. *amurensis*）。③岳桦林带，位于海拔 1800～2000m 处，主要为岳桦（*Betula ermanii*），林内混生有个别落叶松（*Larix gmelinii*）和鱼鳞云杉。林下灌木主要有牛皮杜鹃（*Rhododendron aureum*）。林下草本层发达，主要有长白金莲花（*Trollius japonicus*）、长白山橐吾（*Ligularia jamesii*）和大叶章（*Deyeuxia purpurea*）等。④高山苔原带，位于海拔 2000～2300m，主要有牛皮杜鹃、高山杜鹃（*Rhododendron lapponicum*）、松毛翠（*Phyllodoce caerulea*）、笃斯越橘（*Vaccinium uliginosum*）、越橘（*Vaccinium vitis-idaea*）、东亚仙女木（*Dryas octopetala* var. *asiatica*）和多腺柳（*Salix nummularia*）等。⑤高山荒漠带，位于海拔 2500m 以上，植物难以生长，仅有少数植物，如倒根蓼（*Polygonum ochotense*）、长白虎耳草（*Saxifraga laciniata*）和高山龙胆（*Gentiana algida*）等零散分布，盖度在 1%～7%。

1.3.3　暖温带落叶阔叶林区

该区域位于燕山山地与秦岭两大山体之间，北纬 32°30′～北纬 42°30′，东经 103°～东经 124°10′。区域地势西高东低，明显地分为山地、丘陵和平原三部分。其中山地分布在北部和西部，主要包括冀北山地、山西高原和秦岭北坡等。山西高原植被繁茂程度与种类组成均超过冀北山地，而秦岭北坡已处于本地带的南缘，具有向亚热带山地过渡的性质。太岳山位于山西省境内的中南部，是本区有代表性的山地植被类型，故暖温带落叶阔叶林区以山西太岳山为例（图 1.10）。

太岳山位于山西省境内的中南部，北纬 36°20′～北纬 37°15′，东经 111°40′～东经 112°50′，包括沁源、沁县两县全部，古县北部，介休、灵石、平遥等县东部的山区，主峰为霍山，海拔 2347m。太岳山区地形复杂多样，断层峡谷和石质山地较多，以片麻岩和花岗岩为主，山地的基岩构成较为复杂，主要为石灰岩、砂岩、页岩。山地丘陵区由黄土沉积物构成，水平地带类为褐土，随海拔的升高，依次为山地淋溶褐土、山地棕壤和亚高山草甸土。本区气候区划属暖温带亚湿润大区，夏季高温多雨，冬季寒冷干燥，年平均气温为 4～7℃，极端最高温为 37℃，极端最低气温约–25℃。年平均降水量为 510～750mm，多雨年降水为 1000mm，少雨年为 350mm。

太岳山区植被垂直分布较为明显：①灌木及农田带，分布于 800～1000m，灌木阳坡主要为皂荚（*Gleditsia sinensis*）、木槿（*Hibiscus syriacus*）、酸枣（*Ziziphus jujube* var. *spinosa*）等，阴坡为黄刺玫（*Rosa xanthina*）、虎榛子（*Ostryopsis davidiana*）、三裂绣线菊（*Spiraea trilobata*）等；草本植物有河北木蓝（*Indigofera bungeana*）、蒿属等（*Artemisia* L.）。②低中山针叶林带，海拔 1000～1300m 阳坡为侧柏（*Platycladus orientalis*）和白皮松（*Pinus bungeana*）林，灌木在阳坡为牛奶子（*Elaeagnus umbellata*）、黄刺玫等；阴坡为虎榛子（*Ostryopsis davidiana*）、黄栌（*Cotinus coggygria*）、土庄绣线菊（*Spiraea pubescens*）

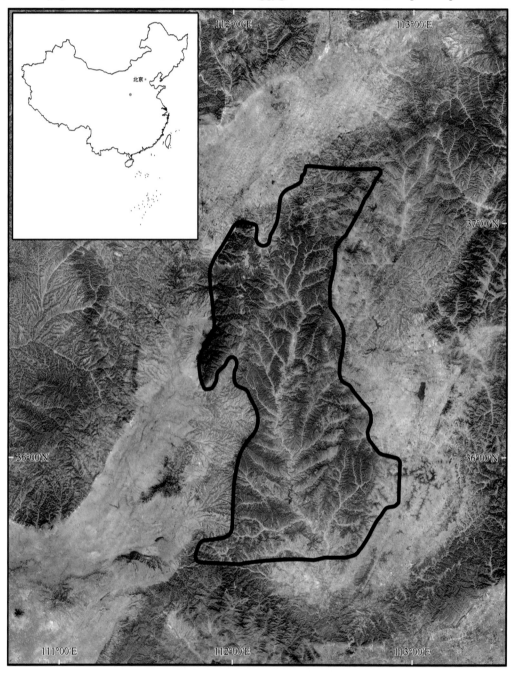

图 1.10　太岳山研究区位置图（据高德卫星地图修改）

等。③针阔叶混交林带，阳坡海拔 1300～1500m，为白皮松、侧柏、辽东栎（*Quercus wutaishanica*）和槲栎（*Quercus aliena*）组成的混交林；上升到 1500～2000m，则为油松（*Pinus tabuliformis*）、辽东栎、槲栎与栓皮栎（*Quercus variabilis*）组成的针阔叶混交林，出现有千金榆（*Carpinus cordata*）、元宝槭（*Acer truncatum*）、白蜡树（*Fraxinus chinensis*）和青麸杨（*Rhus potaninii*）；阴坡 1200～1400m，为白皮松、侧柏、油松与鹅耳枥（*Carpinus turczaninowii*）、白蜡树、元宝槭、漆（*Toxicodendron vernicifluum*）、千金榆（*Carpinus cordata*）、榆树（*Ulmus pumila*）等混交；林下灌木也有不同，阳坡为山桃（*Amygdalus davidiana*）、山杏（*Armeniaca sibirica*）、胡枝子（*Lespedeza bicolor*）、黄刺玫等，阴坡则为虎榛子、黄栌等。④落叶阔叶林带，分布于阴坡 1400～2150m，主要有千金榆、元宝槭、青皮槭（*Acer cappadocicum*）、榆、山杨（*Populus davidiana*）等；1900m 以上有少量的青扦（*Picea wilsonii*）、华北落叶松（*Larix gmelinii* var. *principis-rupprechtii*）。⑤山地矮化带，分布于阳坡，海拔 2000～2150m，主要有白桦（*Betula platyphylla*）、红桦（*Betula albosinensis*）、山杨、辽东栎（矮化为灌木状）。⑥山地草甸带，位于 2150～2347m，种类丰富，主要有狼毒（*Stellera chamaejasme*）、柳兰（*Chamerion angustifolium*）、钟苞麻花头（*Klasea centauroides* subsp. *cupuliformis*）、山西马先蒿（*Pedicularis shansiensis*）等。

1.4　研　究　方　法

1.4.1　研究意义

本书利用光学显微镜观察研究了中国北方山地常见植物的花粉形态特征，为利用地层中相应化石孢粉类型恢复植被演化历史、重建古气候及揭示环境变化提供现代花粉形态资料。

1998 年，被子植物种系发生学组（angiosperm phylogeny group，APG）提出了一种新的基于分支分类学和分子系统学的被子植物分类系统（称为 APG 系统）。近年来，基于 DNA 序列的分子系统学已经越来越成熟，目前，绝大多数被子植物的科学研究均采用 APG 分类系统，部分花粉形态学文章也已经开始使用 APG 系统对植物花粉进行分类。因此，本书对植物花粉采用 APG 系统进行分类，解决因为分类系统不同而对研究造成的困境，以适应花粉形态学研究的发展趋势。

花粉形态在科一级水平存在显著差异，可以通过典型的分类特征进行有效的鉴别。然而在亲缘关系较近的分类单元（属一级和种一级）中，花粉形态差异不明显，光学显微镜下很难区别属或种间的差异，而电子显微镜下观察又不便于花粉的统计鉴定。因此，现有孢粉记录的鉴定水平较低，木本植物花粉多鉴定至属一级，草本植物花粉多鉴定至属或科一级。为解决上述问题，本书采用分类回归树（classification and regression tree analysis，CART）的方法，尝试解决花粉种间鉴定的困难。

1.4.2　花粉标本的采集

2014 年 7 月和 2015 年 8 月课题组在长白山区和太岳山区开展野外花粉采集工作，

并委托当地林业部门的植物分类学人员协助采集花粉，其中长白山花粉样品采集时间为2014～2017 年，太岳山花粉样品采集时间为 2015 年和 2017 年。样品为开花植物即将开放的花苞，采集量为 100 朵左右（花蕊数量少的植物酌情增加）。

1.4.3 样品制备

1. 花粉液体的分解

采用 Erdtman 乙酸酐分解法处理用于制作花粉玻片的植物花苞，具体步骤如下。

（1）样品预处理：在体视显微镜下用镊子夹取各种植物的花药并将其放入 10ml 塑料试管中，标记相应的种名及编号。

（2）碱处理：往 10ml 试管中分别加入 3ml 20%的 NaOH 溶液，去除样品中的有机质，水浴加热 10min，充分反应后，加水离心，直至上清液呈中性。

（3）乙酸酐分解：按照乙酸酐：浓硫酸=9：1 的比例配制乙酸解液，使用胶头滴管顺着试管壁将乙酸解液缓慢滴入，并不断搅拌，水浴加热 8min，使其充分反应，达到去除花粉原生质，使花粉纹饰清晰的目的。最后，缓慢加水并离心至中性。

2. 花粉固定玻片的制作

花粉固定玻片的制作采用石蜡封片法，具体步骤如下。

（1）甘油胶的配制：将水、明胶、甘油按照 30：10：3 的比例混合，沸水浴加热并不断搅拌，直至完全混合，用纱布将液态胶进行过滤去除气泡，将过滤好的胶倒入培养皿中冷却至凝固，配制好的甘油胶呈果冻状。

（2）石蜡封片：用玻璃棒浸入已处理好的花粉液体，蘸取少量并滴入已放有一小块甘油胶的载玻片上，稍加热，使其熔化，在其周围放置一圈削成薄片的固体石蜡，加盖盖玻片，再次加热，等待玻片冷却封好，使其形成永久制片。

（3）编号及保存：在每个玻片的左上角粘贴标签，标注相应植物的种名、拉丁学名及标本编号，凭证花粉玻片均保存于河北师范大学孢粉实验室。

1.4.4 统计鉴定

花粉形态观察、测量和拍照在 Leica DM6000B 型显微镜下进行，用于形态描述的花粉测量 20 粒，用于分类回归树分析的花粉测量 100 粒。并进行个体大小和形态参数的测量，主要包括极轴长（P）、赤道轴长（E）、外壁厚度、沟宽和孔径大小等（图 1.11～图 1.13）。花粉形态参数的选择及花粉形态描述的相关术语主要参考《中国植物花粉形态》。

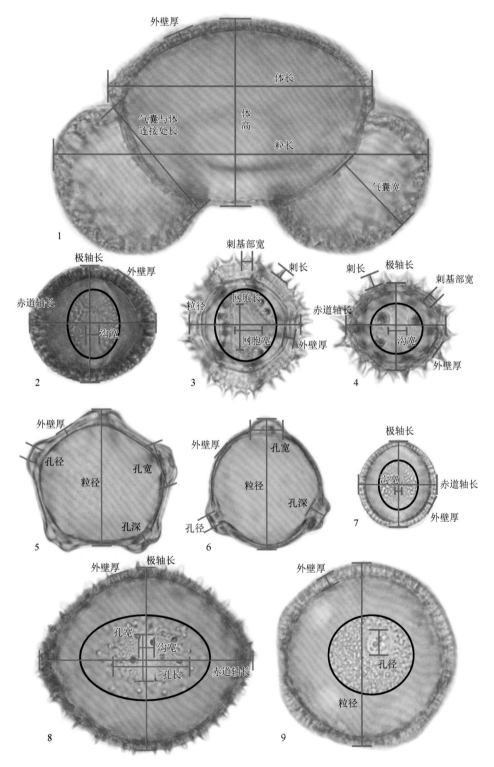

图 1.11　花粉形态数据测量内容（1）

1. 松属；2. 荚蒾属；3，4. 菊科；5. 桤木属；6. 桦木属；7. 十字花科；8. 忍冬属；9. 石竹科

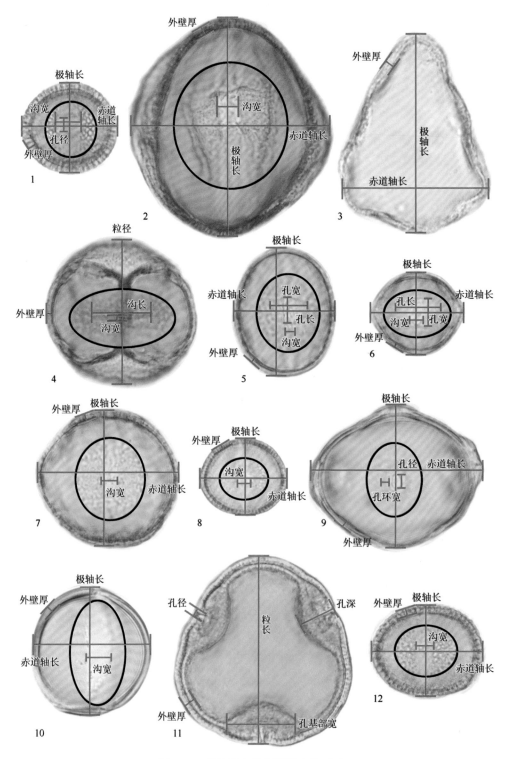

图1.12 花粉形态数据测量内容（2）

1. 卫矛科；2. 山茱萸科；3. 莎草科；4. 杜鹃花科；5、6. 豆科；7. 栎属；8. 溲疏属；9. 胡桃科；
10. 唇形科；11. 椴树属；12. 木犀科

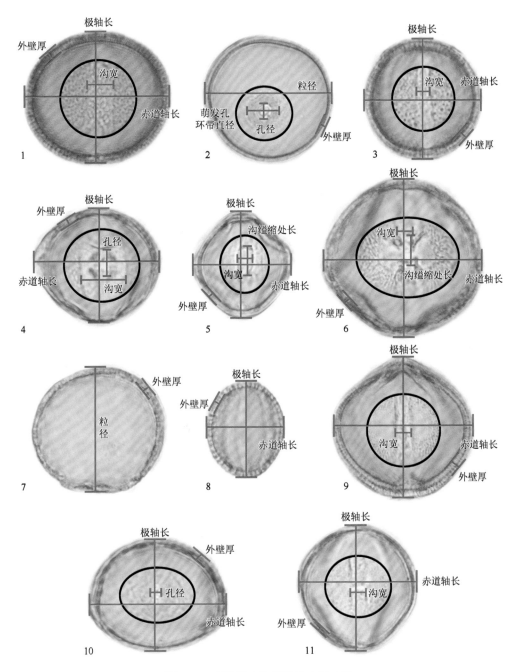

图 1.13　花粉形态数据测量内容（3）

1. 罂粟科；2. 禾本科；3. 毛茛科；4. 鼠李科；5，6. 蔷薇科；7. 杨属；8. 柳属；9. 槭属；10. 榆属；11. 堇菜科

1.4.5　统计分析

1. 方差分析

方差分析简称 ANOVA（analysis of variance），该统计分析方法可以一次性地检验多

个总体均值之间是否存在显著差异。单因素方差分析可用于分析多组样品，以检验在不同水平下，单一因子的总体均值是否存在显著差异。

现假设只有一个因素对观测变量存在影响，此时其他因素都不变或控制在一定的范围之内。方差分析步骤如下：①建立假设。H_0 为不同水平下，指标 x 无显著性差异；H_1 为不同水平下，指标 x 有显著性差异。②构造检验统计量 F 值并进行计算。$F=\dfrac{S_A}{S_E}$（S_A 为组间方差，S_E 为组内方差）。通过比较 F 值的大小来判断各组之间是否存在显著差异。③计算概率 p 值，并且通过其与显著性 α 的大小关系来检验建设是否成立。

应用 R 软件对花粉形态参数的统计数据进行单因素方差分析。采用方差分析的目的是判断这些花粉形态参数是否对花粉种属产生显著性的影响，若有显著差异，则可以采用该形态参数进行判别分析及模型构建；若无差异，则舍弃该形态参数。

2. 线性判别分析

线性判别分析（linear discriminant analysis）又称 LDA 算法，它的基本思想是通过线性投影使同一类样本之间的差异最小化，使不同类样本之间的差异最大化。具体做法是寻找一个向低维空间的投影矩阵 W，将样本的全部特征向量 x 进行投影，求得新的向量：$y=Wx$。投影后同一类样品的结果向量差异尽可能小，不同类样本间的差异尽可能大。直观地说，经过投影后的同一类样本应尽可能聚集在一起，不同类的样本尽可能远离。

线性判别分析使用"MASS"程序包在 R 软件中构建。本研究对花粉形态数据进行线性判别分析的目的是：结合花粉类别信息对所有数据进行降维，直观地区分同属不同种花粉的类别，判断种间花粉形态是否具有可区分性。

3. 分类回归树分析

分类回归树分析（classification and regression tree analysis），又称 CART 分析，是二叉决策树。分类回归树的预测从根节点开始，每次只判定一个特质，然后输入左节点或右节点，直至到达叶子节点处，并获得类别值，预测算法的时间复杂度与树的深度呈正相关，决策的执行次数不超过决策树的深度。选择训练样本 D 建立决策树的过程如下。

（1）首先将所有形态参数数据输入模型，计算每类花粉样品出现的概率。

（2）确定分裂的评价标准：采用基尼系数进行特征选择，基尼值越小，划分效果越好。

（3）寻找最佳分裂属性及其属性值，确定分裂节点。

（4）如果无法继续分裂，则将该节点设置为叶子节点。

（5）分类回归树的剪枝：如果决策树的结构特别复杂，有可能导致过度拟合的问题，可以采用代价-复杂度剪枝算法（cost-complexity pruning, CCP）对其进行剪枝。分两步完成：第一步是对初始决策树进行训练，然后利用上述方法逐步剪切树的所有非叶子节点，最后只剩下根节点，并得到剪枝后的树序列；第二步是根据实际误差值，从上述树序列中选择出一棵树作为剪枝后的结果,采用交叉验证的测试集对前一步得到的树序列中的每一棵树进行检测,得到全部树的错误率,然后根据错误率选择最合适的树作为剪枝的结果。

(6)测试集测试:采用重复抽样的方法对分类回归树进行测试,每种随机抽取 10%的样品,对分类模型进行 5 次重复检验。

分类回归树模型是使用"rpart""rpartykit"程序包在 R 软件中构建,选取全部的花粉形态数据作为训练样本集,构建分类回归树。模型的检验采用重复抽样的方法进行,同样借助 R 软件完成。分类回归树模型通过选择合适的花粉形态参数并将其组合到一个分类树中,可以成功地识别出大多数花粉粒,区分精准度高,可以解决花粉种间鉴定的困难。

第 2 章 裸子植物花粉形态

2.1 柏科 Cupressaceae Bartlett

侧柏属 *Platycladus* Spach

侧柏 *Platycladus orientalis* (L.) Franco

图 2.1（标本号：TYS-026）

花粉粒近球形，大小为 29.3(24.0～34.0)μm。无萌发孔。外壁薄，层次不明显，厚约
1.2μm，柱状层基柱不明显。外壁纹饰为颗粒状，颗粒大小不一。

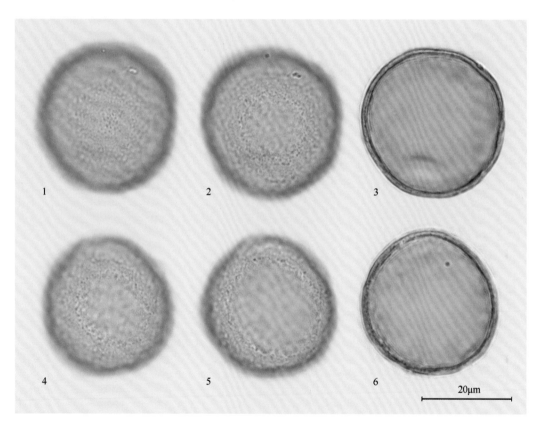

图 2.1　光学显微镜下侧柏的花粉形态

2.2　松科 Pinaceae Lindley

云杉属 *Picea* Mill.

白扦 *Picea meyeri* Rehder & E. H. Wilson

图 2.2（标本号：TYS-029）

花粉粒长 99.2(92.5～110.0)μm，体长 71.4(65.0～75.0)μm，体高 62.5(50.0～67.8)μm。侧面观，气囊短而阔。极面观，气囊半圆形，比体略窄或与体相近。体椭圆形，无帽缘。外壁两层，厚约 4.0μm，外层厚度约是内层的 3 倍。体上纹饰为细网状，气囊上具大网状纹饰。

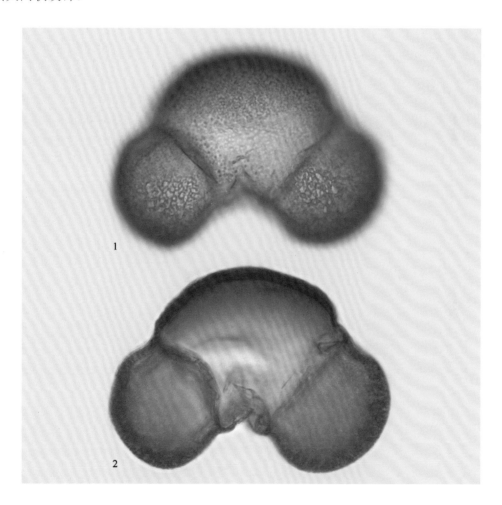

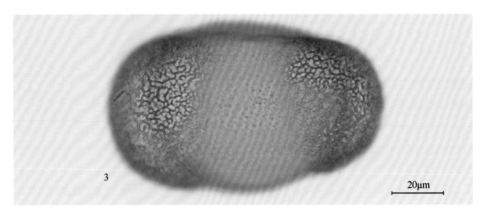

图 2.2　光学显微镜下白扦的花粉形态

松属 *Pinus* L.

白皮松 *Pinus bungeana* Zucc. ex Endl.

图 2.3（标本号：TYS-039）

花粉粒长 76.5(68.2～97.7)μm，体长 51.3(42.9～64.1)μm，体高 34.5(27.5～42.2)μm。侧面观，体椭圆形，气囊宽 19.0(15.1～25.3)μm，气囊与体连接处长为 31.0(25.6～38.9)μm。极面观，气囊与体宽度几乎相等，帽缘在气囊着生处有比较显著的波浪。外壁两层，厚 2.36(1.72～2.72)μm，外层与内层厚度约相等。

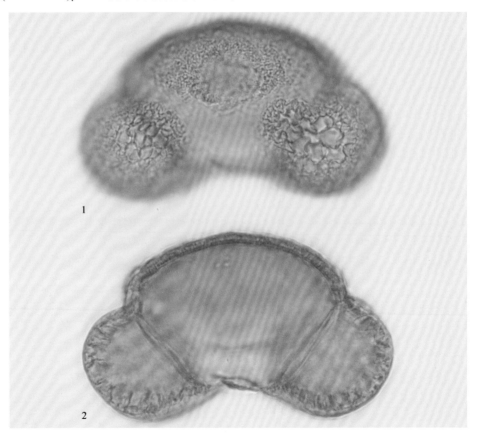

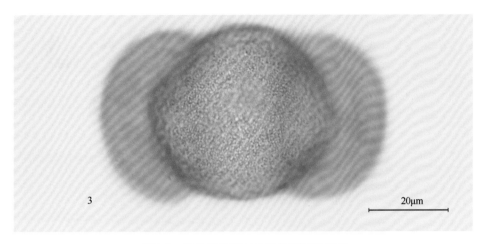

图 2.3　光学显微镜下白皮松的花粉形态

长白松 *Pinus sylvestris* L. var. *sylvestriformis* (Takenouchi) Cheng et C. D. Chu

图 2.4（标本号：CBS-029）

花粉粒长 74.3(65.0～83.3)μm，体长 53.0(45.6～60.2)μm，体高 38.2(31.5～46.5)μm。侧面观，体椭圆形，气囊宽 19.8(14.9～24.5)μm，气囊与体连接处长为 30.1(26.0～35.2)μm。极面观，气囊比体稍宽，帽缘在气囊着生处有波浪，部分花粉不显著。外壁两层，厚 2.11(1.80～2.64)μm，外层厚于内层。

油松 *Pinus tabuliformis* Carr.

图 2.5（标本号：TYS-028）

花粉粒长 87.1(72.2～99.6)μm，体长 60.6(44.8～69.9)μm，体高 40.5(33.1～50.0)μm。侧面观，体椭圆形，两个气囊向内靠得较近，气囊宽 24.0(18.0～30.1)μm，气囊与体的连接处长为 33.6(28.5～43.4)μm。极面观，气囊比体稍宽，部分花粉气囊与体宽度几乎相等，帽缘在气囊着生的两端比较显著。外壁两层，厚 2.52(1.94～3.04)μm，外层厚于内层。

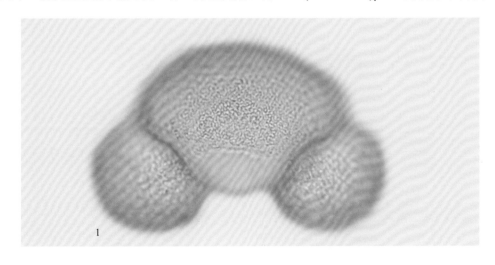

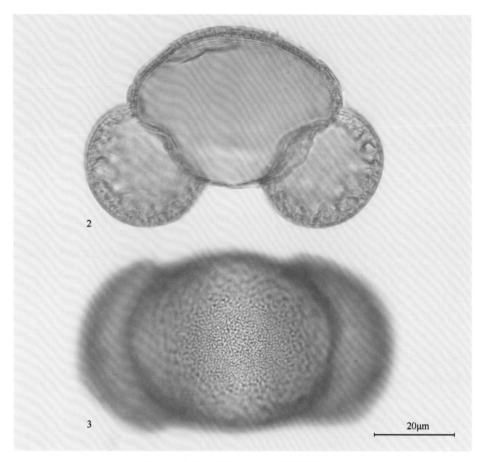

图 2.4　光学显微镜下长白松的花粉形态

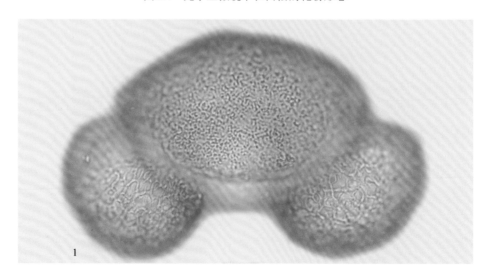

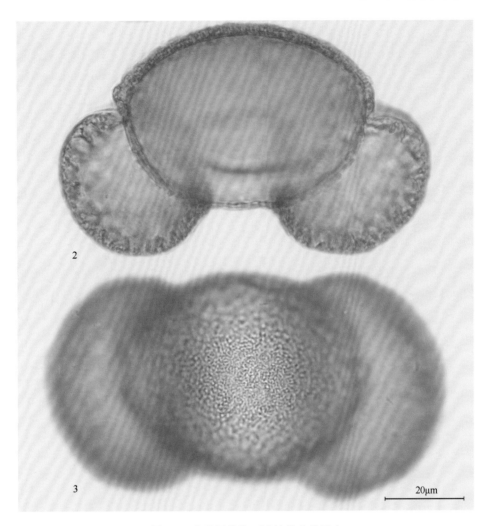

图 2.5　光学显微镜下油松的花粉形态

1. 松科 2 属花粉形态的区分

本研究共观察松科 2 属（云杉属和松属）的花粉形态，其特征具有明显差异。云杉属的花粉粒较长，气囊与体界限不明显，帽上纹饰较细，不具有帽缘；松属的花粉粒较短，气囊与体界限明显，帽上纹饰较粗，具帽缘。

2. 松属 3 种花粉形态的鉴别

1）松属 3 种花粉形态参数的筛选

对松属花粉形态参数的统计数据进行单因素方差分析，判断出花粉定量形态特征与花粉种属的关系均为显著（表 2.1）。

表 2.1   松属 3 种花粉定量形态特征及方差分析结果

种名	粒长/μm	体长/μm	体高/μm	外壁厚度/μm	气囊宽度/μm	气囊与体连接处长/μm
白皮松	76.5 (68.2~97.7)	51.3 (42.9~64.1)	34.5 (27.5~42.2)	2.36 (1.72~2.72)	19.0 (15.1~25.3)	31.0 (25.6~38.9)
长白松	74.3 (65.0~83.3)	53.0 (45.6~60.2)	38.2 (31.5~46.5)	2.11 (1.80~2.64)	19.8 (14.9~24.5)	30.1 (26.0~35.2)
油松	87.1 (72.2~99.6)	60.6 (44.8~69.9)	40.5 (33.1~50.0)	2.52 (1.94~3.04)	24.0 (18.0~30.1)	33.6 (28.5~43.4)
组间方差	224.9***	207.9***	140.3***	125.1***	155.5***	52.39***

***表示 $p < 0.001$

2）松属 3 种花粉的可区分性

将花粉形态参数数据进行线性判别分析，第一判别函数和第二判别函数的贡献率分别为 62.96% 和 37.04%。由图 2.6 我们可以看出，松属的 3 种花粉在判别分析下可以明确区分。

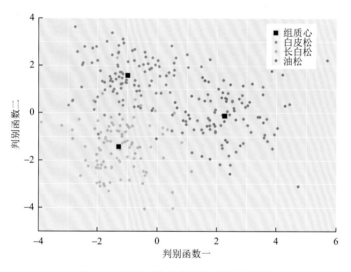

图 2.6   松属 3 种花粉线性判别分析图

3）松属 3 种花粉的鉴别模型

将花粉形态参数数据进行 CART 分析，结果如图 2.7 所示：松属花粉的分类回归树模型采用 4 个形态变量进行区分，CART 模型将体长偏大的花粉（≥57.4μm）鉴别为油松，或体长<57.4μm、体高≥36.2μm、粒长≥78.4μm 和气囊宽度≥21.3μm 的花粉大概率为油松；体长较小的花粉（<57.4μm）中，体高<36.2μm 或者体高≥36.2μm、粒长≥78.4μm 和气囊宽度<21.3μm 的花粉鉴别为白皮松；最后，体长较小的花粉（<57.4μm）中，体高≥36.2μm 和粒长<78.4μm 花粉鉴别为长白松。

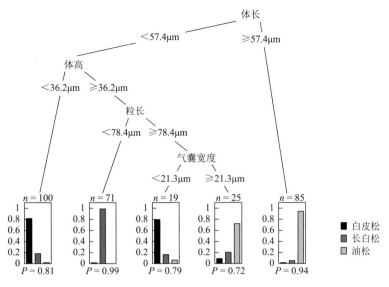

图 2.7 松属 3 种花粉分类回归树模型

n 为模型所包含的全部花粉个数（本图为 300 粒）；P 为每一个柱状图上鉴别概率最高的花粉的鉴别概率，余图同

4）松属 3 种花粉鉴别模型的检验

采用重复抽样的方法对模型进行 5 次检验（表 2.2），模型成功鉴定出 90%的长白松花粉，其中有 3 粒被误判为白皮松，2 粒被误判为油松；50 粒白皮松花粉中有 48 粒可以正确鉴别，其余 2 粒被误判为油松；50 粒油松花粉中有 49 粒可以正确鉴别，另外 1 粒被误判为白皮松。所有松属花粉正确鉴别的概率都在 90%以上。

表 2.2 松属 3 种花粉分类回归树模型检验结果

种名	鉴别为长白松/粒	鉴别为白皮松/粒	鉴别为油松/粒	正确鉴别的概率
白皮松	0	48	2	96%
长白松	45	3	2	90%
油松	0	1	49	98%

第3章　被子植物花粉形态

3.1　猕猴桃科 Actinidiaceae Gilg & Werderm.

猕猴桃属 *Actinidia* Lindl.

狗枣猕猴桃 *Actinidia kolomikta* (Maxim. & Rupr.) Maxim.

图 3.1（标本号：CBS-089）

花粉粒近球形或长球形，P/E=1.16(1.05~1.33)，赤道面观椭圆形，极面观三裂圆形，大小为 23.0(22.0~25.0)μm×19.9(18.0~21.5)μm。具三孔沟，沟长，几达两极。外壁两层，厚约 1.5μm，外层与内层厚度约相等，柱状层基柱不明显。外壁纹饰为细网状。

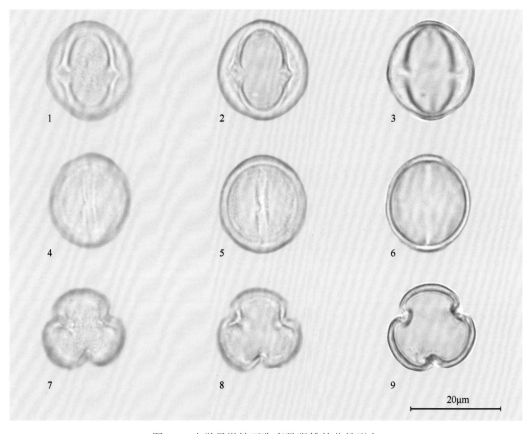

图 3.1　光学显微镜下狗枣猕猴桃的花粉形态

3.2　五福花科 Adoxaceae E. Mey.

接骨木属 *Sambucus* L.

接骨木 *Sambucus williamsii* Hance

图 3.2（标本号：CBS-140）；图 3.3（标本号：TYS-015）

花粉粒近球形或长球形，P/E=1.04(0.90～1.22)，赤道面观椭圆形，极面观三裂圆形，大小为 19.7(17.8～22.5)μm×18.9(17.5～21.1)μm。具三孔沟，长白山标本沟细长，内孔明显，大小为 2.0μm；太岳山标本沟中部缢缩，沟宽约 1.8μm，内孔不明显。外壁两层，柱状层基柱明显，长白山标本外壁厚约 2.0μm，外层比内层略厚；太岳山标本外壁厚约 1.3μm，外层与内层厚度约相等。外壁纹饰为清楚的细网状，长白山标本外壁的网眼在近两极和沟处变细；太岳山标本外壁的网眼不均匀，网至沟边变细，大小为 0.5～1.5μm。

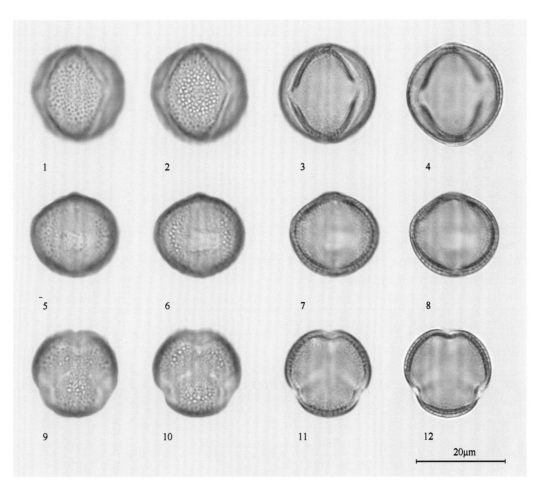

图 3.2　光学显微镜下接骨木（长白山）的花粉形态

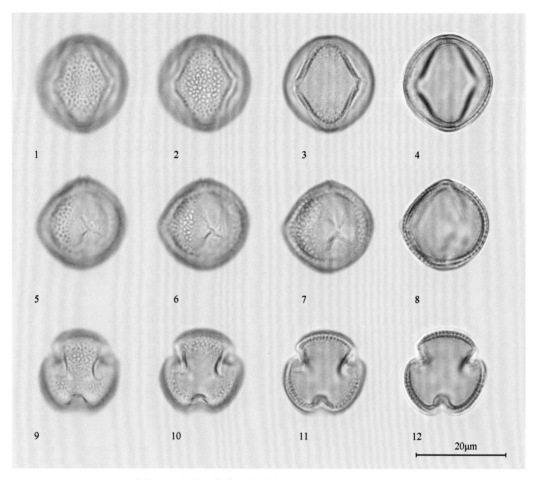

图 3.3   光学显微镜下接骨木（太岳山）的花粉形态

荚蒾属 *Viburnum* L.

修枝荚蒾 *Viburnum burejaeticum* Regel et Herd.

图 3.4（标本号：CBS-040）

花粉粒近球形，部分为长球形和扁球形，*P/E*=0.99(0.85～1.51)，赤道面观椭圆形，极面观三裂圆形，大小为 31.0(26.2～35.7)μm×31.5(21.6～34.9)μm。具三孔沟，沟细长，

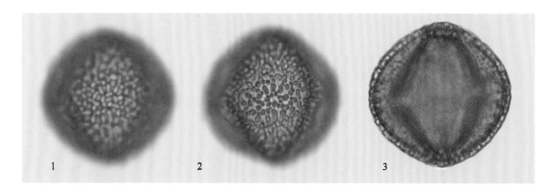

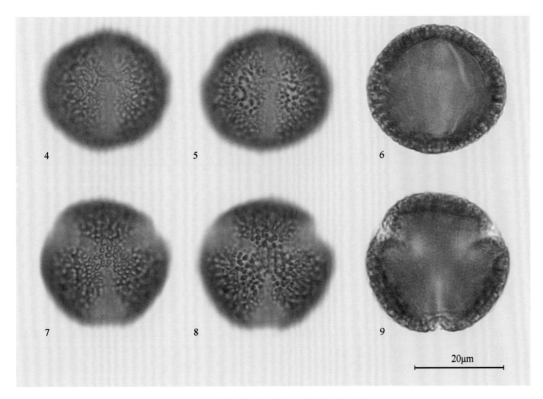

图 3.4　光学显微镜下修枝荚蒾的花粉形态

内孔小。外壁两层，厚度为 1.84(1.19～2.73)μm，外层比内层略厚，柱状层基柱明显。外壁纹饰为清楚网状。花粉的轮廓线呈波浪形。

鸡树条 *Viburnum opulus* L. var. *calvescens* (Rehd.) Hara

图 3.5（标本号：CBS-028）

花粉粒长球形或近球形，P/E=1.16(1.00～1.40)，赤道面观椭圆形，极面观三裂圆形，大小为 32.7(25.1～40.8)μm×28.2(22.2～33.2)μm。具三孔沟，沟长，达两极，沟宽 1.60(1.05～3.20)μm，内孔横长，大小约 3.5μm×6.0μm。外壁两层，厚 1.96(1.35～2.97)μm，外层厚于内层，柱状层基柱明显。外壁纹饰为清楚网状，网眼不均匀，大小为 1.0～3.0μm，网至沟边变细。花粉的轮廓线呈波浪形。

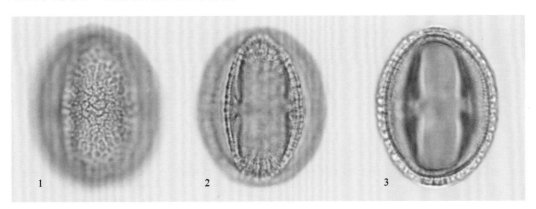

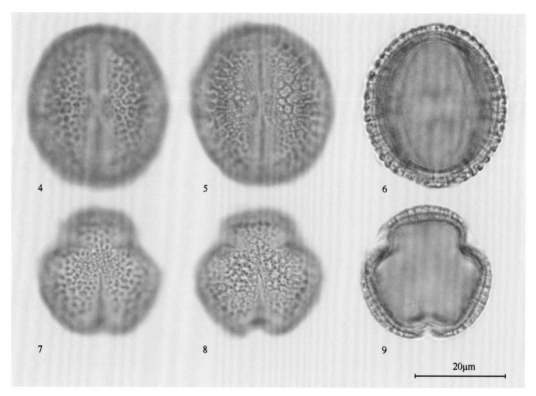

图 3.5　光学显微镜下鸡树条的花粉形态

1. 五福花科两属花粉形态的区分

本研究共观察五福花科两属（接骨木属和荚蒾属）的花粉形态，其特征具有明显差异。接骨木属的花粉不具有波浪形的轮廓线，外壁为细网状纹饰；而荚蒾属花粉的轮廓线呈波浪形，外壁为网状纹饰、网眼较大。

2. 荚蒾属 2 种花粉形态的鉴别

1）荚蒾属花粉形态参数的筛选

对荚蒾属花粉形态参数的统计数据进行单因素方差分析，判断出花粉定量形态特征与花粉种属的关系均为显著（表 3.1）。

表 3.1　荚蒾属 2 种花粉定量形态特征及方差分析结果

种名	极轴长/μm	赤道轴长/μm	P/E	外壁厚度/μm	沟宽/μm
修枝荚蒾	31.0(26.2~35.7)	31.5(21.6~34.9)	0.99(0.85~1.51)	1.84(1.19~2.73)	2.62(1.51~5.17)
鸡树条	32.7(25.1~40.8)	28.2(22.2~33.2)	1.16(1.00~1.40)	1.96(1.35~2.97)	1.60(1.05~3.20)
组间方差	24.5***	122.8***	201.2***	5.6***	163.4***

***表示 $p < 0.001$

2）荚蒾属 2 种花粉的可区分性

将花粉形态参数数据进行判别分析，荚蒾属 2 种花粉在一个判别函数下即可明确区分（图 3.6）。

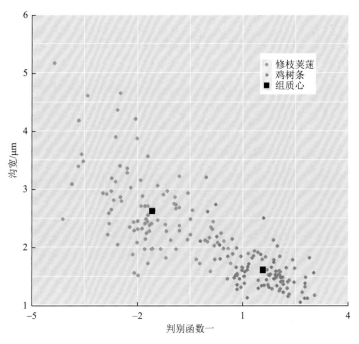

图 3.6　荚蒾属 2 种花粉线性判别分析图

3）荚蒾属 2 种花粉的鉴别模型

将花粉形态参数数据进行 CART 分析，结果如图 3.7 所示：荚蒾属花粉的分类回归树模型采用两个形态变量进行区分，CART 模型将 P/E 值偏小（<1.0）或 $P/E \geqslant 1.0$，

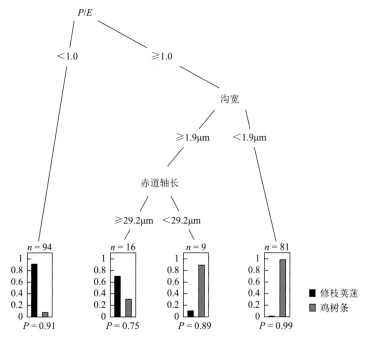

图 3.7　荚蒾属 2 种花粉分类回归树模型

沟宽≥1.9μm 且赤道轴长≥29.2μm 花粉鉴别为修枝荚蒾；将 *P/E* 值偏大（≥1.0）且沟宽<1.9μm 或沟宽≥1.9μm 且赤道轴长<29.2μm 鉴别为鸡树条。

4）荚蒾属 2 种花粉鉴别模型的检验

采用重复抽样的方法对模型进行 5 次检验，50 粒修枝荚蒾花粉中有 47 粒可以正确鉴别，另外 3 粒被误判为鸡树条，正确鉴别的概率为 94%；50 粒鸡树条花粉中有 49 粒可以正确鉴别，另外 1 粒被误判为修枝荚蒾花粉，正确鉴别的概率为 98%（表 3.2）。

表 3.2　荚蒾属 2 种花粉分类回归树模型检验结果

种名	鉴别为修枝荚蒾/粒	鉴别为鸡树条/粒	正确鉴别的概率
修枝荚蒾	47	3	94%
鸡树条	1	49	98%

3.3　泽泻科 Alismataceae Vent.

泽泻属 *Alisma* L.

泽泻 *Alisma plantago-aquatica* L.

图 3.8（标本号：CBS-263）

花粉粒球形，直径为 28.0(24.0～32.0)μm。具散孔，孔界限很不明显，孔直径约为 4.0μm。外壁两层，厚约 2.5μm（不包括刺），外层与内层等厚或稍厚。外壁纹饰为网状纹饰。

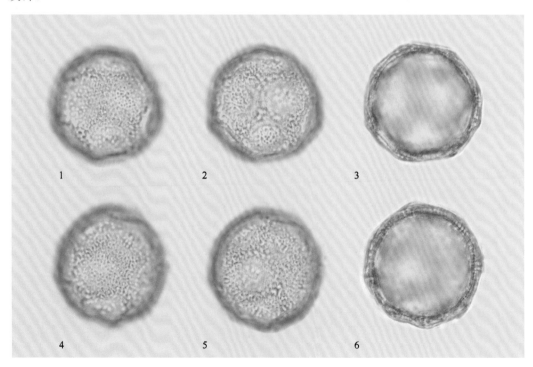

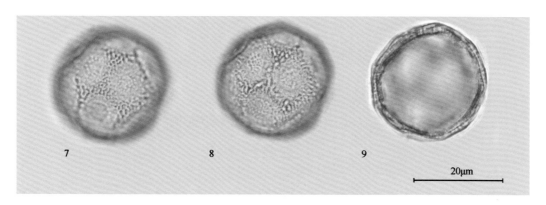

图 3.8 光学显微镜下泽泻的花粉形态

3.4 石蒜科 Amaryllidaceae J. St.-Hil.

葱属 *Allium* L.

葱属在传统上被置于较广义的百合科中，APG 系统将其并入石蒜科。

山韭 *Allium senescens* L.

图 3.9：1~4（标本号：TYS-120）

花粉粒椭球形，极面观椭圆形，大小为 20.7(19.5~22.5)μm×37.2(33.0~40.0)μm。具远极单沟。外壁两层，厚约 1.5μm，外层与内层厚度约相等，柱状层基柱不明显。外壁纹饰为细网状。

韭 *Allium tuberosum* Rottl. ex Spreng.

图 3.9：5~8（标本号：TYS-180）

花粉粒椭球体，极面观椭圆形，大小为 43.0(38.0~45.0)μm×25.7(24.0~28.0)μm。具远极单沟。外壁两层，厚约 2.0μm，外层与内层厚度约相等，柱状层基柱不明显。外壁纹饰为细网状。

本研究共观察石蒜科葱属 2 种植物的花粉形态，其特征具有一定的差异。山韭花粉比韭花粉略小，可以根据花粉极轴长大小对其进行区分。

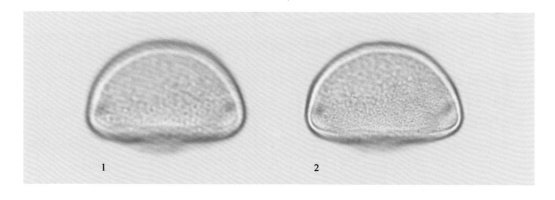

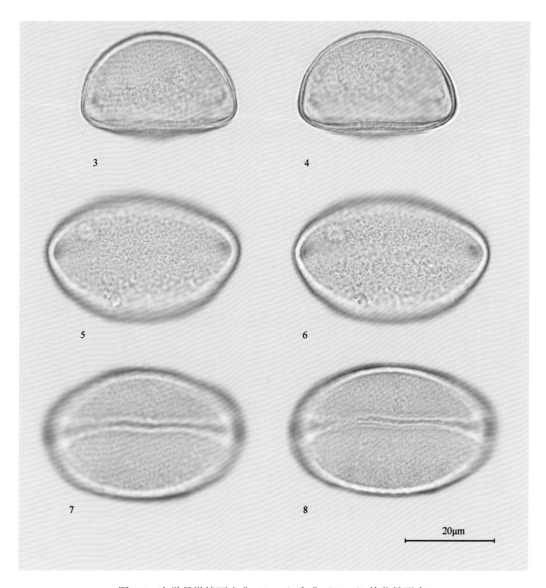

图 3.9　光学显微镜下山韭（1～4）和韭（5～8）的花粉形态

3.5　漆树科 Anacardiaceae (R. Br.) Lindl.

黄栌属 *Cotinus* Adans.

黄栌 *Cotinus coggygria* Scop.

图 3.10（标本号：TYS-064）

花粉粒长球形或近球形，P/E=1.27(1.13～1.45)，赤道面观椭圆形，极面观钝三角形，大小为 22.7(20.5～25.0)μm×17.9(15.5～20.0)μm。具三孔沟，沟长，几达两极，内孔横长。外壁两层，厚约 1.5μm，外层与内层厚度约相等，柱状层基柱明显。外壁纹饰为条纹-网状。

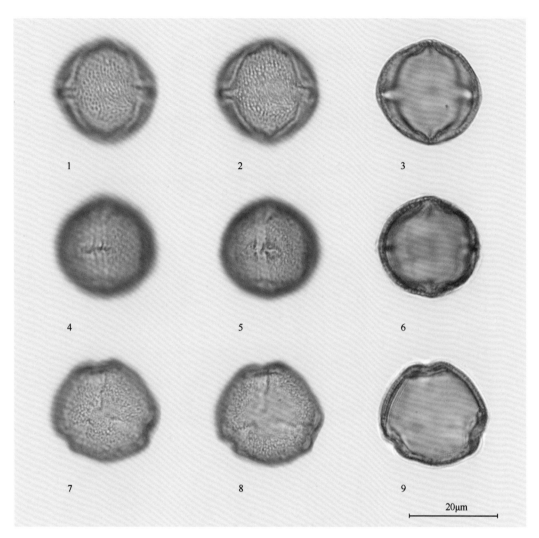

图 3.10　光学显微镜下黄栌的花粉形态

3.6　伞形科 Apiaceae Lindl.

当归属 *Angelica* L.

黑水当归 *Angelica amurensis* Schischk.

图 3.11：1～9（标本号：CBS-264）

花粉粒超长球形或长球形，*P/E*=2.10(1.84～2.18)，赤道部分缢缩，赤道面观呈蚕茧形，极面观圆三角形，大小为 34.8(31.3～37.5)μm×16.6(15.0～17.5)μm。具三孔沟，沟狭长，长达两极，内孔横长，孔大小约为 2.0μm。外壁两层，厚约 2.0μm，外壁外层与内层厚度约相等，柱状层基柱明显。外壁纹饰为细网状。

狭叶当归 *Angelica anomala* Ave-Lall.

图 3.11：10～15，图 3.12：1～3（标本号：CBS-189）

花粉粒超长球形或长球形，*P/E*=2.04(1.83～2.26)，赤道部分缢缩，赤道面观呈蚕茧

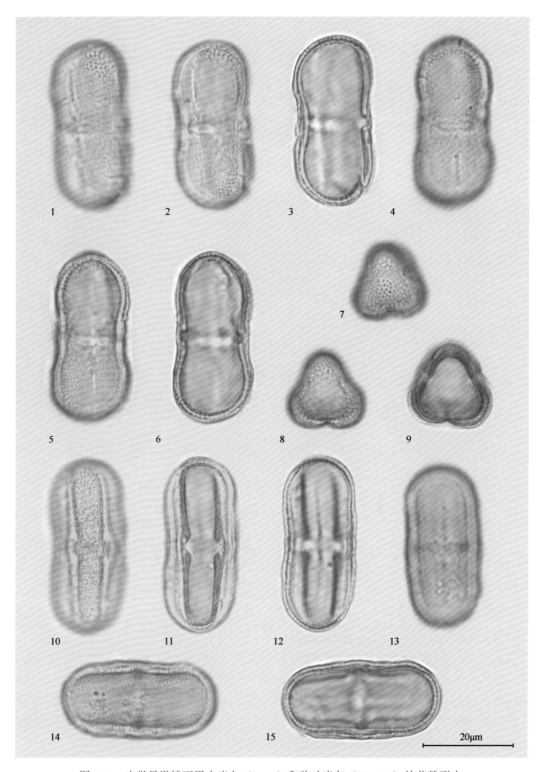

图 3.11　光学显微镜下黑水当归（1～9）和狭叶当归（10～15）的花粉形态

形，极面观圆三角形，大小为 33.3(30.5～35.0)μm×16.4(15.0～17.5)μm。具三孔沟，沟狭长，几达两极，内孔横长，孔大小约 3.0μm。外壁两层，厚约 2.0μm，外壁外层与内层厚度约相等，柱状层基柱明显。外壁纹饰为细网状。

朝鲜当归 *Angelica gigas* Nakai

图 3.12：4～8（标本号：CBS-220）

花粉粒超长球形，*P/E*=2.12(2.00～2.26)，赤道部分缢缩，赤道面观呈蚕茧形，极面观圆三角形，大小为 39.0(37.5～40.8)μm×18.5(17.0～21.5)μm。具三孔沟，沟狭长，几达两极，内孔横长，孔大小约 4.5μm。外壁两层，厚约 2.5μm，外层比内层略厚，柱状层基柱明显。外壁纹饰为细网状。

高山芹 *Angelica saxatile* Turcz. Ledeb.

图 3.12：9～17（标本号：CBS-126）

花粉超长球形，*P/E*=2.15(2.03～2.35)，赤道面观椭圆形，极面观圆三角形。大小为 35.8(33.0～37.5)μm×16.7(15.0～18.5)μm。具三孔沟，沟狭长，几达两极，内孔横长。外壁两层，厚约 2.0μm，外层厚度约为内层的 2 倍，柱状层基柱明显。外壁纹饰为细网状。

峨参属 *Anthriscus* Pers.

刺果峨参 *Anthriscus sylvestris* subsp. *nemorosa* (Marschall von Bieberstein) Koso-Poljansky

图 3.13（标本号：CBS-170）

花粉粒长球形或超长球形，*P/E*=1.83(1.66～2.13)，赤道面观椭圆形，极面观三裂圆形，大小为 30.4(27.0～34.5)μm×16.6(15.0～18.8)μm。具三孔沟，沟细，内孔横长且明显，

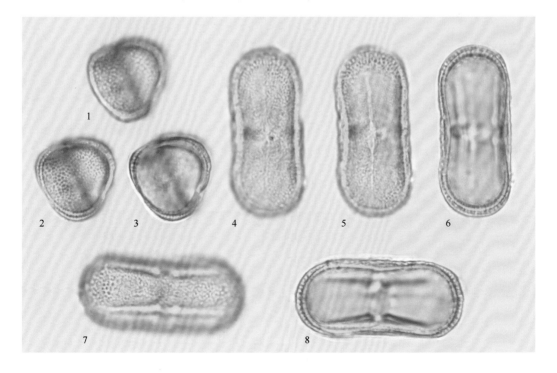

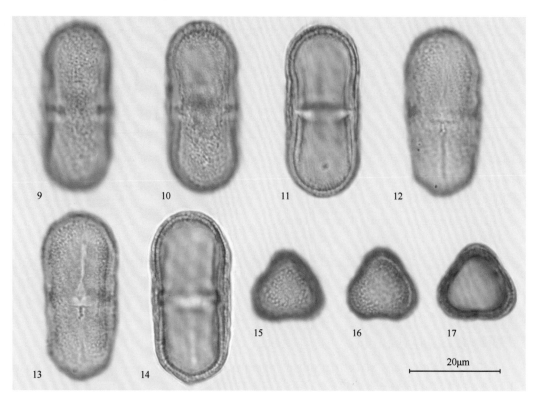

图3.12 光学显微镜下狭叶当归（1～3）、朝鲜当归（4～8）和高山芹（9～17）的花粉形态

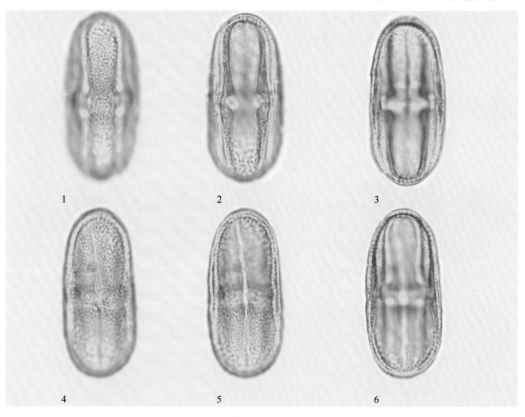

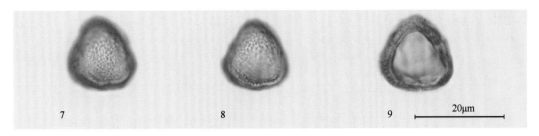

图 3.13 光学显微镜下刺果峨参的花粉形态

孔大小约 3.0μm。外壁两层，厚约 2.0μm，外层比内层略厚，柱状层基柱明显。外壁纹饰为细网状，网眼不均。

柴胡属 *Bupleurum* L.

线叶柴胡 *Bupleurum angustissimum* (Franch.) Kitag.

图 3.14：1～12（标本号：TYS-116）

花粉粒长球形，P/E=1.4(1.33～1.61)，赤道面观椭圆形，极面观圆三角形，大小为 21.2(20.0～23.8)μm×15.1(14.5～17.5)μm。具三孔沟，沟细长，几达两极，内孔横长，孔大小约 2.0μm。外壁两层，厚约 2.0μm，外壁外层略厚于内层，柱状层基柱明显。外壁纹饰为细网状。

大叶柴胡 *Bupleurum longiradiatum* Turcz.

图 3.14：13～21（标本号：CBS-228）

花粉粒长球形，P/E=1.48(1.33～1.66)，赤道面观椭圆形，极面观圆三角形，大小为 22.1(20.0～24.5)μm×14.9(13.5～16.5)μm。具三孔沟，沟细长，几达两极，内孔横长，孔大小约 2.0μm。外壁两层，厚约 1.5μm，外壁外层略厚于内层，柱状层基柱明显。外壁纹饰为细网状。

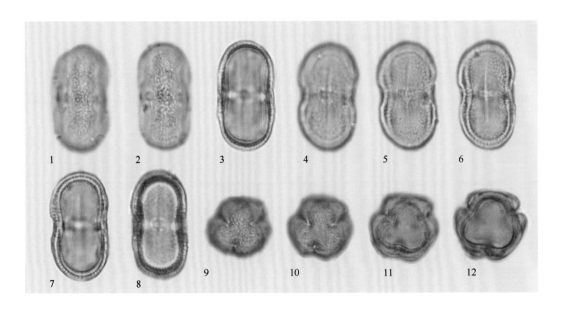

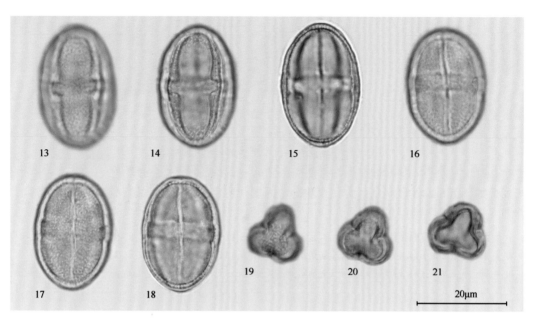

图 3.14　光学显微镜下线叶柴胡（1～12）和大叶柴胡（13～21）的花粉形态

毒芹属 *Cicuta* L.

毒芹 *Cicuta virosa* L.

图 3.15（标本号：CBS-225）

花粉超长球形或长球形，P/E=2.04(1.97～2.14)，赤道面观呈椭圆形，极面观三裂圆形，大小为 30.3(26.0～33.0)μm×14.8(12.5～16.3)μm。具三孔沟，沟细长，内孔横长，孔大小为 3.0～4.0μm。外壁两层，厚约 2.0μm，外层与内层厚度约相等，柱状层基柱不明显。外壁纹饰为明显的细网状。

独活属 *Heracleum* L.

山西独活 *Heracleum schansianum* Fedde ex Wolff

图 3.16：1～9（标本号：TYS-145）

花粉粒长球形，P/E=1.89(1.86～1.94)，赤道部分缢缩，赤道面观呈茧形，极面观圆三角形，大小为 40.6(37.5～44.8)μm×21.5(20.0～23.8)μm。具三孔沟，沟狭长，几达两极，

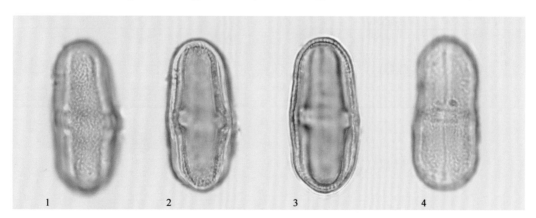

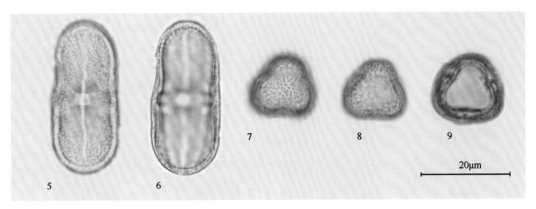

图 3.15 光学显微镜下毒芹的花粉形态

内孔横长，内孔大小约 2.0μm×5.0μm。外壁两层，两极处厚约 2.0μm，外壁在赤道处略加厚，厚约 3.0μm，外层与内层厚度约相等，柱状层基柱明显。外壁纹饰为细网状。

独活 *Heracleum hemsleyanum* Diels

图 3.16：10～18（标本号：CBS-191）

花粉粒长球形或超长球形，P/E=1.90(1.54～2.03)，赤道部分缢缩，赤道面观呈茧形，极面观圆三角形，大小为 33.3(30.5～35.0)μm×16.4(15.0～17.5)μm。具三孔沟，沟狭长，几达两极，内孔横长，内孔大小约 3.0μm。外壁两层，两极处厚约 2.0μm，外壁在赤道处略加厚，厚约 3.0μm，外层厚度为内层的 2 倍，柱状层基柱明显。外壁纹饰为细网状。

兴安独活 *Heracleum dissectum* Ledeb.

图 3.17（标本号：CBS-281）

花粉粒长球形，P/E=1.70(1.44～1.94)，赤道面观椭圆形，极面观圆三角形，大小为 34.3(28.8～42.5)μm×20.1(15.5～26.3)μm。具三孔沟，沟较短，内孔横长，孔大小约 5.0μm×7.0μm。外壁两层，厚 3.0～3.5μm，外壁在赤道处略加厚，外层厚度为内层的 2 倍，柱状层基柱明显。外壁纹饰为细网状。

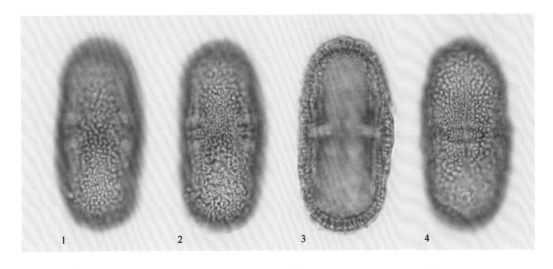

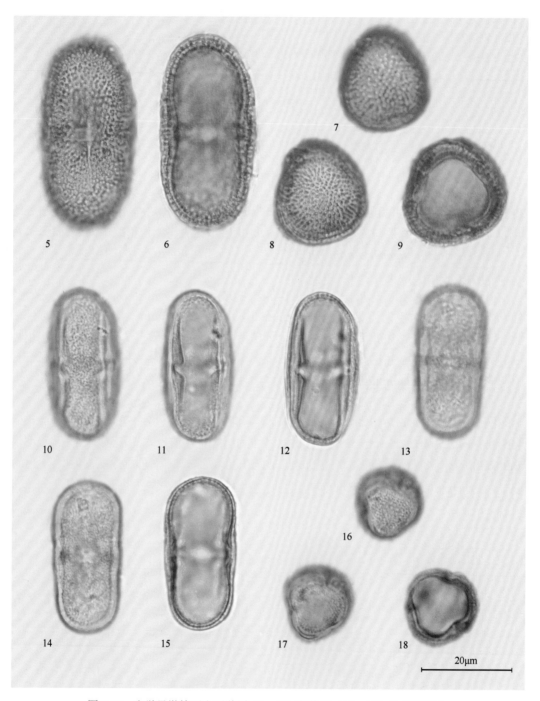

图 3.16 光学显微镜下山西独活（1～9）和独活（10～18）的花粉形态

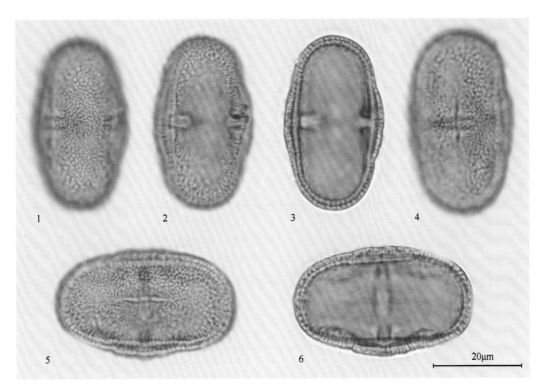

图 3.17　光学显微镜下兴安独活的花粉形态

山芹属 *Ostericum* Hoffm.

全叶山芹 *Ostericum maximowiczii* (Fr. Schmidt ex Maxim.) Kitagawa

图 3.18（标本号：CBS-251）

花粉粒长球形，P/E=1.62(1.48～1.83)，赤道部分缢缩，赤道面观呈蚕茧形，极面观圆三角形，大小为 26.7(21.5～30.3)μm×16.5(14.5～20.3)μm。具三孔沟，沟狭长，几达两极，内孔横长，孔大小约 5.0μm。外壁两层，厚约 2.0μm，外层与内层厚度约相等，柱状层基柱明显。外壁纹饰为细网状。

茴芹属 *Pimpinella* L.

短果茴芹 *Pimpinella brachycarpa* (Kom.) Nakai

图 3.19：1～8（标本号：CBS-175）

花粉粒长球形，P/E=1.71(1.55～1.81)，赤道面观椭圆形，极面观圆三角形，大小为

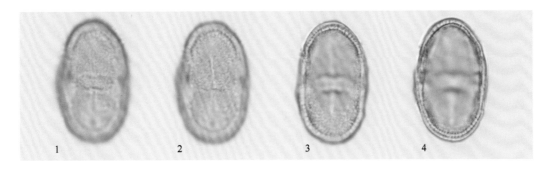

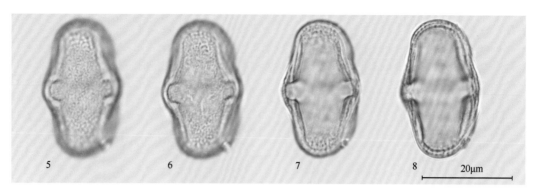

图 3.18　光学显微镜下全叶山芹的花粉形态

30.3(28.3～32.0)μm×17.7(17.0～19.0)μm。具三孔沟，沟狭长几达两极，内孔横长，孔大小约 3.6μm×6.0μm。外壁两层，厚约 2.0μm，外壁在赤道处略加厚，外层厚度约为内层的 2 倍，柱状层基柱明显。外壁纹饰为明显的细网状。

泽芹属 *Sium* L.

泽芹 *Sium suave* Walt.

图 3.19：9～17（标本号：CBS-245）

花粉粒长球形或近球形，*P*/*E*=1.58(0.98～1.73)，赤道面观为椭圆形，极面观为圆三角形，大小为 34.8(28.5～38.0)μm×31.3(28.5～34.0)μm。具三孔沟，沟细长，几达两极，内孔横长，内孔大小约 2.5μm。外壁两层，厚约 2.0μm，外壁外层与内层厚度约相等，柱状层基柱明显。外壁纹饰为细网状。

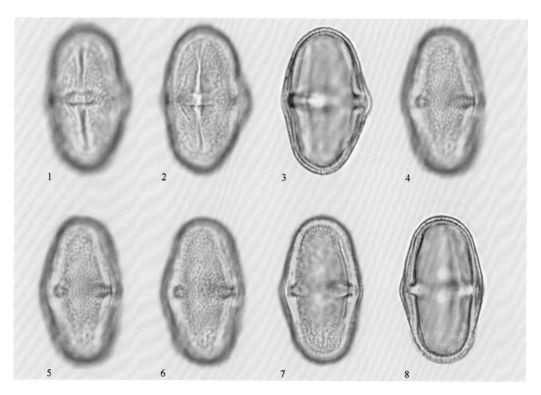

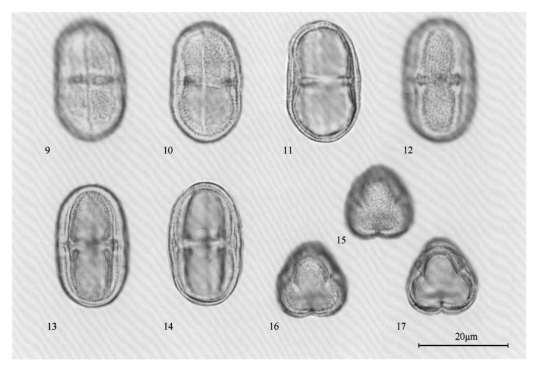

图 3.19　光学显微镜下短果茴芹（1～8）和泽芹（9～17）的花粉形态

本研究共观察伞形科 8 属 14 种植物的花粉形态，伞形科属间花粉形态存在一定差异，但由于实验材料中可用于统计形态规则的花粉粒较少，无法建立分类回归树模型，故伞形科花粉形态鉴别工作仍需进一步开展。

3.7　五加科 Araliaceae Juss.

楤木属 *Aralia* L.
东北土当归 *Aralia continentalis* Kitagawa
图 3.20（标本号：CBS-200）

花粉粒近球形，*P/E*=1.05(1.04～1.14)，赤道面观椭圆形，极面观钝三角形，萌发孔位于角上。花粉大小为 31.4(29.5～33.0)μm×28.8(27.0～30.0)μm。具三孔沟，沟细长，几达两极，沟宽约 2.0μm，内孔较大，横长，孔大小约 3.0μm×6.5μm。外壁两层，厚约 3.0μm，外层厚度约为内层的 2 倍，柱状层基柱明显。外壁纹饰为清楚网状。

五加属 *Eleutherococcus* Maxim.
刺五加 *Eleutherococcus senticosus* (Rupr. & Maxim.) Maxim.
图 3.21（标本号：CBS-268）

花粉粒近球形或长球形，*P/E*=1.08(1.02～1.20)，赤道面观椭圆形，极面观钝三角形，萌发孔位于角上。花粉大小为 30.5(28.0～32.5)μm×28.1(27.0～30.0)μm。具三孔沟，沟细长，几达两极，沟宽约 1.5μm，内孔圆形，孔大小约 4.0μm。外壁两层，厚约 2.0μm，外层略厚于内层，柱状层基柱明显。外壁纹饰为细网状。

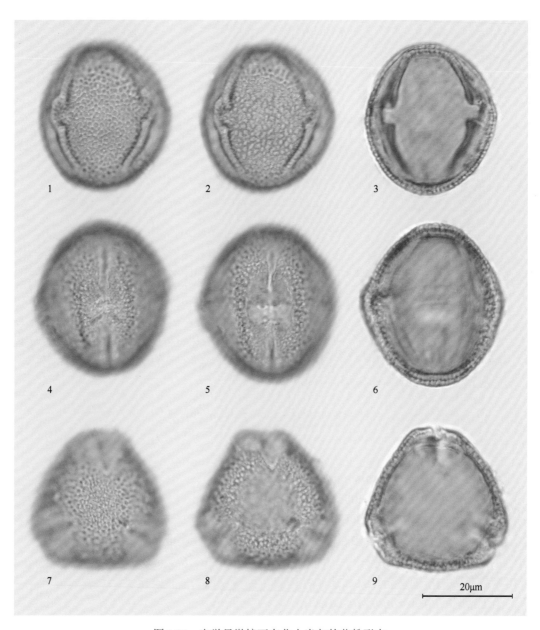

图 3.20　光学显微镜下东北土当归的花粉形态

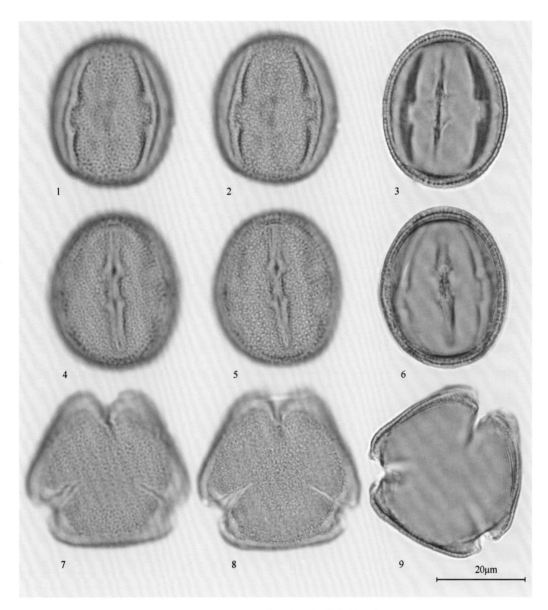

图 3.21　光学显微镜下刺五加的花粉形态

人参属 *Panax* L.

西洋参 *Panax quinquefolius* L.

图 3.22（标本号：CBS-186）

花粉粒长球形或近球形，P/E=1.24(1.08～1.43)，赤道面观椭圆形，极面观三角形，萌发孔位于角上。花粉大小为 33.7(30.0～37.5)μm×27.2(24.5～30.0)μm。具三孔沟，沟细长，几达两极，内孔横长，内孔约 5.0μm×4.0μm。外壁两层，厚约 3.0μm，外层略厚于内层或外层与内层厚度约相等，柱状层基柱明显。外壁纹饰为细网状。

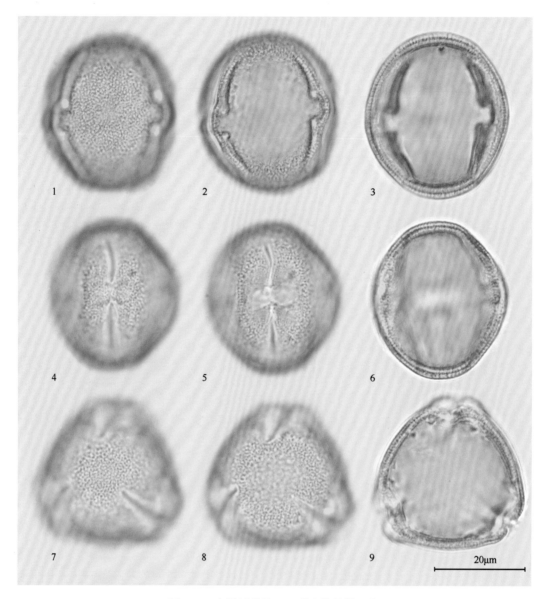

图 3.22　光学显微镜下西洋参的花粉形态

　　本研究共观察五加科 3 属 3 种植物的花粉形态，其特征具有一定的差异。根据内孔圆形可以将刺五加花粉与其他两种内孔横长的花粉区分开，东北土当归和西洋参花粉形态相近，其中东北土当归花粉纹饰为清楚的网状，网眼较大；西洋参花粉纹饰为细网状，网纹较小。

3.8　天门冬科 Asparagaceae Juss.

天门冬属 *Asparagus* L.
天门冬属在传统上被置于较广义的百合科中，APG 系统将其列入天门冬科。

龙须菜 *Asparagus schoberioides* **Kunth**

图 3.23（标本号：CBS-016）

花粉粒椭球形，极面观椭圆形，大小为 18.6(16.1～23.7)μm×26.6(22.9～30.8)μm。具远极单沟，沟长，沟宽约 4.8μm。外壁两层，厚约 1.3μm，外层与内层厚度约相等，柱状层基柱不明显。外壁纹饰为模糊的细网状。

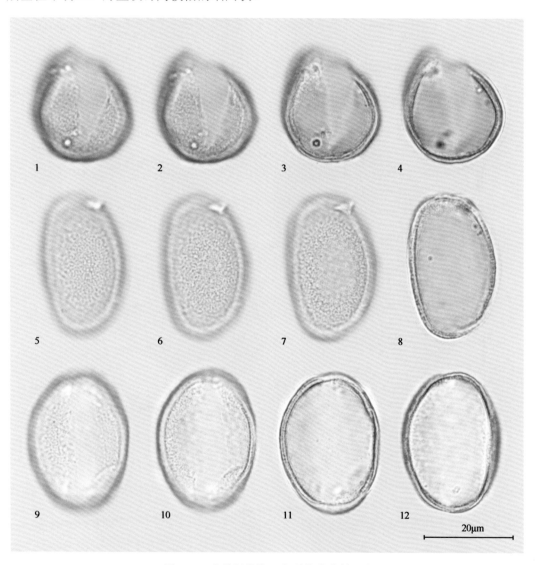

图 3.23　光学显微镜下龙须菜的花粉形态

玉簪属 *Hosta* **Tratt.**

玉簪属在传统上被置于较广义的百合科中，APG 系统将其列入天门冬科。

东北玉簪 *Hosta ensata* **F. Maekawa**

图 3.24（标本号：CBS-094）

花粉粒椭球形，极面观椭圆形，大小为 65.4(48.8～87.5)μm×99.5(72.5～120.0)μm。

具单沟，沟长，沟宽约 7.5μm。外壁两层，厚约 5.5μm，外层厚度约为内层的 4 倍，柱状层基柱明显。外壁纹饰为瘤状。

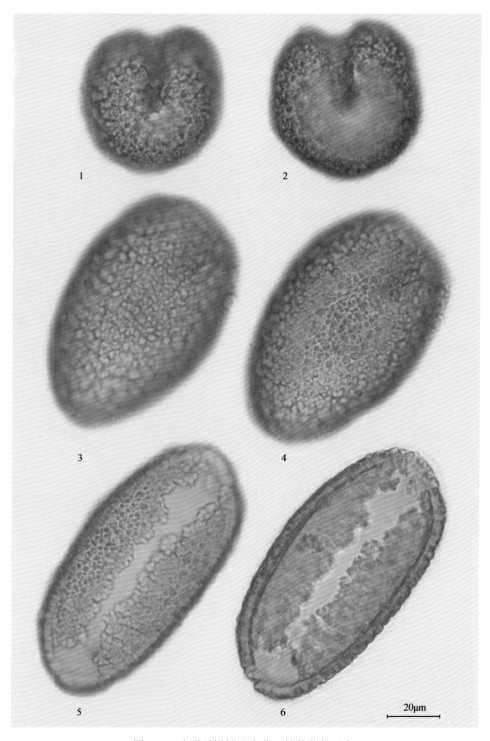

图 3.24　光学显微镜下东北玉簪的花粉形态

黄精属 *Polygonatum* Mill.

黄精属在传统上被置于较广义的百合科中，APG 系统将其列入天门冬科。

玉竹 *Polygonatum odoratum* (Mill.) Druce

图 3.25（标本号：TYS-036）

花粉粒椭球体，极面观椭圆形，大小为 31.6(27.5～35.0)μm×55.0(50.0～61.3)μm。具远极单沟。外壁两层，厚约 1.0μm，外层与内层约相等，柱状层基柱明显。外壁纹饰为细网状。

黄精 *Polygonatum sibiricum* Delar. ex Redoute

图 3.26（标本号：TYS-051）

花粉粒椭球体，大小为 26.8(24.4～30.1)μm×42.8(38.6～50.0)μm。具远极单沟，沟长，沟宽约 3.5μm。外壁两层，厚约 1.4μm，外层与内层厚度约相等，柱状层基柱不明显。外壁纹饰为网状。

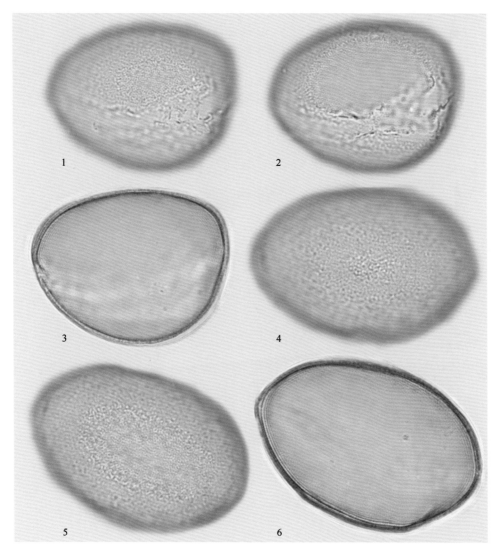

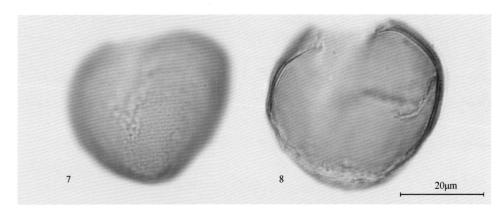

图 3.25　光学显微镜下玉竹的花粉形态

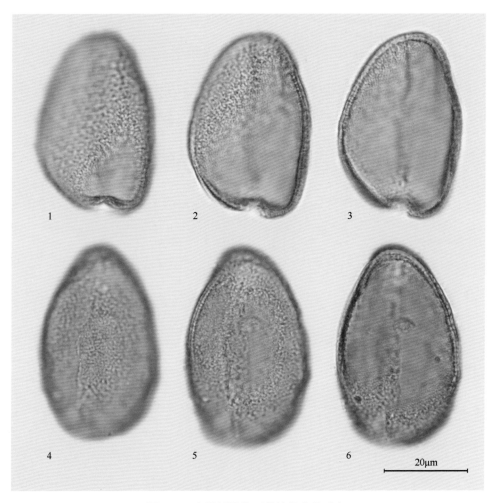

图 3.26　光学显微镜下黄精的花粉形态

鹿药属 *Smilacina* Desf.

鹿药属在传统上被置于较广义的百合科中，APG 系统将其列入天门冬科。

兴安鹿药 *Smilacina dahurica* Turcz.

图 3.27（标本号：CBS-009）

花粉粒椭球形，大小为 32.4(28.0～37.0)μm×49.0(40.6～57.3)μm。具远极单沟，沟长，沟宽 5.3～6.3μm，沟膜经常破裂，沟边呈嚼烂状。外壁两层，厚约 1.4μm，外层与内层厚度约相等，柱状层基柱明显。外壁纹饰为网状，网眼不均匀，网至沟边变细。

本研究共观察天门冬科 4 属 5 种植物的花粉形态，其特征具有一定的差异。其中天门冬属龙须菜花粉明显偏小，易与其他 5 种区分开，玉簪属东北玉簪外壁纹饰为瘤状，可以与其他 4 种区分开，另外 3 种花粉（玉竹、黄精和兴安鹿药）形态相近，不具有典型的鉴别特征。另外，远极单沟的花粉（本研究主要包括石蒜科、天门冬科、阿福花科、秋水仙科、鸭跖草科、薯蓣科、百合科、藜芦科）容易压皱、变形，形态不规则，采用分类回归模型鉴别花粉种属可能不具有参考性。

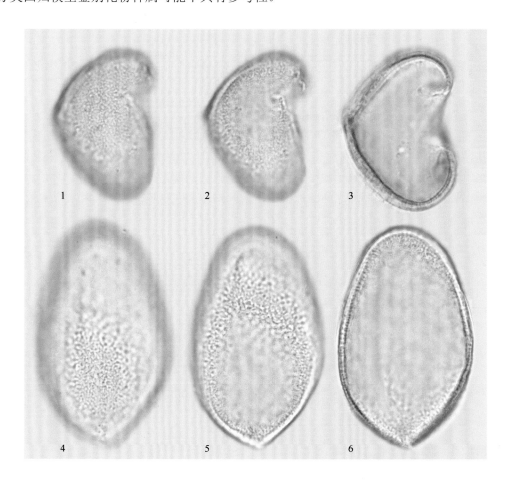

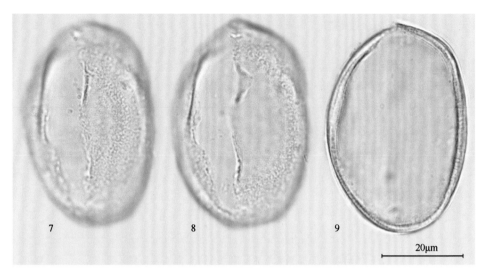

图 3.27　光学显微镜下兴安鹿药的花粉形态

3.9　阿福花科 Asphodelaceae Juss.

萱草属 _Hemerocallis_ L.

萱草属在传统上被置于较广义的百合科中，APG 系统将其列入阿福花科。

大苞萱草 _Hemerocallis middendorfii_ Trautv. et Mey.

图 3.28（标本号：CBS-018）

花粉粒椭球形，极面观椭圆形，大小为 57.9(46.1～70.9)μm×93.2(75.2～118.6)μm。具远极单沟，沟膜经常破裂，沟宽 6.9～19.8μm。外壁两层，厚 2.0～3.6μm，外层与内层厚度约相等，柱状层基柱明显。外壁纹饰为清楚的网状，网眼不均匀，大小为 3.0～8.5μm，网至沟边变细。

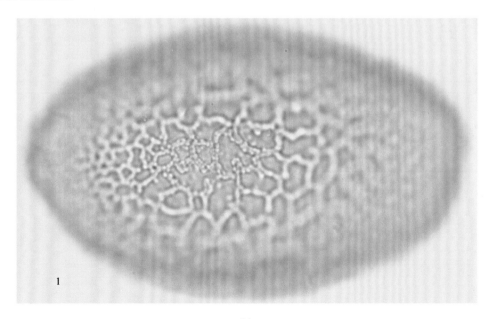

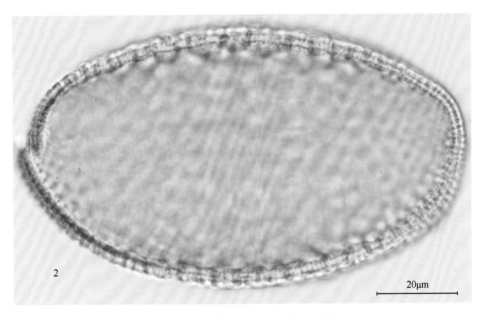

图 3.28　光学显微镜下大苞萱草的花粉形态

黄花菜 *Hemerocallis citrina* **Baroni**

图 3.29（标本号：CBS-221）

花粉粒椭球体，极面观椭圆形，大小为 62.5(59.0～66.0)μm×101.1(99.5～105.0)μm。具远极单沟，长几达两极，沟宽约 6.0μm。外壁两层，厚约 2.5μm，外层比内层略厚，柱状层基柱明显。外壁纹饰为粗网状，网脊宽 1.5～2.0μm，网眼大小不一，网眼直径为 4.0～9.0μm。

本研究共观察阿福花科萱草属 2 种植物的花粉形态，其特征具有一定的差异，但由于实验材料中可用于统计形态规则的花粉粒较少，无法建立分类回归树模型，故阿福花科花粉形态鉴别工作仍需进一步开展。

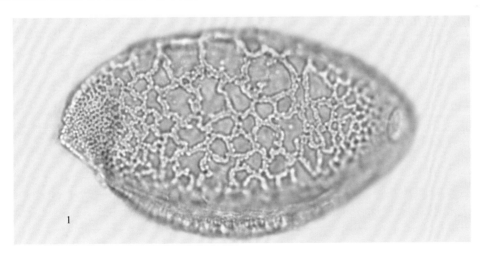

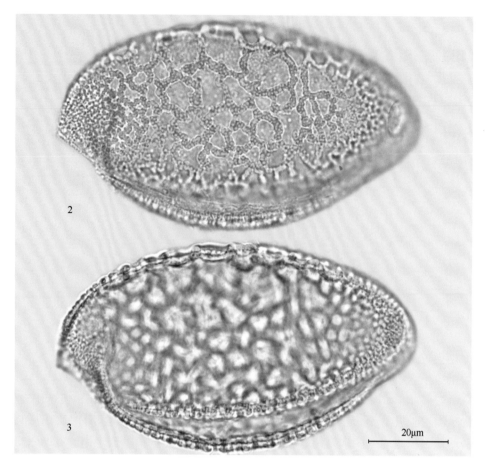

图 3.29　光学显微镜下黄花菜的花粉形态

3.10　菊科 Asteraceae Bercht. & J. Presl

蓍属 *Achillea* L.

短瓣蓍 *Achillea ptarmicoides* Maxim.

图 3.30（标本号：CBS-226）

花粉粒近球形，P/E=1.02(1.00～1.05)，赤道面观圆形，极面观三裂圆形，大小为 27.4(24.0～30.0)μm×26.9(24.5～29.5)μm。具三孔沟，内孔横长。外壁两层，厚约 3.0μm（不包括刺），外层厚度约为内层的 2 倍，柱状层基柱明显。外壁纹饰为显著刺状，刺为三角形，顶端尖，极面观每裂片上有 4～5 个刺，刺长约 2.5μm，刺基部宽约 3.5μm。

紫菀属 *Aster* L.

三脉紫菀 *Aster ageratoides* Turcz.

图 3.31：1～9（标本号：CBS-196）

花粉粒近球形，P/E=1.03(1.00～1.12)，赤道面观圆形，极面观三裂圆形，大小为

28.9(24.5～31.3)μm×28.1(24.0～30.0)μm。具三孔沟，内孔横长。外壁两层，厚约 3.0μm
（不包括刺），外层厚度约为内层的 2 倍，柱状层基柱不明显。外壁纹饰为显著刺状，极
面观每裂片上约 5 个刺，刺为三角形，顶端尖，刺长约 3.0μm。

高山紫菀 _Aster alpinus_ L.

图 3.31：10～15，图 3.32：1～3（标本号：CBS-195）

花粉粒近球形或长球形，P/E=1.07(1.00～1.18)，赤道面观圆形，极面观钝三角形，
大小为 26.4(22.5～29.5)μm×24.6(21.3～27.5)μm。具三孔沟，内孔横长。外壁两层，
厚约 4.0μm（不包括刺），外层厚度约为内层的 2 倍，柱状层基柱不明显。外壁纹饰为
显著刺状，极面观每裂片上约 4 个刺，刺为三角形，顶端尖，刺长约 3.0μm，刺基部
宽约 4.0μm。

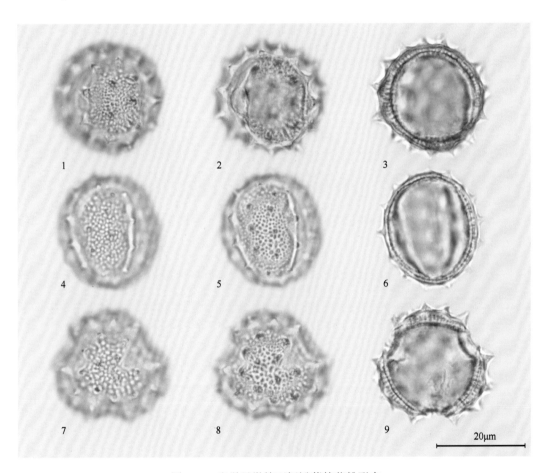

图 3.30　光学显微镜下短瓣蓍的花粉形态

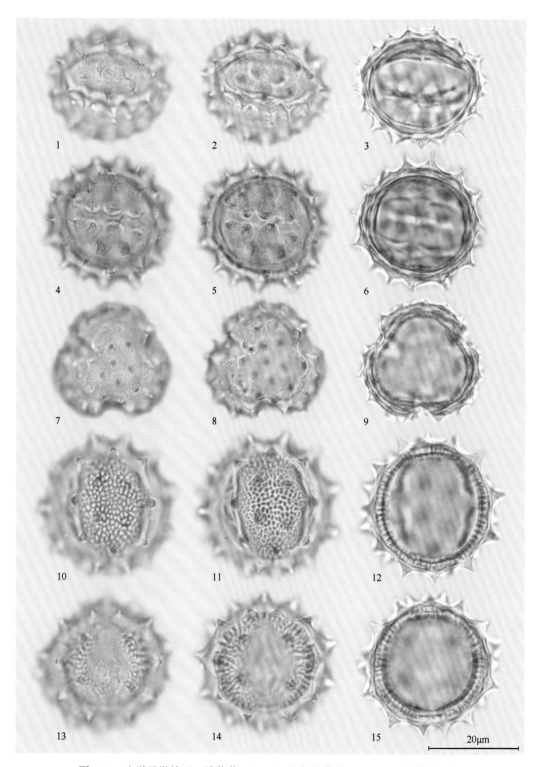

图3.31　光学显微镜下三脉紫菀（1～9）和高山紫菀（10～15）的花粉形态

紫菀 *Aster tataricus* L. f.

图 3.32：4～12（标本号：CBS-265），图 3.33（标本号：TYS-126）

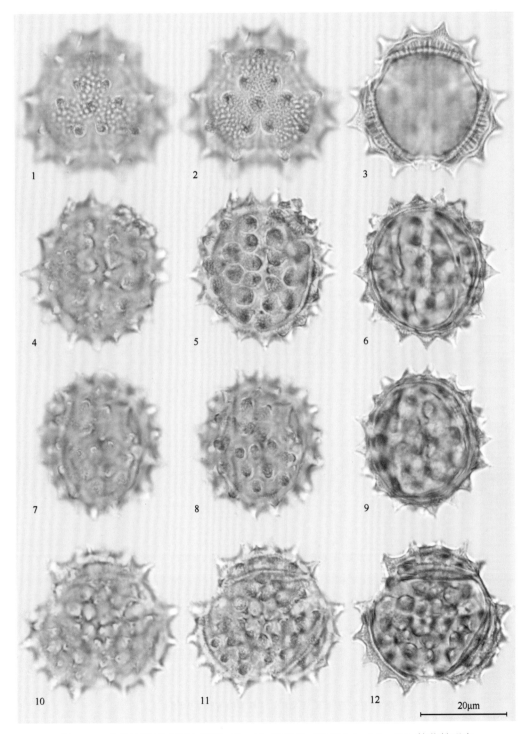

图 3.32　光学显微镜下高山紫菀（1～3）和紫菀（长白山）（4～12）的花粉形态

花粉粒近球形，P/E=1.05(1.00～1.12)，赤道面观圆形，极面观三裂圆形，长白山标本大小为34.8(32.5～40.0)μm×33.3(31.3～37.5)μm；太岳山标本大小为32.1(30.0～37.5)μm。具三孔沟，内孔横长。外壁两层，厚约3.0μm（不包括刺），外层厚度约为内层的2倍，柱状层基柱明显。外壁纹饰为显著刺状，极面观每裂片上有5～6个刺，刺为三角形，顶端尖，长白山标本刺长约2.0μm，刺基部宽约3.0μm；太岳山标本刺长约3.0μm，刺基部宽约2.0μm。

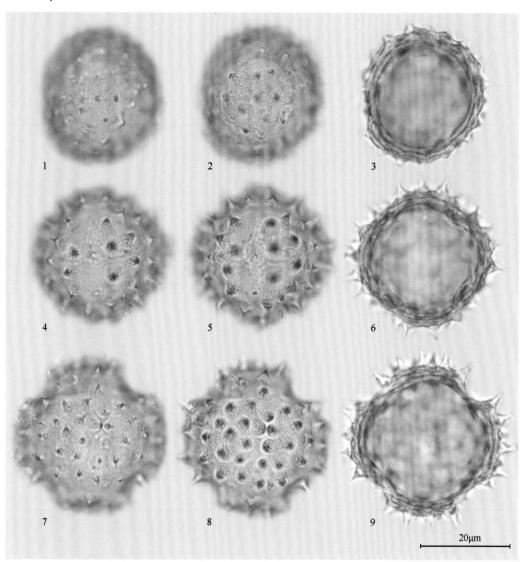

图 3.33　光学显微镜下紫菀（太岳山）的花粉形态

天名精属 *Carpesium* L.

毛暗花金挖耳 *Carpesium triste* Maxim. var. *sinense* Diels

图 3.34（标本号：TYS-186）

花粉粒近球形或扁球形，P/E=0.94(0.85～1.08)，赤道面观近圆形，极面观三裂圆形，大小为 30.8(27.5～34.8)μm×32.7(30.3～35.3)μm。具三孔沟，内孔横长。外壁两层，厚约 3.0μm（不包括刺），外层与内层厚度约相等。外壁纹饰为显著刺状，极面观每裂片上有 5～6 个刺，刺为锥状，顶端尖，刺长约 5.0μm，刺基部宽约 5.0μm。

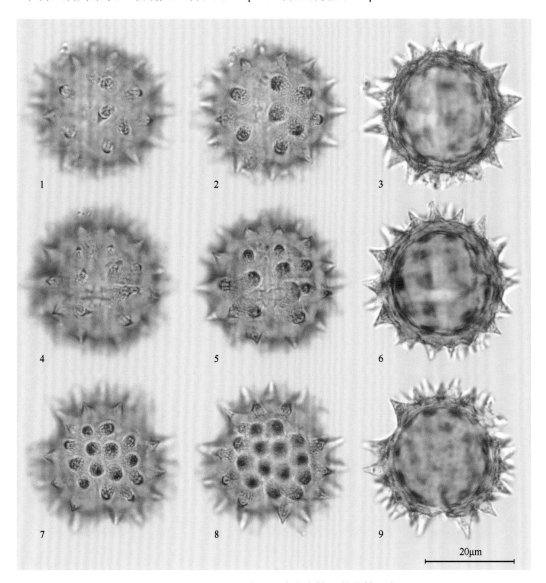

图 3.34　光学显微镜下毛暗花金挖耳的花粉形态

秋英属 *Cosmos* Cav.

秋英 *Cosmos bipinnata* Cav.

图 3.35（标本号：TYS-141）

花粉粒近球形或长球形，P/E=1.04(0.97～1.15)，赤道面观近圆形，极面观三裂圆形，大小为 36.9(35.0～37.5)μm×35.3(32.5～37.5)μm。具三孔沟，内孔横长。外壁两层，厚约 3.0μm（不包括刺），外层厚度约为内层的 2 倍。外层明显分为 2 层，柱状层基柱不明显。

外壁纹饰为显著刺状，极面观每裂片上约 5 个刺，刺为三角形，顶端尖，刺长约 4.5μm，刺基部宽约 3.0μm。

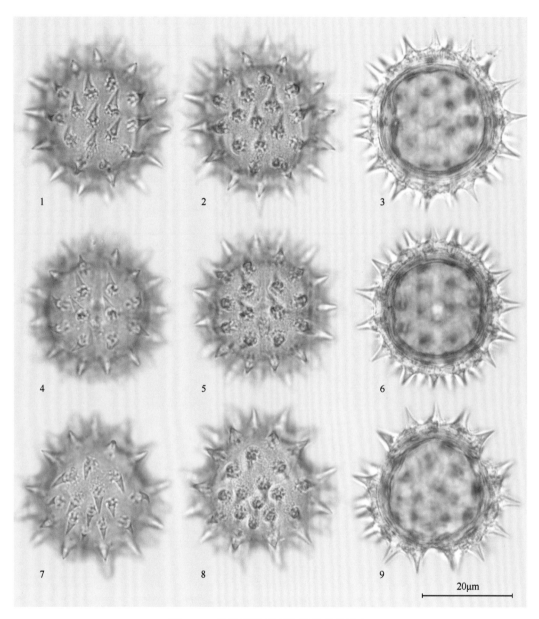

图 3.35　光学显微镜下秋英的花粉形态

东风菜属 *Doellingeria* Nees

东风菜 *Doellingeria scaber* (Thunb.) Nees

图 3.36（标本号：CBS-224）

花粉粒近球形，*P/E*=1.05(1.02～1.12)，赤道面观圆形，极面观三裂圆形，大小为 24.7(18.5～27.5)μm×23.6(18.0～25.0)μm。具三孔沟，内孔横长。外壁两层，厚约 3.0μm

（不包括刺），柱状层基柱不明显。外壁纹饰为显著刺状，极面观每裂片上有 5～6 个刺，刺为三角形，刺长约 3.0μm。

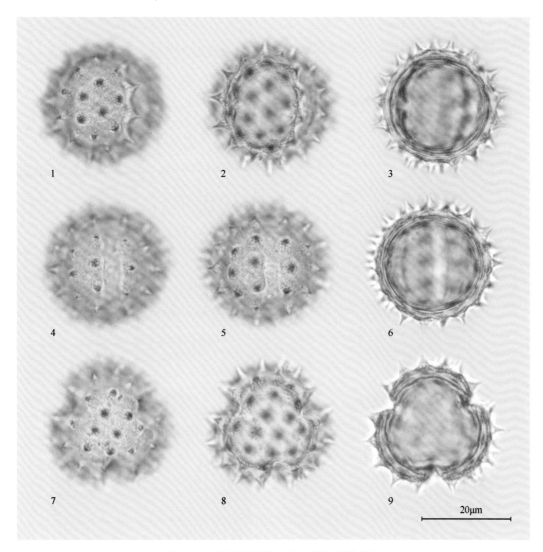

图 3.36 光学显微镜下东风菜的花粉形态

泽兰属 *Eupatorium* L.

林泽兰 *Eupatorium lindleyanum* DC.

图 3.37（标本号：TYS-149）

花粉粒近球形或扁球形，*P*/*E*=0.96(0.84～1.06)，赤道面观椭圆形，极面观三裂圆形，大小为 43.7(37.8～50.3)μm×45.5(40.3～47.8)μm。具三孔沟，内孔近圆形。外壁两层，厚约 6.5μm，外层厚度约为内层的 3 倍，具明显的柱状层基柱及厚的覆盖层。外壁纹饰为显著刺状，极面观每裂片上有 5～6 个刺，刺长约 1.5μm，刺宽约 3.0μm。

图 3.37　光学显微镜下林泽兰的花粉形态

鼠麴草属 *Gnaphalium* L.

鼠麴草 *Gnaphalium affine* D. Don

图 3.38（标本号：TYS-124）

花粉粒近球形，P/E=1.01(0.99～1.13)，赤道面观近圆形，极面观三裂圆形，大小为 22.2(20.3～24.0)μm×21.9(20.0～23.8)μm。具三孔沟，沟宽约 2.5μm。外壁两层，厚约 3.0μm

（不包括刺），外层厚度约为内层的 2 倍，柱状层基柱不明显。外壁纹饰为显著刺状，极面观每裂片上约 5 个刺，刺为三角形，顶端尖，刺长约 2.0μm，刺基部宽约 2.0μm。

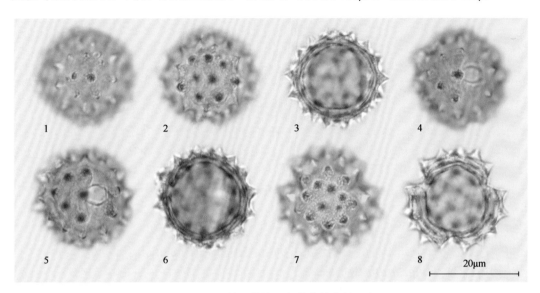

图 3.38 光学显微镜下鼠麴草的花粉形态

向日葵属 *Helianthus* L.

向日葵 *Helianthus annuus* L.

图 3.39（标本号：TYS-187）

花粉粒近球形或扁球形，P/E=0.93(0.81~1.01)，赤道面观圆形，极面观三裂圆形。大小为 40.5(35.0~45.0)μm×43.5(35.0~47.3)μm，一般具三孔沟。外壁两层，厚约 3.0μm

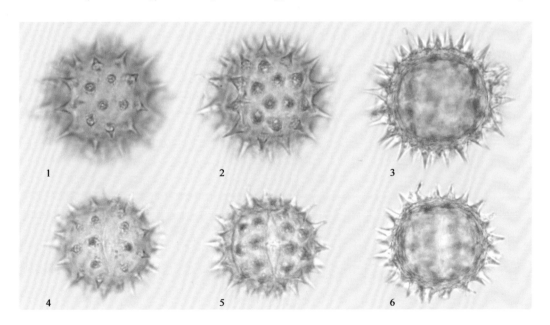

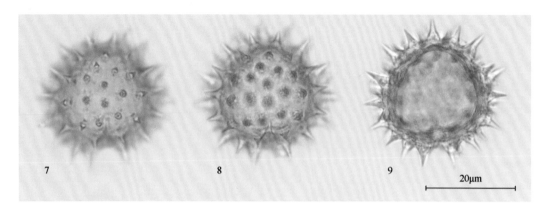

图 3.39　光学显微镜下向日葵的花粉形态

（不包括刺），外层厚度约为内层的 2 倍，柱状层基柱不明显。外壁纹饰为显著刺状，极面观每裂片上约 6 个刺，顶端尖，刺长约 6.0μm，刺基部宽约 3.0μm。

狗娃花属 *Heteropappus* Less.

狗娃花 *Heteropappus hispidus* (Thunb.) Less.

图 3.40（标本号：TYS-181）

花粉粒近球形，P/E=1.00(0.90～1.11)，赤道面观近圆形，极面观三裂圆形，大小为 26.1(25.0～28.0)μm×26.0(25.0～27.8)μm。具三孔沟，内孔横长。外壁两层，厚约 2.0μm（不包括刺），外层厚度约为内层的 2 倍，柱状层基柱不明显。外壁纹饰为显著刺状，极面观每裂片上约 5 个刺，刺为三角形，刺长约 3.0μm，刺基部宽约 2.5μm。

阿尔泰狗娃花 *Heteropappus altaicus* (Willd.) Novopokr.

图 3.41（标本号：CBS-249）

花粉粒近球形，P/E=1.04(1.00～1.08)，赤道面观近圆形，极面观三裂圆形，大小为 33.5(30.0～37.5)μm×32.2(30.0～35.0)μm。具三孔沟，内孔横长。外壁两层，厚约 3.0μm（不包括刺），外层厚度约为内层的 2 倍，柱状层基柱不明显。外壁纹饰为显著刺状，极面观每裂片上约 5 个刺，刺为三角形，刺长约 5.0μm，刺基部宽约 4.0μm。

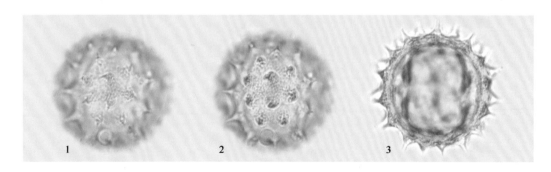

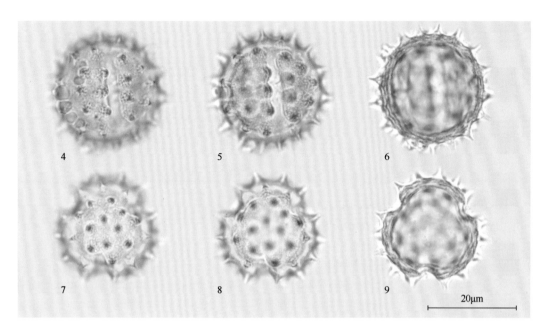

图 3.40 光学显微镜下狗娃花的花粉形态

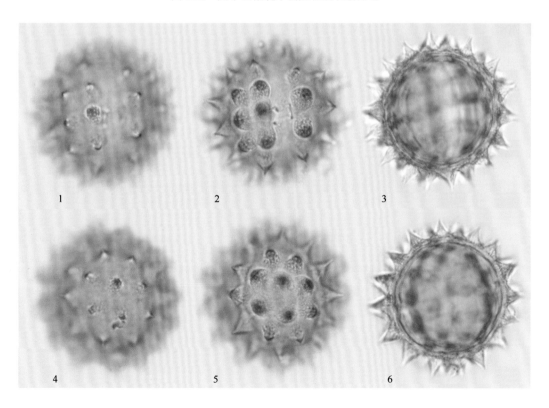

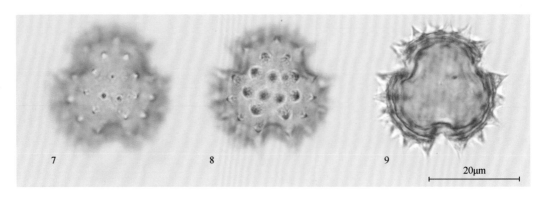

图 3.41　光学显微镜下阿尔泰狗娃花的花粉形态

山柳菊属 *Hieracium* L.

山柳菊 *Hieracium umbellatum* L.

图 3.42（标本号：CBS-032）

花粉粒近球形，赤道面观近圆形，极面观三裂圆形，大小为 28.5(24.3～33.9)μm。具三孔沟，沟宽约 2.4μm，内孔不明显。外壁两层，厚度为 4.64(2.51～6.95)μm（不包括刺），外层远厚于内层。外壁表面具大网胞，网胞个数为 9～12 个，网胞大小为 6.46(4.00～8.76)μm×8.60(5.51～11.8)μm，网脊上具刺，刺为三角形，尖长 2.86(2.00～4.42)μm，刺基宽 3.09(1.82～4.60)μm。

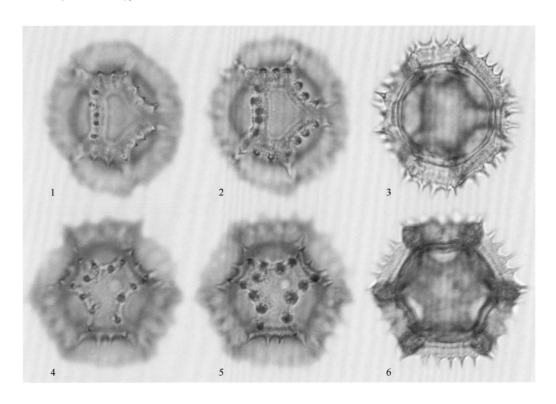

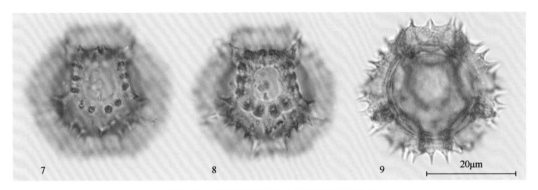

图 3.42　光学显微镜下山柳菊的花粉形态

旋覆花属 *Inula* L.

欧亚旋覆花 *Inula britanica* L.

图 3.43（标本号：CBS-233）

花粉粒近球形，赤道面观近圆形，极面观三裂圆形，大小为 22.6(20.5～24.5)μm。具三孔沟，内孔横长。外壁两层，厚约 3.0μm（不包括刺），外层厚度约为内层的 2 倍，柱状层基柱不明显。外壁纹饰为显著刺状，刺为三角形，极面观每裂片上约 4 个刺，刺长约 3.0μm，刺基部宽约 2.5μm。

柳叶旋覆花 *Inula salicina* L.

图 3.44（标本号：CBS-133）

花粉粒近球形或扁球形，P/E=0.94(0.74～1.13)，赤道面观椭圆形，极面观三裂圆形，大小为 21.8(18.2～27.5)μm×23.2(20.1～28.0)μm。具三孔沟，沟短，两端渐窄，最宽处为 4.70(2.19～6.34)μm，内孔横长，两端渐窄，大小为(1.9～3.5)μm×(6.8～10.7)μm。外壁两层，厚 2.76(1.91～4.09)μm（不包括刺），外层与内层厚度约相等。外壁纹饰为显著刺状，极面观每裂片上约 4 个刺，刺为三角形，刺长 3.58(2.63～4.93)μm，刺基部宽 3.14(2.08～4.22)μm。

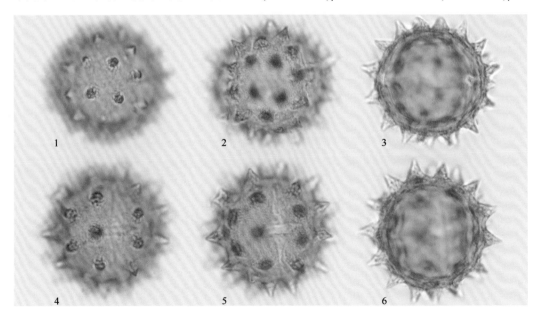

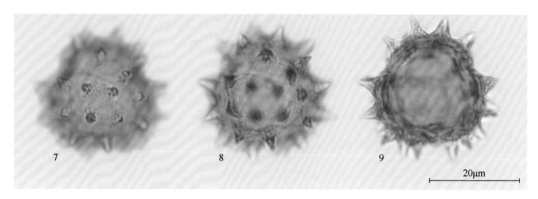

图 3.43　光学显微镜下欧亚旋覆花的花粉形态

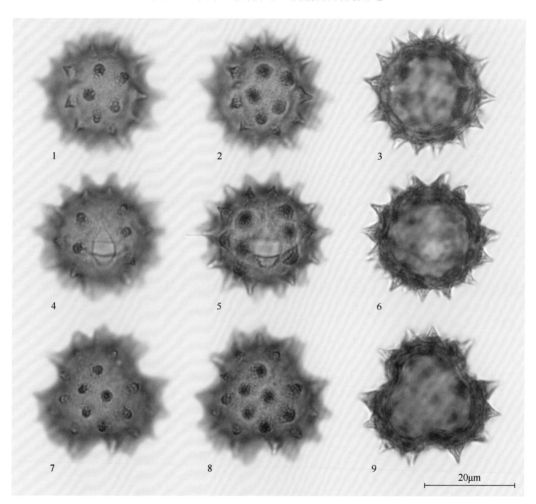

图 3.44　光学显微镜下柳叶旋覆花的花粉形态

马兰属 *Kalimeris* Cass.
蒙古马兰 *Kalimeris mongolica* (Franch.) Kitam.
图 3.45：1～8（标本号：CBS-273），图 3.45：9～17（标本号：TYS-183）

花粉粒近球形，部分为长球形或扁球形，赤道面观圆形，极面观三裂圆形，长白山标本 P/E=1.08(1.02~1.16)，大小为 27.3(22.5~32.5)μm×25.2(21.5~30.0)μm；太岳山标本 P/E=0.95(0.85~1.00)，大小为 30.6(27.5~32.8)μm×32.2(30.5~33.0)μm。具三孔沟，内孔横长。外壁两层，厚约 3.0μm（不包括刺），外层厚度约为内层的 2 倍，柱状层基柱不明显。外壁纹饰为显著刺状，极面观每裂片上约 5 个刺，刺为三角形，长白山标本刺长约 3.0μm；太岳山标本刺长约 4.5μm，刺基部宽 4.0μm。

两个花粉采集地的蒙古马兰花粉形态存在一定差异，这可能是生境不同导致的。

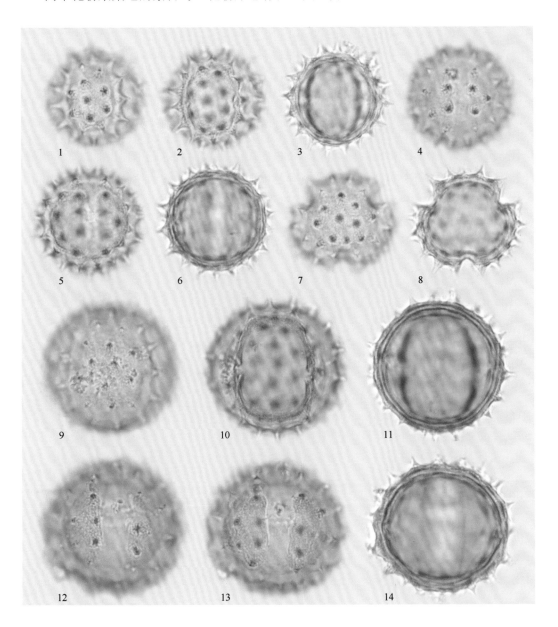

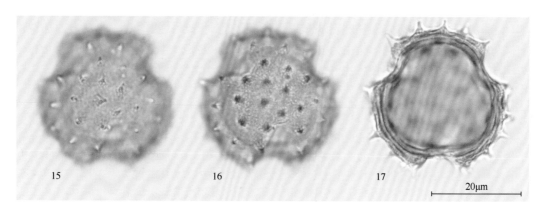

图 3.45　光学显微镜下蒙古马兰（长白山）（1～8）和蒙古马兰（太岳山）（9～17）的花粉形态

火绒草属 *Leontopodium* (Pers.) R. Br. ex Cass.

火绒草 *Leontopodium leontopodioides* (Willd.) Beauv.

图 3.46（标本号：TYS-040）

花粉粒近球形或扁球形，*P/E*=0.93(0.83～1.10)，赤道面观近圆形，极面观三裂圆形，大小为 21.6(17.3～25.4)μm×23.3(18.7～26.3)μm。具三孔沟，沟宽 4.45(2.41～7.28)μm，

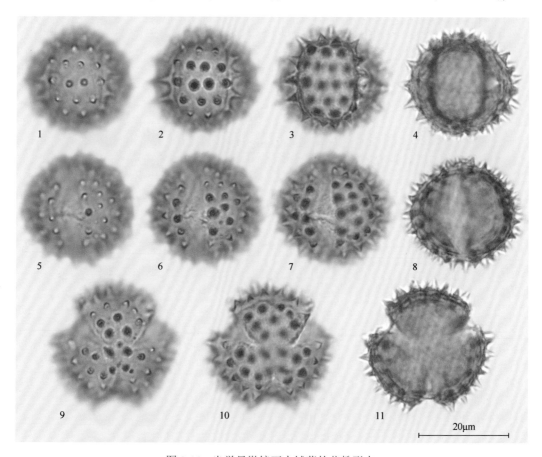

图 3.46　光学显微镜下火绒草的花粉形态

孔大小为(2.0～5.3)μm×(1.6～3.5)μm。外壁两层，厚度为 1.90(1.26～2.67)μm（不包括刺），外层是内层的 2～3 倍厚，外壁纹饰为显著刺状，极面观每个裂片有 7～8 个刺，刺为锐三角形，顶端尖，刺长 2.79(2.02～5.25)μm，刺基部宽 2.43(1.60～3.54)μm。

橐吾属 *Ligularia* Cass.

蹄叶橐吾 *Ligularia fischeri* (Ledeb.) Turcz

图 3.47（标本号：CBS-206），图 3.48（标本号：TYS-163）

花粉粒近球形或长球形，P/E=1.12(0.92～1.26)，赤道面观椭圆形，极面观三裂圆形，大小为 41.9(33.0～45.5)μm×40.1(32.5～47.0)μm。具三孔沟，内孔横长。外壁两层，外层厚度约为内层的 3 倍，柱状层基柱不明显，长白山标本外壁厚约 5.0μm（不包括刺）；太岳山标本外壁厚约 4.0μm（不包括刺）。外壁纹饰为显著刺状，极面观每裂片上有 5～6 个刺，刺为锥状，刺长约 5.0μm，刺基部宽约 4.0μm。

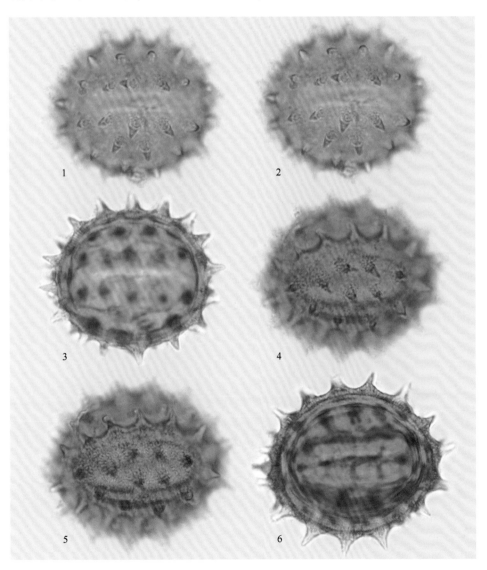

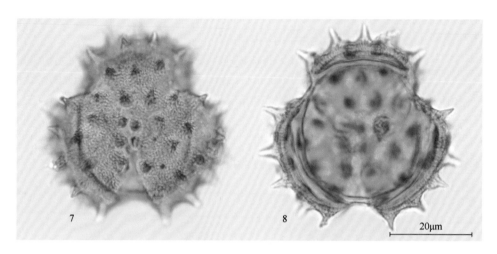

图 3.47　光学显微镜下蹄叶橐吾（长白山）的花粉形态

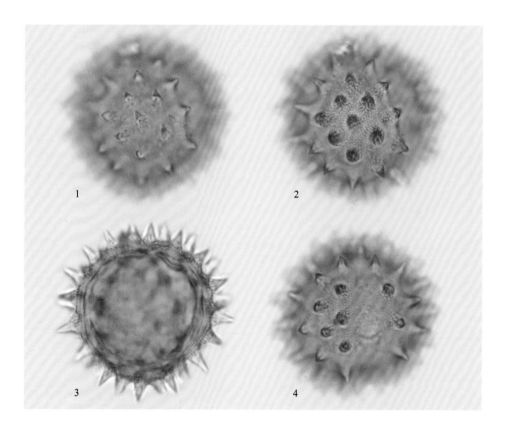

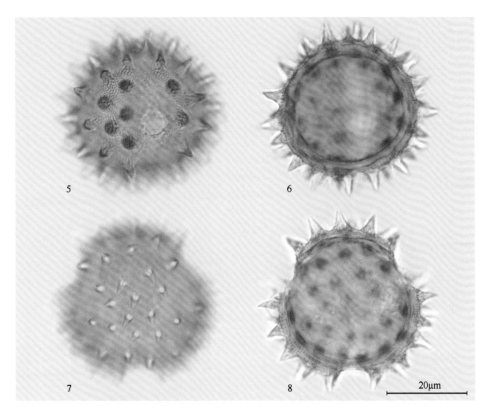

图 3.48 光学显微镜下蹄叶橐吾（太岳山）的花粉形态

长白山橐吾 *Ligularia jamesii* (Hemsl.) Kom.

图 3.49（标本号：CBS-151）

花粉粒近球形或扁球形，P/E=0.94(0.80～1.13)，赤道面观圆形或椭圆形，极面观三裂圆形，大小为 34.4(28.5～38.4)μm×36.7(32.1～39.2)μm。具三孔沟，沟宽 6.40(2.88～8.33)μm，内孔横长，孔大小为(3.0～6.1)μm×(3.1～7.2)μm。外壁两层，厚 3.53(2.19～4.75)μm（不包括刺），外层厚度为内层的 2～3 倍，柱状层基柱明显。外壁纹饰为显著刺状，极面观每裂片上具有 4～5 个刺，刺长 4.44(3.03～6.10)μm，刺基部宽 4.83(3.10～7.21)μm。

蟹甲草属 *Parasenecio* W. W. Sm. & Small

星叶蟹甲草 *Parasenecio komarovianus* (Pojark.) Y. L. Chen

图 3.50（标本号：CBS-210）

花粉粒近球形或长球形，P/E=1.07(1.00～1.27)，赤道面观圆形，极面观三裂圆形，大小为 30.2(28.0～33.0)μm×28.2(26.0～30.0)μm。具三孔沟，内孔横长。外壁两层，厚约 5.0μm（不包括刺），外层厚度为内层的 2～3 倍，柱状层基柱明显。外壁纹饰为显著刺状，极面观上每裂片上约 5 个刺，刺三角形，顶端尖，刺长约 4.0μm，刺基部宽约 3.0μm。

图 3.49　光学显微镜下长白山橐吾的花粉形态

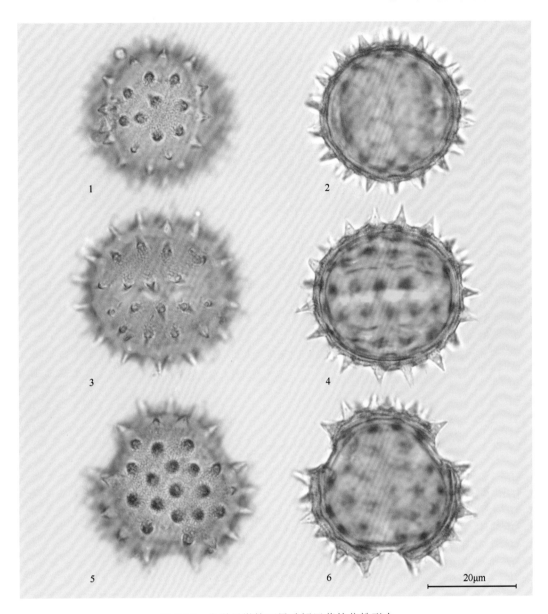

图 3.50　光学显微镜下星叶蟹甲草的花粉形态

毛连菜属 *Picris* L.

毛连菜 *Picris hieracioides* L.

图 3.51（标本号：TYS-165）

花粉粒近球形，赤道面观近圆形，极面观三裂圆形，大小为 35.8(25.0～40.0)μm（包括刺长）。具三孔沟。外壁两层，厚约 3.0μm（不包括刺），外层厚度约为内层的 3 倍。花粉外壁表面具大网胞，网胞大小为 10.0～12.0μm，网脊具刺，刺为三角形，刺长约 3.0μm。

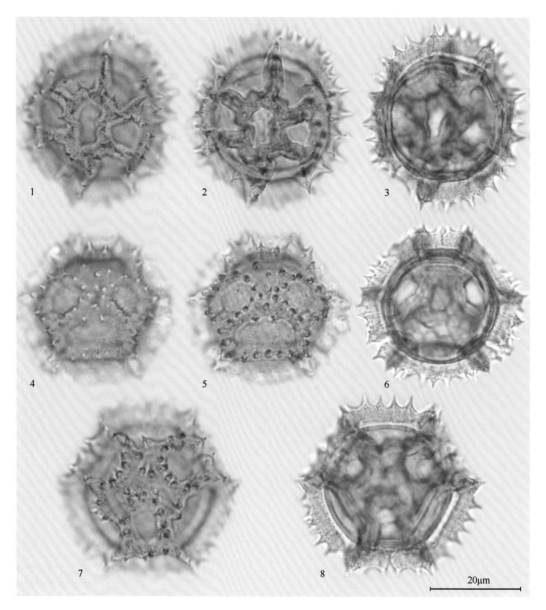

图 3.51　光学显微镜下毛连菜的花粉形态

风毛菊属 *Saussurea* DC.

风毛菊 *Saussurea japonica* (Thunb.) DC.

图 3.52（标本号：TYS-114）

　　花粉近球形，P/E=0.97(0.89～1.06)，赤道面观近圆形，极面观三裂圆形，大小为 46.4(42.5～50.5)μm×47.8(45.0～50.3)μm。具三孔沟，长达两极，内孔横长。外壁两层，厚约 9.0μm（不包括刺），外层厚度约为内层的 3.5 倍，具明显的柱状层基柱及厚的覆盖层。外壁纹饰为刺状，极面观每裂片上约 5 个刺，刺为三角形，刺长约 1.5μm，刺基部宽 3.0μm。

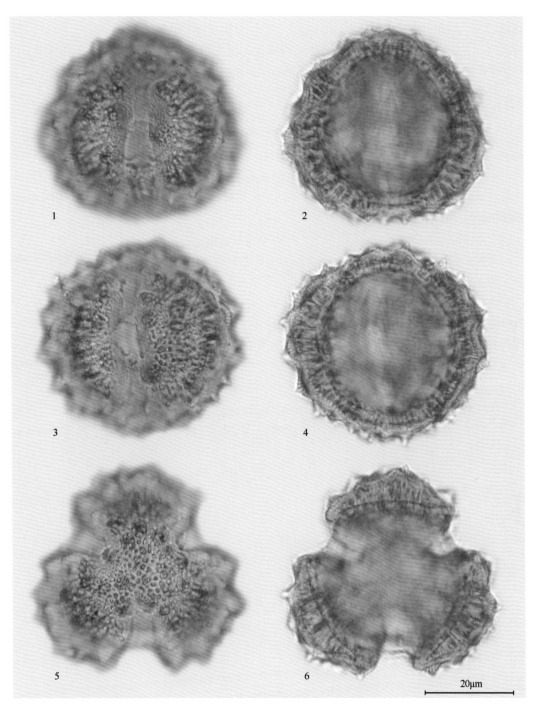

图 3.52　光学显微镜下风毛菊的花粉形态

千里光属 *Senecio* L.

麻叶千里光 *Senecio cannabifolius* Less.

图 3.53：1～9（标本号：CBS-158）

花粉粒近球形，$P/E=1.06(1.02\sim1.08)$。赤道面观近圆形，极面观三裂圆形，大小为

28.0(27.0～30.0)μm×26.4(22.5～28.0)μm。具三孔沟。外壁两层，厚约 3.5μm（不包括刺），外层厚度约为内层的 3 倍，柱状层基柱不明显。外壁纹饰为显著刺状，极面观每裂片上约 5 个刺，刺三角形，顶端尖，刺长约 2.5μm，刺基部宽约 3.0μm。

林荫千里光 *Senecio nemorensis* L.

图 3.53：10～16（标本号：TYS-115）

花粉粒近球形或长球形，*P/E*=1.09(1.07～1.21)，赤道面观椭圆形，极面观三裂圆形，大小为 37.7(33.8～40.0)μm×34.6(28.0～37.5)μm。具三孔沟，沟细长，几达两极，内孔横长。外壁两层，厚约 3.5μm（不包括刺），外层厚度约为内层的 2 倍，柱状层基柱不明显。外壁纹饰为显著刺状，极面观每裂片上有 5～6 个刺，刺三角形，顶端尖，刺长约 3.5μm，刺基部宽约 3.5μm。

一枝黄花属 *Solidago* L.

兴安一枝黄花 *Solidago virgaurea* L. var. *dahurica* Kitag.

图 3.54（标本号：CBS-064）

花粉近球形或扁球形，*P/E*=0.96(0.81～1.10)，赤道面观椭圆形，极面观三裂圆形，大小为 18.5(15.8～24.0)μm×19.3(16.6～25.0)μm。具三孔沟，孔大小约 1.0μm，沟宽 1.96(0.99～3.16)μm。外壁两层，厚 2.00(0.95～2.98)μm（不包括刺），外层与内层厚度约相等。外壁

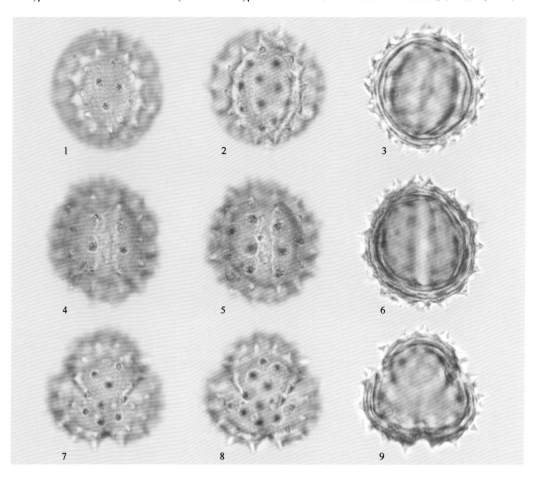

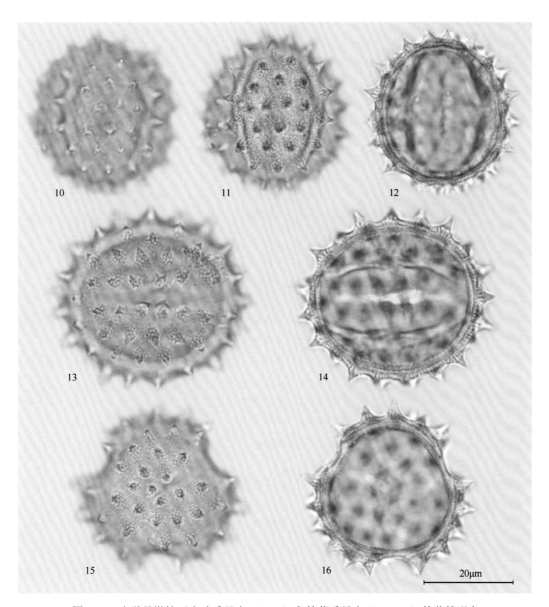

图 3.53　光学显微镜下麻叶千里光（1～9）和林荫千里光（10～16）的花粉形态

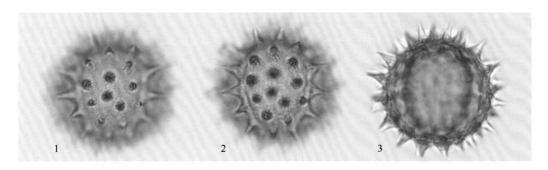

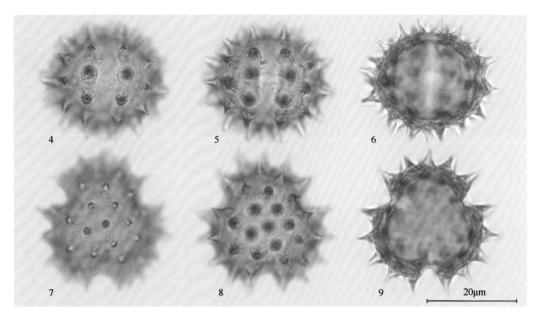

图 3.54　光学显微镜下兴安一枝黄花的花粉形态

纹饰为刺状，极面观每个裂片约 5 个刺，刺为三角形，刺长 2.91(1.81～3.88)μm，刺基宽 1.98(1.26～3.20)μm。

蒲公英属 *Taraxacum* F. H. Wigg.

蒲公英 *Taraxacum mongolicum* Hand.-Mazz.

图 3.55（标本号：TYS-004）

花粉粒球形，赤道面观近圆形，极面观三裂圆形，大小为 32.5(20.0～41.8)μm。具三孔沟。外壁两层，厚 5.13(3.14～6.92)μm（不包括刺），外层厚度约为内层的 2 倍，柱状层基柱明显。外壁表面具大网胞，多数由 10～15 个网胞组成，网胞大小为 5.55(3.28～8.87)μm×8.27(4.26～12.78)μm，网脊上具尖刺，刺长 2.83(2.00～3.90)μm，刺基部宽 3.09(2.36～4.09)μm。

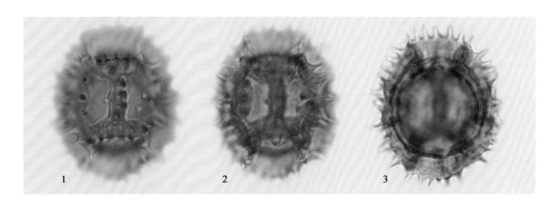

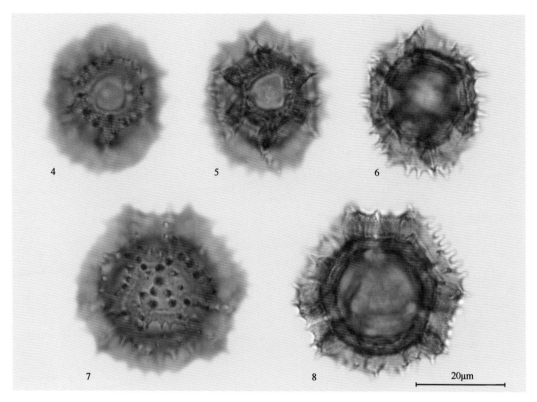

图 3.55　光学显微镜下蒲公英的花粉形态

东北蒲公英 *Taraxacum ohwianum* Kitam.

图 3.56（标本号：CBS-073）

花粉粒近球形，赤道面观近圆形，极面观三裂圆形，大小为 27.4(19.3～32.8)μm。具三孔沟。外壁两层，厚度为 4.63(2.24～6.52)μm（不包括刺），外层厚度约为内层的2 倍，柱状层基柱明显。外壁表面具大网胞，网胞个数为 10～15 个，网胞大小为 5.85(3.16～8.88)μm×7.89(4.70～12.38)μm，网脊上具刺，刺为三角形，尖长 2.50(1.93～3.73)μm，刺基宽 2.63(2.02～3.87)μm。

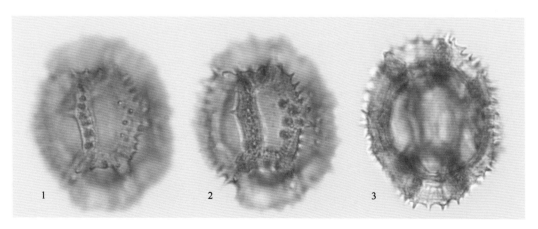

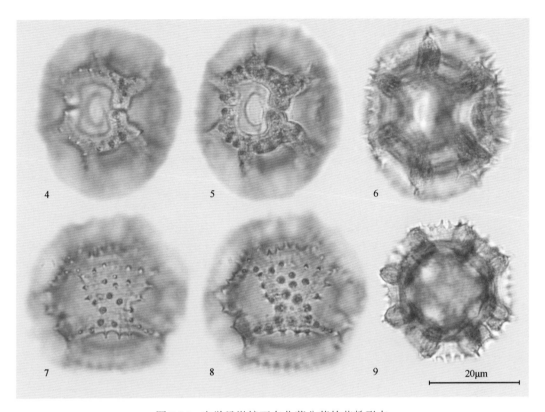

图 3.56　光学显微镜下东北蒲公英的花粉形态

狗舌草属 *Tephroseris* (Reichenb.) Reichenb.

狗舌草 *Tephroseris kirilowii* (Turcz. ex DC.) Holub

图 3.57（标本号：TYS-031）

花粉粒近球形，P/E=0.92(0.85～1.03)，赤道面观近圆形，极面观三裂圆形，大小为 28.9(25.6～31.7)μm×31.2(28.1～34.6)μm。具三孔沟，孔圆形，沟宽 6.41(3.78～8.24)μm。外壁两层，厚为 2.53(1.78～3.67)μm（不包括刺），外层与内层厚度约相等。外壁纹饰为显著刺状，刺为三角形，极面观每裂片上有 5～6 个刺，刺长 3.42(2.35～4.71)μm，刺基部宽 3.85(2.30～5.19)μm。

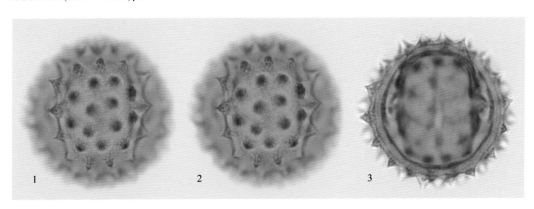

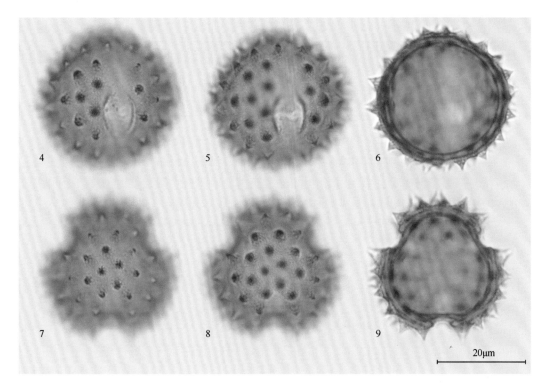

图 3.57　光学显微镜下狗舌草的花粉形态

1. 菊科花粉形态的区分

本研究共观察菊科 21 属 28 种植物的花粉形态，其特征具有一定的差异，根据花粉形态特征，可以将本研究区的菊科花粉分为三个类型。根据花粉外壁的网胞纹饰，网脊上具刺的形态特征可以将毛连菜属、山柳菊属和蒲公英属划分为**蒲公英型花粉**。根据花粉具尖刺，刺较密，外壁的基柱结构不明显可以将蓍属、紫菀属、天名精属、秋英属、东风菜属、鼠麴草属、向日葵属、狗娃花属、旋覆花属、马兰属、火绒草属、橐吾属、蟹甲草属、千里光属、一枝黄花属和狗舌草属划分为**紫菀型花粉**。根据花粉具有明显的基柱结构，具较短小的钝刺，可以将风毛菊属和泽兰属划分为**风毛菊型花粉**。

2. 蒲公英型 3 种花粉形态的鉴别

1）蒲公英型 3 种花粉形态参数的筛选

对山柳菊、蒲公英和东北蒲公英花粉形态参数的统计数据进行单因素方差分析，判断出花粉定量形态特征与花粉种属的关系均为显著（表 3.3）。

表 3.3　蒲公英型 3 种花粉定量形态特征及方差分析结果

种名	粒径/μm	外壁厚度/μm	网胞宽/μm	网胞长/μm	刺长/μm	刺基部宽/μm
山柳菊	28.5 (24.3~33.9)	4.64 (2.51~6.95)	6.46 (4.00~8.76)	8.60 (5.51~11.8)	2.86 (2.00~4.42)	3.09 (1.82~4.60)
蒲公英	32.5 (20.0~41.8)	5.13 (3.14~6.92)	5.55 (3.28~8.87)	8.27 (4.26~12.78)	2.83 (2.00~3.90)	3.09 (2.36~4.09)

续表

种名	粒径/μm	外壁厚度/μm	网胞宽/μm	网胞长/μm	刺长/μm	刺基部宽/μm
东北蒲公英	27.4 (19.3~32.8)	4.63 (2.24~6.52)	5.85 (3.16~8.88)	7.89 (4.70~12.38)	2.50 (1.93~3.73)	2.63 (2.02~3.87)
组间方差	61.96***	9.53***	13.84***	4.552***	23***	44.1***

***表示 $p < 0.001$

2）蒲公英型 3 种花粉的可区分性

将花粉形态参数数据进行判别分析，蒲公英型 3 种花粉在两个判别函数下可以进行区分（图 3.58），第一判别函数和第二判别函数的贡献率分别为 75.35%和 24.65%。

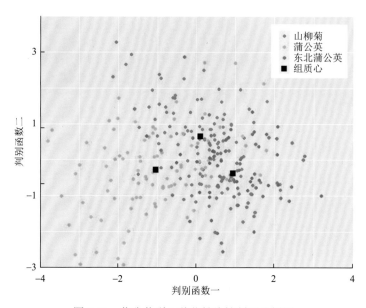

图 3.58　蒲公英型 3 种花粉线性判别分析图

3）蒲公英型 3 种花粉的鉴别模型

将花粉形态参数数据进行 CART 分析，结果如图 3.59 所示：蒲公英型花粉的分类回归树模型采用两个形态变量进行区分，将粒径在 24.3~30.6μm 且刺基部宽≥2.9μm 的花粉鉴别为山柳菊；将粒径<30.6μm 且刺基部宽<2.9μm 的花粉鉴别为东北蒲公英，将粒径≥30.6μm 的花粉或者粒径<24.3μm 且刺基部宽≥2.9μm 的花粉鉴别为蒲公英。

4）蒲公英型 3 种花粉鉴别模型的检验

采用重复抽样的方法对模型进行 5 次检验（表 3.4），50 粒山柳菊花粉中有 42 粒可以正确鉴别，另外有 1 粒被误判为蒲公英，7 粒被误判为东北蒲公英，正确鉴别的概率为 84%；50 粒蒲公英花粉中，有 40 粒可以正确鉴别，另外有 3 粒被误判为山柳菊，7 粒被误判为东北蒲公英，正确鉴别的概率为 80%；50 粒东北蒲公英花粉中有 41 粒可以正确鉴别，另外有 5 粒被误判为山柳菊，4 粒被误判为蒲公英，正确鉴别的概率为 82%。

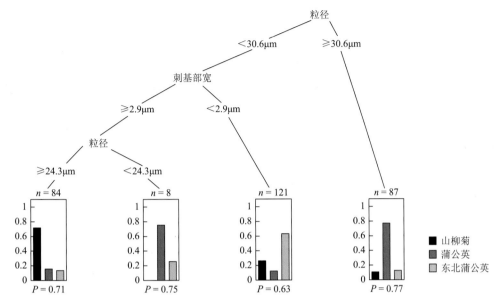

图 3.59　蒲公英型 3 种花粉分类回归树模型

表 3.4　蒲公英型 3 种花粉分类回归树模型检验结果

种名	鉴别为山柳菊/粒	鉴别为蒲公英/粒	鉴别为东北蒲公英/粒	正确鉴别的概率
山柳菊	42	1	7	84%
蒲公英	3	40	7	80%
东北蒲公英	5	4	41	82%

3. 紫菀型 5 种花粉形态的鉴别

1）紫菀型 5 种花粉形态参数的筛选

对柳叶旋覆花、火绒草、长白山橐吾、兴安一枝黄花和狗舌草花粉形态参数的统计数据进行单因素方差分析，判断出花粉定量形态特征与花粉种属的关系均为显著（表 3.5）。

表 3.5　紫菀型 5 种花粉定量形态特征及方差分析结果

种名	极轴长/μm	赤道轴长/μm	P/E	外壁厚度/μm	沟宽/μm	刺长/μm	刺基部宽/μm
柳叶旋覆花	21.8 (18.2~27.5)	23.2 (20.1~28.0)	0.94 (0.74~1.13)	2.76 (1.91~4.09)	4.70 (2.19~6.34)	3.58 (2.63~4.93)	3.14 (2.08~4.22)
火绒草	21.6 (17.3~25.4)	23.3 (18.1~26.3)	0.93 (0.83~1.10)	1.90 (1.26~2.67)	4.45 (2.41~7.28)	2.79 (2.02~5.25)	2.43 (1.60~3.54)
长白山橐吾	34.4 (28.5~38.4)	36.7 (32.1~39.2)	0.94 (0.80~1.13)	3.53 (2.19~4.75)	6.40 (2.88~8.33)	4.44 (3.03~6.10)	4.83 (3.10~7.21)
兴安一枝黄花	18.5 (15.8~24.0)	19.3 (16.6~25.0)	0.96 (0.81~1.10)	2.00 (0.95~2.98)	1.96 (0.99~3.16)	2.91 (1.81~3.88)	1.98 (1.26~3.20)
狗舌草	28.9 (25.6~31.7)	31.2 (28.1~34.6)	0.92 (0.85~1.03)	2.53 (1.78~3.67)	6.41 (3.78~8.24)	3.42 (2.35~4.71)	3.85 (2.30~5.19)
组间方差	2007***	2723***	7.79***	250.6***	471.5***	195.6***	427.2***

***表示 $p < 0.001$

2）紫菀型 5 种花粉的可区分性

将花粉形态参数数据进行判别分析，紫菀型 5 种花粉在两个判别函数下可以进行区分（图 3.60），第一判别函数和第二判别函数的贡献率分别为 92.80%和 4.34%。

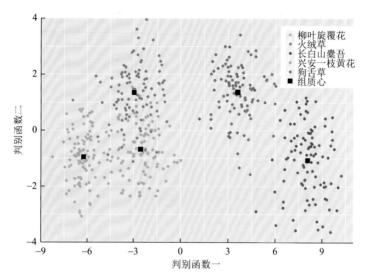

图 3.60　紫菀型 5 种花粉线性判别分析图

3）紫菀型 5 种花粉的鉴别模型

将花粉形态参数数据进行 CART 分析，结果如图 3.61 所示：紫菀型花粉的分类回归树模型采用 5 个形态变量进行区分，将赤道轴长＜28.1μm、沟宽≥2.9μm、外壁厚度≥2.2μm且刺长≥3.0μm 的花粉鉴别为柳叶旋覆花，将花粉赤道轴长＜28.1μm、沟宽≥2.9μm、

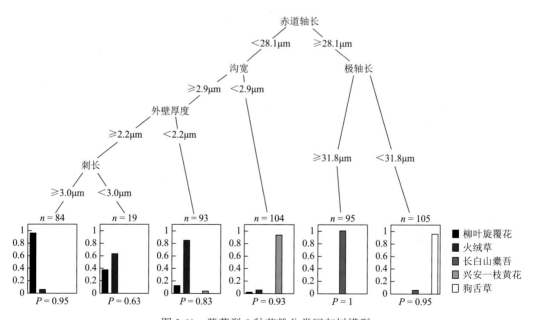

图 3.61　紫菀型 5 种花粉分类回归树模型

外壁厚度＜2.2μm 或外壁厚度≥2.2μm 且刺长＜3.0μm 的花粉鉴别为火绒草；将赤道轴长＜28.1μm、沟宽＜2.9μm 的花粉鉴别为兴安一枝黄花；将赤道轴长≥28.1μm、极轴长≥31.8μm 的花粉鉴别为长白山橐吾；将赤道轴长≥28.1μm、极轴长＜31.8μm 的花粉鉴别为狗舌草。

4）紫菀型 5 种花粉鉴别模型的检验

采用重复抽样的方法对模型进行 5 次检验（表 3.6），50 粒柳叶旋覆花花粉中有 43 粒可以正确鉴别，另外有 6 粒被误判为火绒草，有 1 粒被误判为兴安一枝黄花，正确鉴别的概率为 86%；50 粒火绒草花粉中有 42 粒可以正确鉴别，另外有 4 粒被误判为柳叶旋覆花，有 4 粒被误判为兴安一枝黄花，正确鉴别的概率为 84%；50 粒长白山橐吾花粉中有 48 粒可以正确鉴别，另外 2 粒被误判为狗舌草，正确鉴别的概率为 96%；50 粒兴安一枝黄花花粉中有 48 粒可以正确鉴别，另外 2 粒被误判为火绒草，正确鉴别的概率为 96%；50 粒狗舌草花粉中有 49 粒可以正确鉴别，另外 1 粒被误判为兴安一枝黄花，正确鉴别的概率为 98%。

表 3.6 紫菀型 5 种花粉分类回归树模型检验结果

种名	鉴别为柳叶旋覆花/粒	鉴别为火绒草/粒	鉴别为长白山橐吾/粒	鉴别为兴安一枝黄花/粒	狗舌草/粒	正确鉴别的概率
柳叶旋覆花	43	6	0	1	0	86%
火绒草	4	42	0	4	0	84%
长白山橐吾	0	0	48	0	2	96%
兴安一枝黄花	0	2	0	48	0	96%
狗舌草	0	0	0	1	49	98%

3.11 凤仙花科 Balsaminaceae A. Rich.

凤仙花属 Impatiens L.

凤仙花 Impatiens balsamina L.

图 3.62：1～9（标本号：CBS-238）

花粉粒超扁球形，左右对称，赤道面观扁圆形，极面观钝角长方形。极面观大小为 31.4(30.0～32.5)μm×18.6(15.0～20.5)μm。具四沟，沟细而短，位于长方形的角上。外壁两层，厚约 1.0μm，外层稍厚于内层或与内层厚度约相等。外壁纹饰为清楚的粗网状。

水金凤 Impatiens noli-tangere L.

图 3.62：10～18（标本号：CBS-211）；图 3.62：19～21，图 3.63：1～6（标本号：TYS-182）

花粉粒超扁球形，左右对称，赤道面观扁圆形，极面观钝角长方形。极面观大小为 30.2(27.5～35.0)μm×18.4(12.5～20.8)μm。具四沟，沟细而短，位于长方形的角上。外壁两层，厚约 1.5μm，外层比内层略厚。外壁纹饰为清楚的粗网状。

野凤仙花 Impatiens textori Miq.

图 3.63：7～15（标本号：CBS-209）

花粉粒超扁球形，左右对称，赤道面观扁圆形，极面观钝角长方形。极面观大小为

30.1(26.0～33.0)μm×17.0(13.0～19.5)μm。具四沟，沟细而短，位于长方形的角上。外壁两层，厚约1.0μm，外层与内层厚度约相等。外壁纹饰为清楚的粗网状。

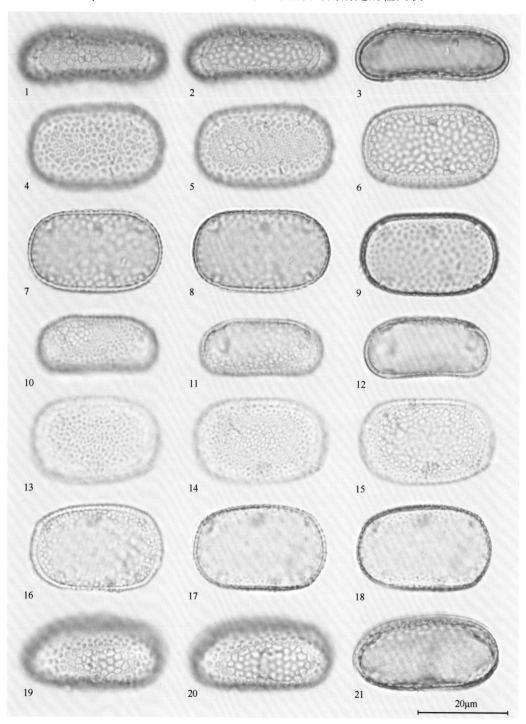

图3.62　光学显微镜下凤仙花（1～9）、水金凤（长白山）（10～18）和水金凤（太岳山）（19～21）的花粉形态

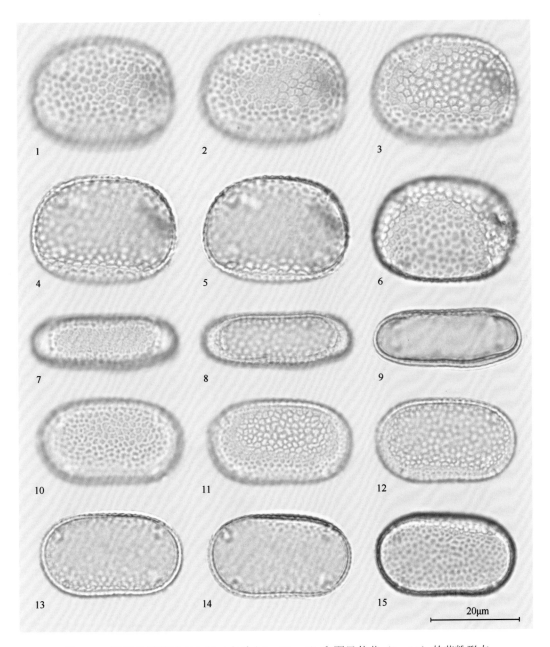

图 3.63 光学显微镜下水金凤（太岳山）（1～6）和野凤仙花（7～15）的花粉形态

　　本研究共观察凤仙花科凤仙花属 3 种植物的花粉形态，凤仙花属的花粉形态差异不大，且不具有可以用于鉴别的典型特征。由于实验材料中可用于统计形态规则的凤仙花属花粉较少，无法建立分类回归树模型，凤仙花科花粉形态鉴别工作有待进一步开展。

3.12 小檗科 Berberidaceae Juss.

小檗属 *Berberis* L.

大叶小檗 *Berberis ferdinandi-coburgii* Schneid.

图 3.64（标本号：CBS-035）

花粉粒球形，直径为 47.3(37.5～55.0)μm。具螺旋状萌发孔，或不规则散沟，或环沟，沟膜上具颗粒。外壁两层，厚约 1.5μm，外层与内层厚度约相等，柱状层基柱明显。外壁纹饰为颗粒状。

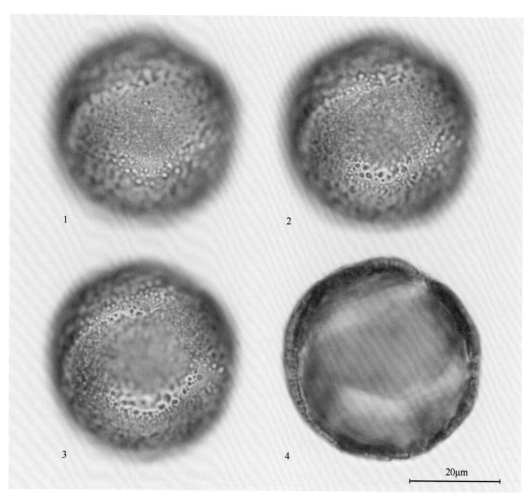

图 3.64　光学显微镜下大叶小檗的花粉形态

淫羊藿属 *Epimedium* L.

淫羊藿 *Epimedium brevicornu* Maxim.

图 3.65（标本号：TYS-010）

花粉粒长球形或近球形，*P/E*=1.25(1.00～1.40)，赤道面观椭圆形，两端较尖，极面观三裂圆形，大小为 31.9(28.8～34.6)μm×25.6(22.3～33.0)μm。具三沟，沟膜上具颗粒，沟长，两端渐窄，沟宽 2.8～4.7μm。外壁两层，厚约 1.0μm，外层与内层厚度约相等，柱状层基柱不明显。外壁纹饰为细网状。

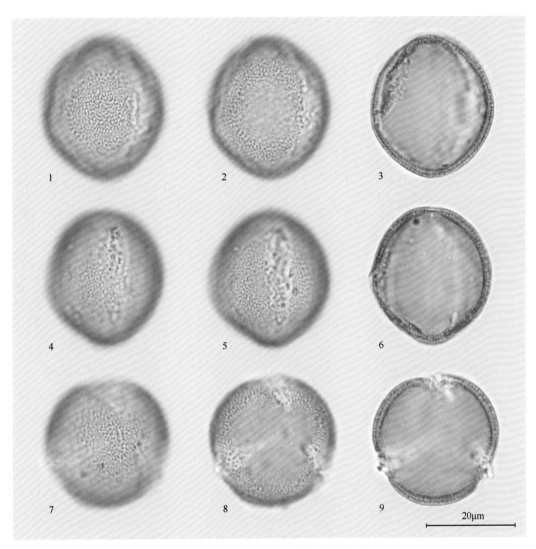

图 3.65　光学显微镜下淫羊藿的花粉形态

牡丹草属 *Gymnospermium* Spach

牡丹草 *Gymnospermium microrrhynchum* (S. Moore) Takht.

图 3.66（标本号：CBS-085）

花粉粒长球形，P/E=1.70(1.62～1.92)，赤道面观椭圆形，极面观三裂圆形，大小为 54.8(47.5～60.0)μm×32.3(28.5～34.5)μm。具三沟，沟长，几达两极。外壁两层，厚约 3.0μm，外层厚度约为内层的 2 倍，柱状层基柱明显。外壁纹饰为细网状。

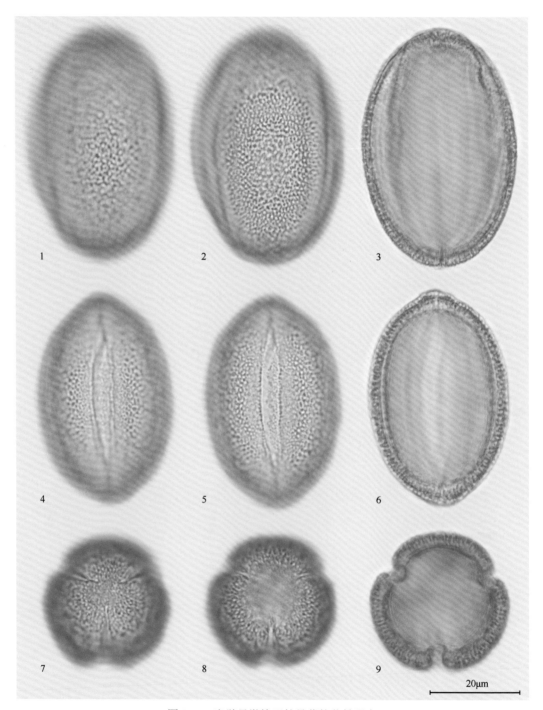

图 3.66　光学显微镜下牡丹草的花粉形态

鲜黄连属 *Plagiorhegma* Maxim.
鲜黄连 *Plagiorhegma dubia* Maxim.

图 3.67（标本号：CBS-099）

花粉粒为长球形，P/E=1.27(1.07～1.59)，赤道面观近圆形，极面观三裂圆形，大小为 36.4(30.7～42.7)μm×28.8(22.5～35.6)μm。具三沟，沟长，沟宽约 4.5μm。外壁两层，厚约 2.0μm，外层与内层厚度约相等，柱状层基柱明显。外壁纹饰为网状。

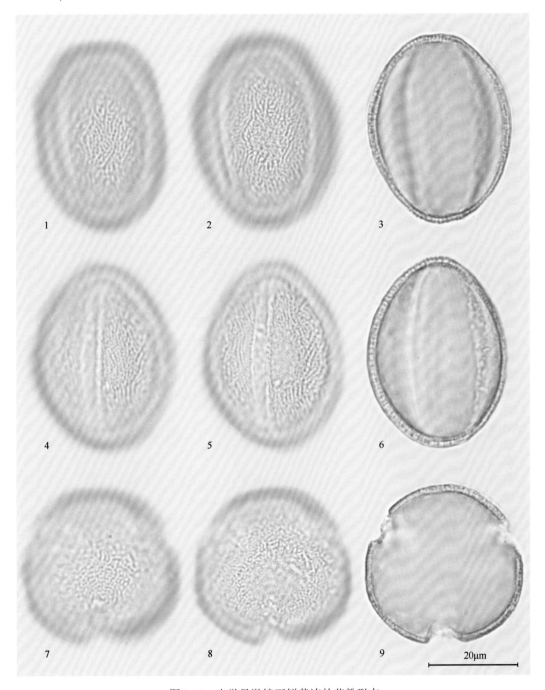

图 3.67　光学显微镜下鲜黄连的花粉形态

　　本研究共观察小檗科 4 属 4 种植物的花粉形态，小檗科的花粉形态有一定差异。根据花粉具螺旋状萌发孔，或不规则散沟，或环沟（三—六沟），可以将小檗属的大叶小檗花粉与其他三种分开；根据花粉具三沟，沟上具明显的颗粒，可以将淫羊藿花粉与其他两种（牡丹草和鲜黄连）分开；根据花粉的 P/E 值大小可以对牡丹草和鲜黄连花粉进行区分，$P/E \geqslant 1.6$ 且花粉偏大的花粉为牡丹草；$P/E < 1.6$ 且花粉偏小的花粉为鲜黄连。

3.13　桦木科 Betulaceae Gray

桤木属 *Alnus* Mill.

东北桤木 *Alnus mandshurica* (Call.) Hand.-Mazz.

图 3.68（标本号：CBS-066）

花粉粒扁球形，赤道面观宽椭圆形，极面观五边形，部分为六边形或四边形，大小为 23.3(19.8～25.8)μm。具四—六孔，孔圆形，孔径 1.88(1.62～2.52)μm，孔基部宽 5.43(4.40～6.24)μm，孔深 1.96(1.64～2.78)μm。外壁两层，厚度为 1.43(1.25～1.88)μm，外层与内层厚度约相等，柱状层基柱不明显。外壁纹饰为颗粒状。带状加厚明显。

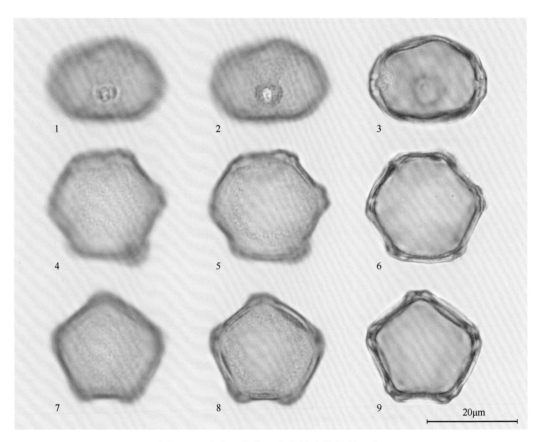

图 3.68　光学显微镜下东北桤木的花粉形态

辽东桤木 *Alnus sibirica* Fisch. ex Turcz

图 3.69（标本号：CBS-059）

花粉粒扁球形，赤道面观宽椭圆形，极面观五边形或四边形，大小为 27.6(22.1～

34.8)μm。具四—五孔，孔圆形，孔径 2.60(1.78～3.81)μm，孔基部宽 7.57(6.02～9.31)μm，孔深 3.29(2.62～4.17)μm。外壁两层，厚度为 1.82(1.28～2.66)μm，外层与内层厚度约相等，柱状层基柱不明显，外壁纹饰为模糊的颗粒状。带状加厚明显。

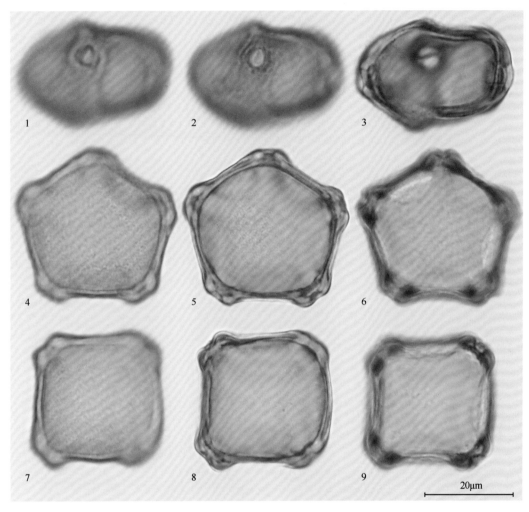

图 3.69　光学显微镜下辽东桤木的花粉形态

桦木属 *Betula* L.

黑桦 *Betula dahurica* Pall.

图 3.70：1～9（标本号：TYS-084）

花粉粒扁球形，赤道面观宽椭圆形，极面观圆三角形，大小为 28.2(25.5～32.3)μm。具三孔，孔圆形，孔径 2.09(1.67～2.85)μm，孔基部宽 7.92(6.04～9.27)μm，孔深 2.67(2.13～3.43)μm。外壁两层，厚度为 1.52(1.28～1.81)μm，外层与内层厚度约相等，柱状层基柱不明显，外壁纹饰为模糊的颗粒状。

白桦 *Betula platyphylla* Suk.

图 3.70：10～17（标本号：TYS-022）

花粉粒扁球形，赤道面观宽椭圆形，极面观圆三角形，大小为 21.5(19.1～24.5)μm。具三孔，孔圆形，孔径 1.78(1.33～2.44)μm，孔基部宽 6.21(4.92～7.46)μm，孔深 1.96(1.54～2.55)μm。外壁两层，厚度为 1.38(1.12～1.84)μm，外层与内层厚度约相等，柱状层基柱不明显。外壁纹饰为模糊的颗粒状。

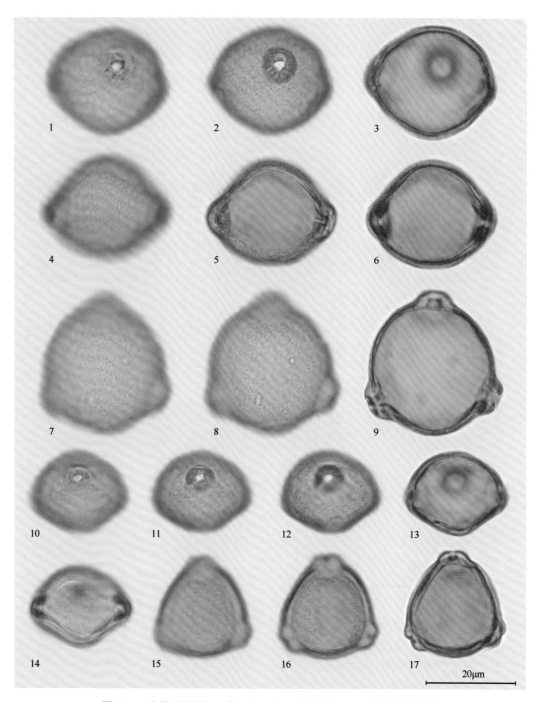

图 3.70　光学显微镜下黑桦（1～9）和白桦（10～17）的花粉形态

榛属 *Corylus* L.

毛榛 *Corylus mandshurica* Maxim.

图 3.71（标本号：CBS-044），图 3.72（标本号：TYS-020）

花粉粒扁球形，*P*/*E*=0.79(0.73～0.88)，赤道面观为扁圆形，极面观为圆三角形或方形，萌发孔位于角上，大小为 20.5(17.5～24.5)μm×25.8(22.5～32.0)μm。具三孔，偶有四孔，孔径约 3.0μm。外壁两层，厚约为 2.0μm，外层与内层厚度约相等，柱状层基柱不明显，长白山标本外壁外层在孔处不加厚反而稍微升高，内层在外层的升高处中断；太岳山标本外壁外层在孔处明显加厚，内层加厚不明显。外壁纹饰为细小的颗粒状。

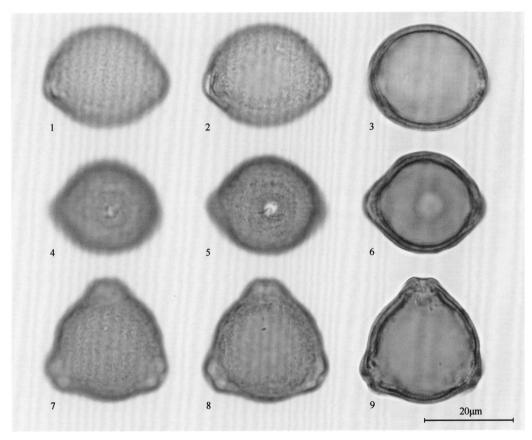

图 3.71　光学显微镜下毛榛（长白山）的花粉形态

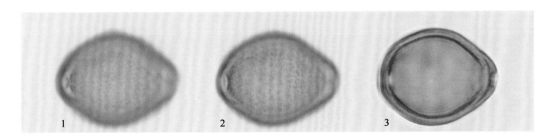

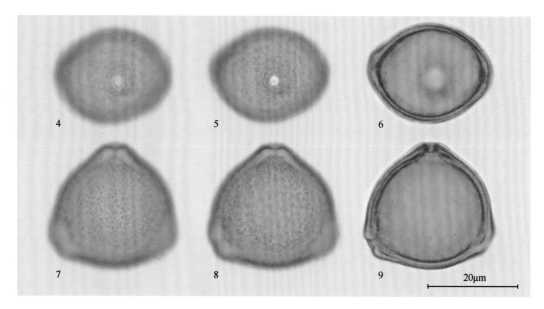

图 3.72　光学显微镜下毛榛（太岳山）的花粉形态

虎榛子属 *Ostryopsis* Decne.

虎榛子 *Ostryopsis davidiana* Decne.

图 3.73（标本号：TYS-021）

花粉粒扁球形，*P/E*=0.78(0.70～0.84)，赤道面观为扁圆形，极面观为圆三角形或方形。大小为 19.6(17.5～20.0)μm×25.3(23.8～26.3)μm。具三孔，偶有四孔。外壁两层，厚约 1.5μm，外壁外层在孔处不加厚而稍升高，内层在外层升高处中断，外层与内层厚度约相等，柱状层基柱不明显。外壁纹饰为颗粒状。

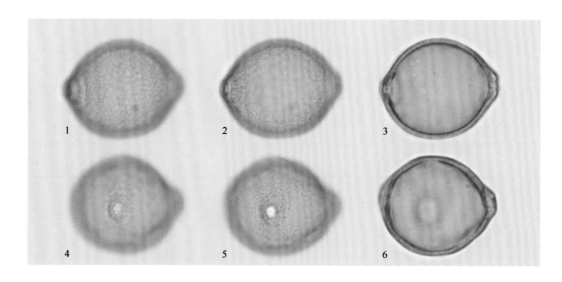

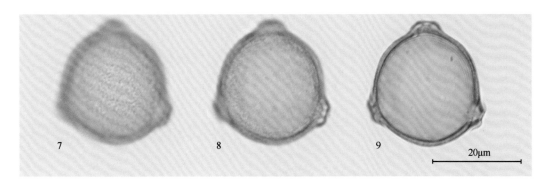

图 3.73　光学显微镜下虎榛子的花粉形态

1. 桦木科 4 属花粉形态的区分

本研究共观察桦木科 4 属的花粉形态，其特征具有明显差异。桤木属花粉多具四—五孔，带状加厚明显。桦木属花粉多具三—五孔，带状加厚不明显。榛属、虎榛子属花粉多具三孔，孔不显著突出。

2. 桤木属 2 种花粉形态的鉴别

1）桤木属 2 种花粉形态参数的筛选

对桤木属花粉形态参数的统计数据进行单因素方差分析，判断出花粉定量形态特征与花粉种属的关系均为显著（表 3.7），表明可以使用这些形态参数进行判别分析及 CART 模型构建。

表 3.7　桤木属 2 种花粉定量形态特征及方差分析结果

种名	粒径/μm	外壁厚度/μm	孔径/μm	孔宽/μm	孔深/μm
东北桤木	23.3(19.8~25.8)	1.43(1.25~1.88)	1.88(1.62~2.52)	5.43(4.40~6.24)	1.96(1.64~2.78)
辽东桤木	27.6(22.1~34.8)	1.82(1.28~2.66)	2.60(1.78~3.81)	7.57(6.02~9.31)	3.29(2.62~4.17)
组间方差	159.5***	200.2***	250.7***	675***	1448***

***表示 $p<0.001$

2）桤木属 2 种花粉的可区分性

将花粉形态参数数据进行判别分析，桤木属 2 种花粉在一个判别函数下即可明确区分（图 3.74）。

3）桤木属 2 种花粉的鉴别模型

将花粉形态参数数据进行 CART 分析，结果如图 3.75 所示：桤木属两种花粉由一个形态参数即可明确区分，孔深<2.6μm 的花粉为东北桤木；孔深≥2.6μm 的花粉为辽东桤木。

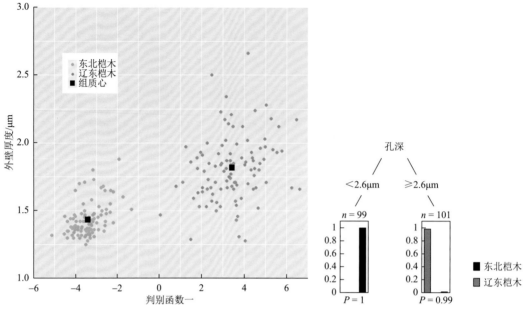

图 3.74　椴木属两种花粉线性判别分析图　　　图 3.75　椴木属 2 种花粉分类回归树模型

4）椴木属 2 种花粉鉴别模型的检验

采用重复抽样的方法对模型进行 5 次检验，模型成功鉴定出 100% 的东北椴木花粉；50 粒辽东椴木花粉中有 1 粒被误判为东北椴木花粉，辽东椴木花粉正确鉴别的概率为 98%（表 3.8）。

表 3.8　椴木属 2 种花粉分类回归树模型检验结果

种名	鉴别为东北椴木/粒	鉴别为辽东椴木/粒	正确鉴别的概率
东北椴木	50	0	100%
辽东椴木	1	49	98%

3. 桦木属 2 种花粉形态的鉴别

1）桦木属 2 种花粉形态参数的筛选

对桦木属花粉形态参数的统计数据进行单因素方差分析，判断出花粉定量形态特征与花粉种属的关系均为显著（表 3.9），表明可以使用这些形态参数进行判别分析及 CART 模型构建。

表 3.9　桦木属 2 种花粉定量形态特征及方差分析结果

种名	粒径/μm	外壁厚度/μm	孔径/μm	孔宽/μm	孔深/μm
黑桦	28.2(25.5~32.3)	1.52(1.28~1.81)	2.09(1.67~2.85)	7.92(6.04~9.27)	2.67(2.13~3.43)
白桦	21.5(19.1~24.5)	1.38(1.12~1.84)	1.78(1.33~2.44)	6.21(4.92~7.46)	1.96(1.54~2.55)
组间方差	1443***	95.09***	111.1***	542.6***	520.9***

*** 表示 $p < 0.001$

2）桦木属 2 种花粉的可区分性

将花粉形态参数数据进行判别分析，桦木属 2 种花粉在一个判别函数下即可明确区分（图 3.76）。

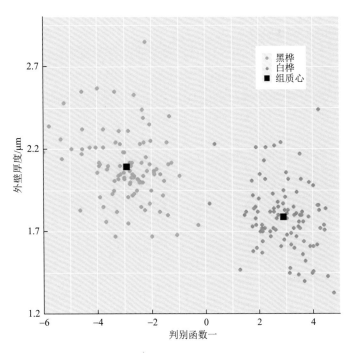

图 3.76　桦木属 2 种花粉线性判别分析图

3）桦木属 2 种花粉的鉴别模型

将花粉形态参数数据进行 CART 分析，结果如图 3.77 所示：桦木属两种花粉由一个形态参数即可明确区分，粒径大的花粉（≥25.0μm）为黑桦，粒径小的花粉（<25.0μm）为白桦。

4）桦木属 2 种花粉鉴别模型的检验

采用重复抽样的方法对模型进行 5 次检验，黑桦花粉和白桦花粉正确鉴别的概率都为 100%（表 3.10）。

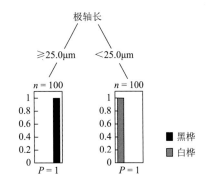

图 3.77　桦木属 2 种花粉分类回归树模型

表 3.10　桦木属 2 种花粉分类回归树模型检验结果

种名	鉴别为黑桦/粒	鉴别为白桦/粒	正确鉴别的概率
黑桦	50	0	100%
白桦	0	50	100%

3.14 紫草科 Boraginaceae Juss.

山茄子属 *Brachybotrys* Maxim.

山茄子 *Brachybotrys paridiformis* Maxim. ex Oliv.

图 3.78（标本号：CBS-049）

花粉粒蚕茧形，*P/E*=1.44(1.23～1.71)，赤道部位显著缢缩，赤道面观呈茧形，极面观六裂圆形，大小为 14.1(13.0～15.0)μm×9.8(8.5～11.0)μm。具三孔沟及三假沟，假沟和孔沟相间排列，两端尖，不达两极，内孔位于沟中部，椭圆形。外壁层次不清，厚约 0.5μm。外壁纹饰近光滑。

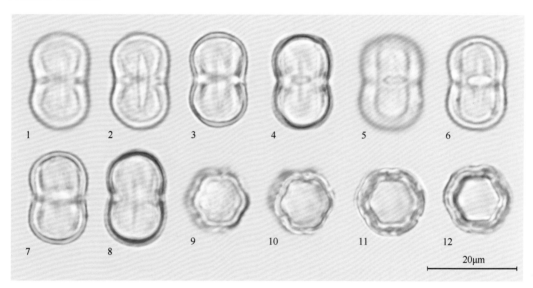

图 3.78　光学显微镜下山茄子的花粉形态

3.15 十字花科 Brassicaceae Burnett

南芥属 *Arabis* L.

硬毛南芥 *Arabis hirsuta* (L.) Scop.

图 3.79（标本号：CBS-023）

花粉粒近球形，部分为长球形，*P/E*=1.01(0.85～1.20)，赤道面观椭圆形，极面观三裂圆形，大小为 21.9(16.6～29.0)μm×21.7(16.9～25.6)μm。具三沟，沟宽 2.0～4.0μm。外壁两层，厚度为 1.60(1.15～2.13)μm，外层与内层厚度约相等，柱状层基柱明显。外壁纹饰为网状。

垂果南芥 *Arabis pendula* L.

图 3.80：1～12（标本号：CBS-262）

花粉粒近球形或长球形，*P/E*=1.09(1.00～1.31)，赤道面观椭圆形，极面观三裂圆形，大小为 16.5(13.8～18.0)μm×15.2(13.0～17.5)μm。具三沟，沟较窄，几达两极。外壁两层，厚约 2.0μm，外层与内层厚度约相等，柱状层基柱明显。外壁纹饰为细网状。

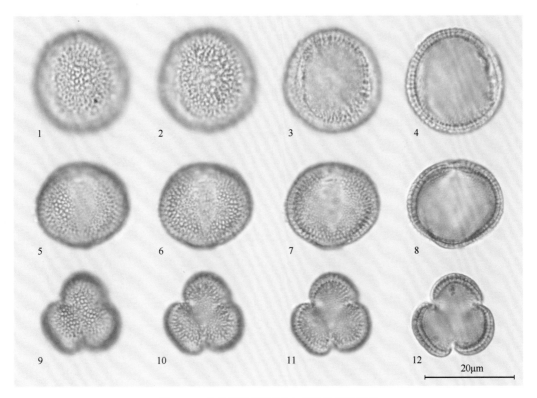

图 3.79 光学显微镜下硬毛南芥的花粉形态

山芥属 *Barbarea* W. T. Aiton

山芥 *Barbarea orthoceras* Ledeb.

图 3.80：13～24（标本号：CBS-026）

花粉粒近球形或长球形，P/E=1.17(0.86～1.46)，赤道面观椭圆形，极面观三裂圆形，大小为 22.5(18.2～26.7)μm×19.3(15.0～24.4)μm。具三沟，沟长，达两极，沟宽约 2.3μm。外壁两层，厚度为 2.32(1.60～4.07)μm，外层与内层厚度约相等，柱状层基柱明显。外壁纹饰为清楚的网状。

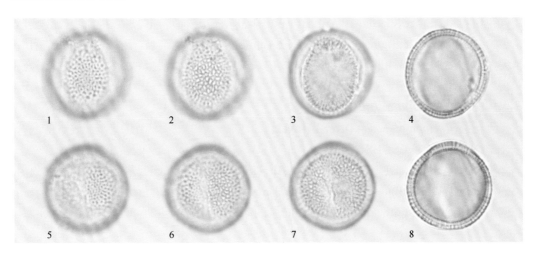

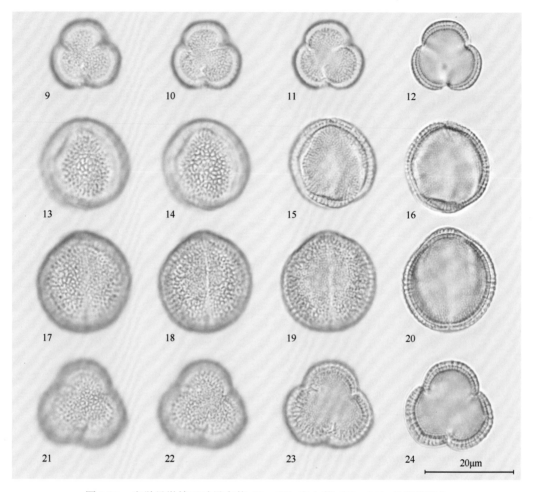

图 3.80   光学显微镜下垂果南芥（1~12）和山芥（13~24）的花粉形态

独行菜属 *Lepidium* L.

家独行菜 *Lepidium sativum* L.

图 3.81（标本号：CBS-056）

花粉粒近球形或长球形，P/E=1.11(1.00~1.38)，赤道面观椭圆形，极面观三裂圆形，大小为 21.3(18.2~25.9)μm×19.3(14.1~22.4)μm。具三沟，沟细长、几达两极。外壁两层，厚度为 2.14(1.33~2.83)μm，外层厚度约为内层的 2 倍，柱状层基柱明显。外壁纹饰为粗网状。

葶菜属 *Rorippa* Scop.

风花菜 *Rorippa globosa* (Turcz.) Hayek

图 3.82（标本号：CBS-280）

花粉粒近球形或长球形，P/E=1.10(1.01~1.32)，赤道面观椭圆形，极面观三裂圆形，大小为 21.5(18.0~25.0)μm×19.6(16.3~22.3)μm。具三沟，沟窄，几达两极，沟宽约 1.5μm。外壁两层，厚约 2.0μm，外层厚度约为内层的 1.5 倍，柱状层基柱明显。外壁纹饰为粗网状。

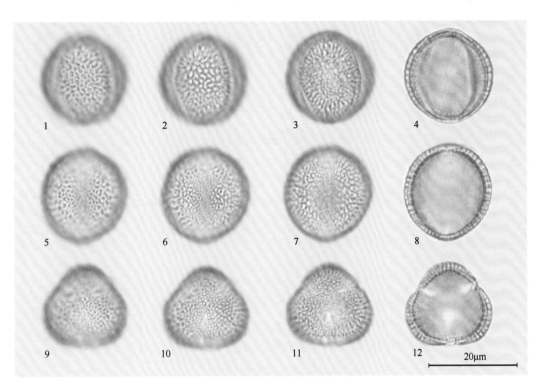

图 3.81　光学显微镜下家独行菜的花粉形态

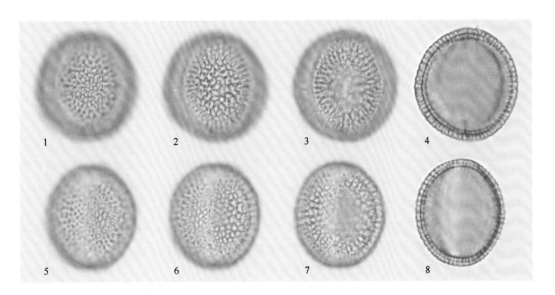

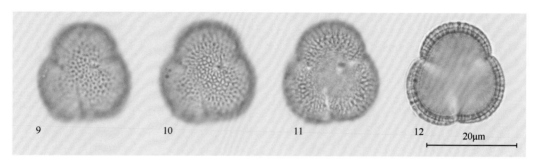

图 3.82　光学显微镜下风花菜的花粉形态

1. 十字花科花粉形态的区分

本研究共观察十字花科 4 属（南芥属、山芥属、独行菜属和葶菜属）的花粉形态，其特征差异不明显，不具有典型的鉴别特征。对硬毛南芥、山芥和家独行菜花粉的形态数据进行统计，建立分类回归树模型。

2. 十字花科 3 种花粉形态的鉴别

1）十字花科 3 种花粉形态参数的筛选

对十字花科 3 种花粉形态参数的统计数据进行单因素方差分析，判断出花粉定量形态特征与花粉种属的关系均为显著（表 3.11）。

表 3.11　十字花科 3 种花粉定量形态特征及方差分析结果

种名	极轴长/μm	赤道轴长/μm	P/E	外壁厚度/μm
硬毛南芥	21.9(16.6～29.0)	21.7(16.9～25.6)	1.01(0.85～1.20)	1.60(1.15～2.13)
山芥	22.5(18.2～26.7)	19.3(15.0～24.4)	1.17(0.86～1.46)	2.32(1.60～4.07)
家独行菜	21.3(18.2～25.9)	19.3(14.1～22.4)	1.11(1.00～1.38)	2.14(1.33～2.83)
组间方差	8.762***	69.14***	68.32***	178.6***

***表示 $p < 0.001$

2）十字花科 3 种花粉的可区分性

将花粉形态参数数据进行判别分析，十字花科 3 种花粉在两个判别函数下即可明确区分（图 3.83），第一判别函数和第二判别函数的贡献率分别为 96.95% 和 3.05%。

3）十字花科 3 种花粉的鉴别模型

将花粉形态参数数据进行 CART 分析，结果如图 3.84 所示：十字花科花粉的分类回归树模型采用两个形态变量进行区分，CART 模型将外壁厚度<2.0μm 且赤道轴长≥20.4μm 的花粉或外壁厚度<2.0μm、赤道轴长<20.4μm 且外壁厚度<1.6μm 的花粉鉴别为硬毛南芥；将外壁厚度<2.0μm、赤道轴长<20.4μm 且外壁厚度≥1.6μm 的花粉或外壁厚度≥2.0μm 且 P/E<1.2 的花粉鉴别为家独行菜；将外壁厚度≥2.0μm 且 P/E≥1.2 的花粉鉴别为山芥。

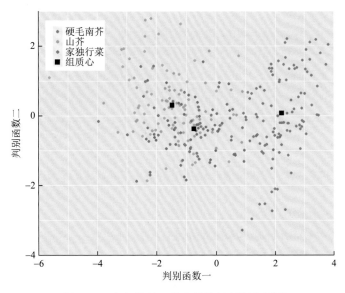

图 3.83　十字花科 3 种花粉线性判别分析图

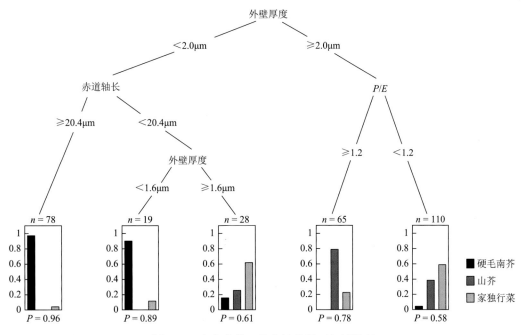

图 3.84　十字花科 3 种花粉分类回归树模型

4）十字花科 3 种花粉鉴别模型的检验

采用重复抽样的方法对模型进行 5 次检验（表 3.12），50 粒硬毛南芥花粉中有 46 粒可以正确鉴别，另外有 2 粒被误判为山芥，有 2 粒被误判为家独行菜，正确鉴别的概率为 92%；50 粒山芥花粉中有 43 粒可以正确鉴别，另外有 7 粒被误判为家独行菜，正确鉴别的概率为 86%；50 粒家独行菜花粉中有 40 粒可以正确鉴别，另外有 3 粒被误判为硬毛南芥，有 7 粒被误判为山芥，正确鉴别的概率为 80%。

表 3.12　十字花科 3 种花粉分类回归树模型检验结果

种名	鉴别为硬毛南芥/粒	鉴别为山芥/粒	鉴别为家独行菜/粒	正确鉴别的概率
硬毛南芥	46	2	2	92%
山芥	0	43	7	86%
家独行菜	3	7	40	80%

3.16　桔梗科 Campanulaceae Juss.

沙参属 *Adenophora* Fisch.

大花沙参 *Adenophora grandiflora* Nakai

图 3.85（标本号：CBS-278）

花粉近球形，P/E=0.93(0.88～0.97)，赤道面观椭圆形，极面观圆四角形，大小为 38.4(37.0～42.0)μm×41.2(38.5～43.8)μm。具四孔，孔圆形，孔大小为 5.0～6.0μm。外壁两层，厚约 3.0μm，外层厚度约为内层 2 倍，柱状层基柱明显。外壁纹饰为微刺状，刺末端尖。

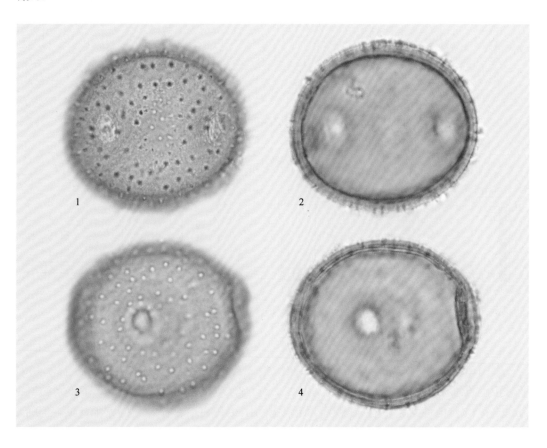

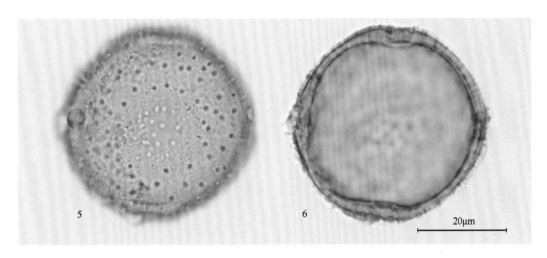

图 3.85　光学显微镜下大花沙参的花粉形态

薄叶荠苨 *Adenophora remotiflora* **(Sieb. et Zucc.) Miq.**

图 3.86（标本号：CBS-194）

花粉粒近球形，P/E=0.92(0.88～0.99)，赤道面观椭圆形，极面观圆四角形，大小为 43.1(40.5～47.5)μm×47.1(45.0～50.0)μm。具四孔，孔位于角上，孔圆形，孔直径为 5.0～6.0μm。外壁两层，厚约 2.0μm，外层与内层厚度约相等，柱状层基柱不明显。外壁纹饰为微刺状，刺末端尖。

多歧沙参 *Adenophora wawreana* **Zahlbr.**

图 3.87（标本号：TYS-143）

花粉粒扁球形或近球形，P/E=0.84(0.64～0.93)，赤道面观扁圆形，极面观圆形，大小为 36.8(30.3～45.3)μm×43.9(40.0～52.5)μm。具四—五孔，孔圆形，孔直径为 5.0～6.0μm。外壁两层，厚约 2.0μm，外层与内层厚度约相等，柱状层基柱不明显。外壁纹饰为微刺状，刺末端尖。

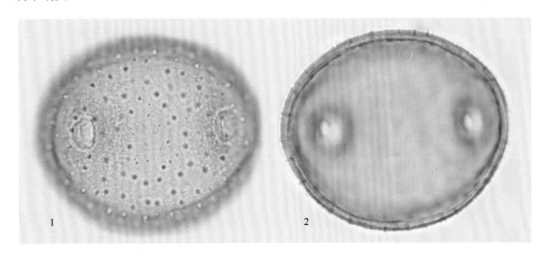

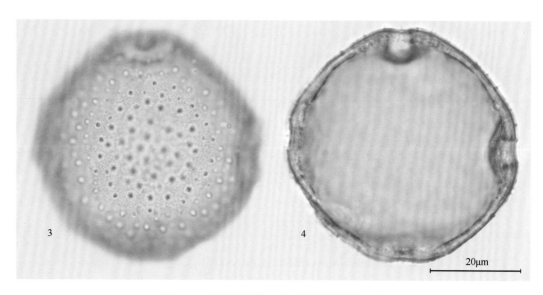

图 3.86　光学显微镜下薄叶荠苨的花粉形态

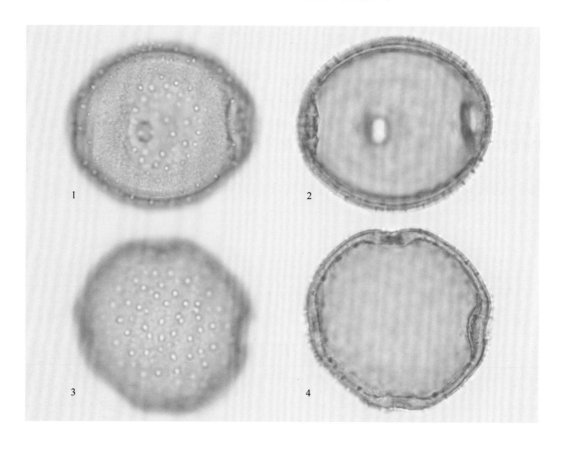

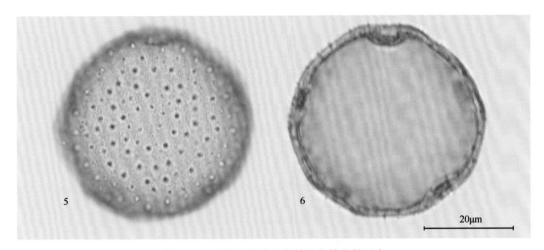

图 3.87　光学显微镜下多歧沙参的花粉形态

牧根草属 *Asyneuma* Griseb. & Schenk

牧根草 *Asyneuma japonicum* (Miq.) Briq.

图 3.88（标本号：CBS-272）

　　花粉粒近球形或扁球形，P/E=0.91(0.88~0.97)，赤道面观椭圆形，极面观圆四角形，大小为 35.3(31.3~37.5)μm×38.7(36.5~40.0)μm。具四孔，孔圆形，孔径约 5.0μm。外壁两层，厚约 2.5μm，外壁外层与内层厚度约相等，柱状层基柱不明显。外壁纹饰为微刺状，刺末端尖。

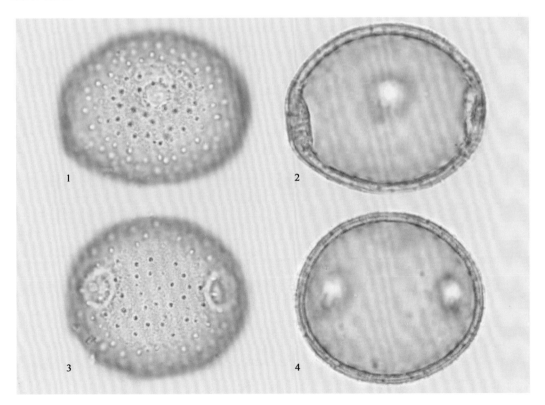

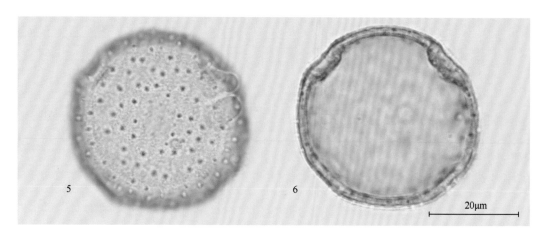

图 3.88　光学显微镜下牧根草的花粉形态

风铃草属 *Campanula* L.

聚花风铃草 *Campanula glomerata* L.

图 3.89（标本号：CBS-248）

花粉粒近球形或扁球形，P/E=0.90(0.83～1.00)，赤道面观扁圆形，极面观圆三角形，大小为 19.8(17.5～23.8)μm×22.0(20.5～23.8)μm。一般具三孔，孔径约 5.0μm，孔膜上具模糊的颗粒。孔周围外壁加厚，内孔边缘不清楚。外壁两层，厚约 2.0μm，外层与内层厚度约相等，柱状层基柱明显。外壁纹饰为刺状。

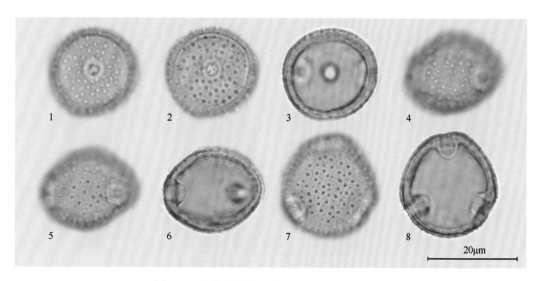

图 3.89　光学显微镜下聚花风铃草的花粉形态

紫斑风铃草 *Campanula punctata* Lam.

图 3.90（标本号：TYS-157）

花粉粒近球形或扁球形，P/E=0.91(0.78～0.96)，赤道面观近圆形，极面观圆形，大小为 30.0(27.5～32.8)μm×33.1(31.8～35.3)μm。具三孔，孔径约 4.0μm，孔膜上具模糊的颗粒，孔周围外壁加厚。外壁两层，厚约 3.0μm，外层厚度约为内层的 1.5 倍，柱状层基柱明显。外壁纹饰为微刺状。

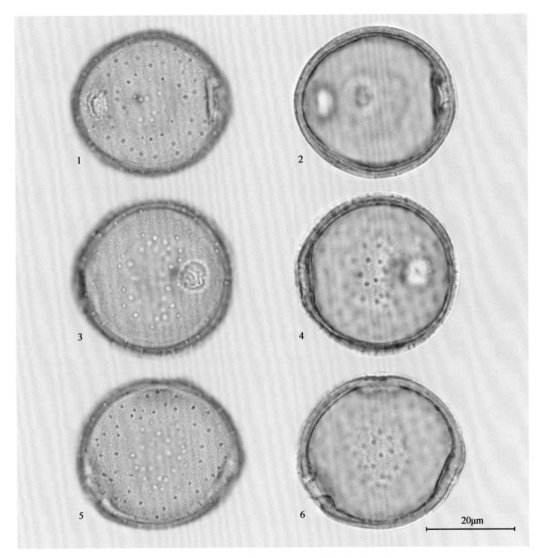

图 3.90　光学显微镜下紫斑风铃草的花粉形态

党参属 *Codonopsis* Wall.

党参 *Codonopsis pilosula* (Franch.) Nannf.

图 3.91（标本号：CBS-277），图 3.92（标本号：TYS-188）

花粉粒近球形或扁球形，赤道面观椭圆形，极面观五（一八）裂圆形，长白山标本 P/E=0.99(0.89～1.01)，大小为 44.8(36.7～46.5)μm×44.4(36.2～46.0)μm；太岳山标本 P/E=0.92(0.84～0.97)，大小为 39.8(37.5～42.5)μm×43.2(40.5～45.0)μm。具五一八沟，长白山标本沟宽约 3.0μm；太岳山标本沟宽约 5.0μm。外壁两层，厚约 2.0μm，外层与内层厚度约相等，柱状层基柱明显。外壁纹饰为微刺状。

两个花粉采集地的党参花粉粒径存在差异，这可能是生境不同导致的。

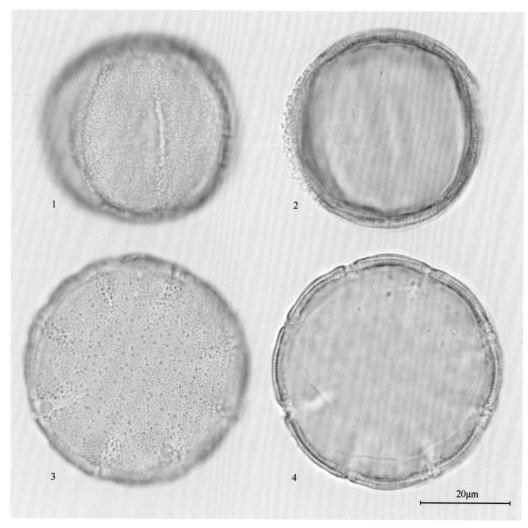

图 3.91 光学显微镜下党参（长白山）的花粉形态

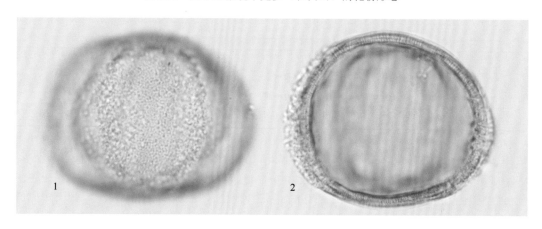

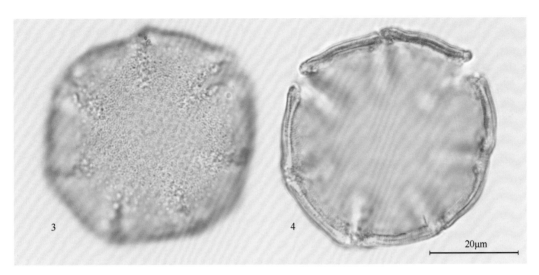

图 3.92 光学显微镜下党参（太岳山）的花粉形态

半边莲属 *Lobelia* L.
山梗菜 *Lobelia sessilifolia* Lamb.

图 3.93（标本号：CBS-157）

花粉粒长球形或近球形，P/E=1.43(1.12～1.68)，赤道面观椭圆形，极面观三裂圆形，

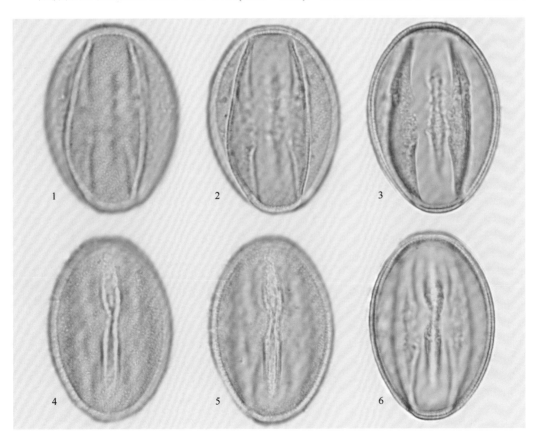

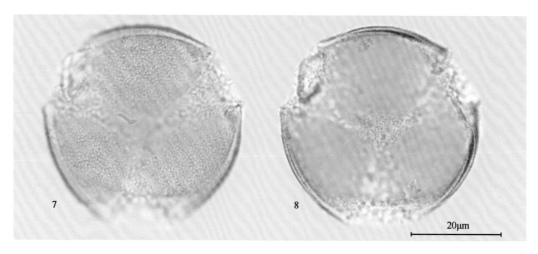

图 3.93　光学显微镜下山梗菜的花粉形态

大小为 39.9(31.3～43.3)μm×28.0(24.5～32.5)μm。具三沟，沟膜上具颗粒。外壁两层，厚约 2.0μm，外层略厚于内层，柱状层基柱明显。外壁纹饰为细网状。

桔梗属 *Platycodon* A. DC.

桔梗 *Platycodon grandiflorus* (Jacq.) A. DC.

图 3.94（标本号：CBS-253）

花粉粒近球形，P/E=1.05(1.00～1.12)，赤道面观椭圆形，极面观四（一六）裂圆形，大小为 52.9(47.0～59.5)μm×50.3(45.0～54.5)μm。具四—六孔沟，内孔边缘不清楚或无，沟狭，不达两极，边缘不整齐，沟宽约 3.0μm。外壁两层，厚约 2.0μm，外壁外层略厚于内层，柱状层基柱不明显。外壁纹饰为刺状。

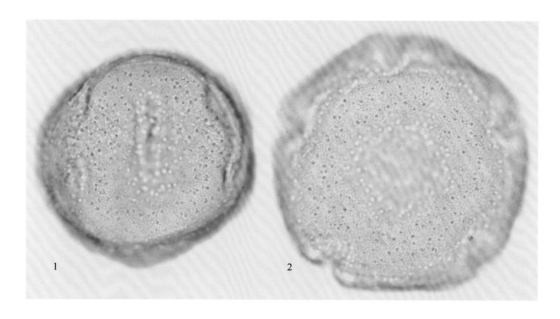

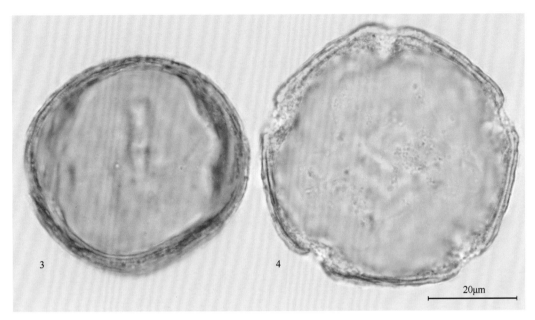

图 3.94　光学显微镜下桔梗的花粉形态

本研究共观察桔梗科 6 属 9 种植物的花粉形态，其特征具有一定的差异，根据花粉形态特征，可以将本研究区的桔梗科花粉分为 4 个类型。萌发孔为四孔的多为沙参属或牧根草属；萌发孔为三孔的多为风铃草属；花粉具三沟，沟膜上具颗粒状的多为半边莲属山梗菜；花粉为多沟的为党参属党参或桔梗属桔梗。

3.17　大麻科 Cannabaceae Martinov

大麻属 *Cannabis* L.
大麻属在传统上属于桑科，APG 系统将其列入大麻科。

大麻 *Cannabis sativa* L.
图 3.95（标本号：TYS-185）
花粉粒扁球形，*P/E*=0.87(0.81～0.90)，赤道面观扁圆形，极面观圆三角形，大小为 21.7(20.0～23.8)μm×25.0(22.5～27.5)μm。具三孔，孔小，近圆形，孔径约 1.5μm，具孔膜，孔边缘加厚。外壁薄，层次不明显，厚约 1.0μm。外壁纹饰为模糊的细网状。

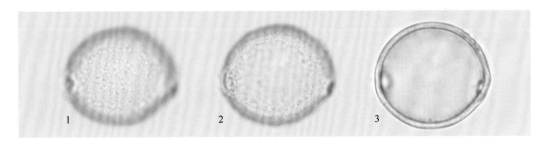

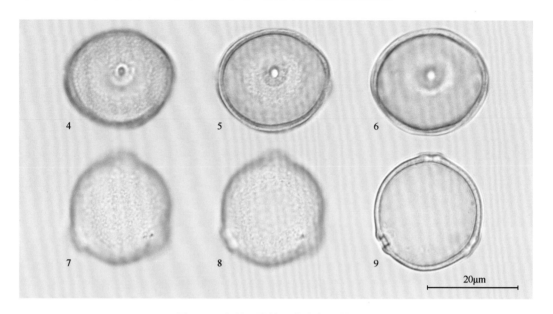

图 3.95　光学显微镜下大麻的花粉形态

葎草属 *Humulus* L.

葎草属在传统上属于桑科，APG 系统将其列入大麻科。

葎草 *Humulus scandens* (Lour.) Merr.

图 3.96（标本号：TYS-170）

花粉近球形，P/E=0.89(0.79～1.00)，赤道面观扁圆形，极面观圆三角形，大小为 19.7(17.8～22.3)μm×22.0(20.0～25.0)μm。具三孔，孔圆形，孔边缘加厚。外壁两层，厚约 1.0μm，外层与内层厚度约相等，柱状层基柱不明显。外壁纹饰为模糊的细网状。

本研究共观察大麻科 2 属 2 种植物的花粉形态，其特征具有一定的差异，但由于实验材料中可用于统计形态规则的花粉粒较少，无法建立分类回归树模型，故大麻科花粉形态鉴别工作仍需进一步开展。

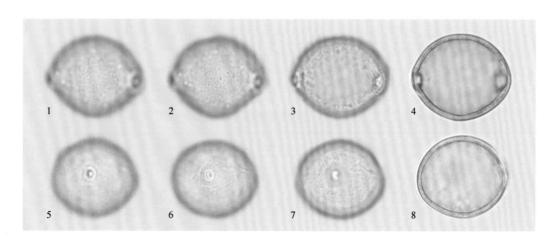

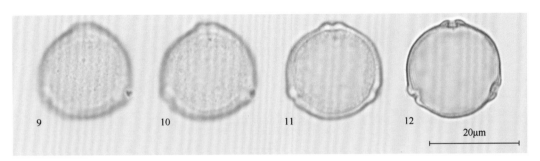

图 3.96　光学显微镜下荮草的花粉形态

3.18　忍冬科 Caprifoliaceae Juss.

六道木属 *Abelia* R. Br.

六道木 *Abelia biflora* Turcz.

图 3.97（标本号：TYS-080）

花粉粒近球形，P/E=0.90(0.86~0.95)，赤道面观近圆形，极面观三（一四）裂圆形，

图 3.97　光学显微镜下六道木的花粉形态

大小为 47.0(45.0～50.0)μm×52.3(50.0～55.0)μm。具三（一四）孔沟，沟较短，内孔大，横长，椭圆形。外壁两层，厚约 3.0μm，刺长约 3.0μm，外层与内层厚度约相等，柱状层基柱明显。外壁纹饰为刺状。

忍冬属 *Lonicera* L.

蓝靛果忍冬 *Lonicera caerulea* L. var. *edulis* Turcz. ex Herd.

图 3.98（标本号：CBS-139）

花粉粒扁球形，大小为 66.1(56.3～75.0)μm×52.1(47.5～60.0)μm，赤道面观椭圆形，极面观三角形或钝四边形或钝五边形，萌发孔位于角上。具（三一）四（一五）孔沟，沟细而短，内孔大，横长，椭圆形。外壁两层，厚约 2.0μm，外层略厚于内层，柱状层基柱明显。外壁纹饰为刺状，刺长约 2.0μm，刺间有细小颗粒。

金花忍冬 *Lonicera chrysantha* Turcz.

图 3.99（标本号：CBS-141），图 3.100（标本号：TYS-058）

花粉粒扁球形或近球形，P/E=0.80(0.62～0.98)，赤道面观椭圆形，极面观三裂圆形，大小为 47.3(27.5～53.8)μm×50.0(43.8～73.0)μm。具三孔沟，内孔大，横长，椭圆形。外壁两层，外层与内层厚度约相等，柱状层基柱明显，长白山标本外壁厚约 2.5μm（不包括刺），太岳山标本外壁厚约 3.0μm（不包括刺）。外壁纹饰为刺状，刺长约 2.0μm。

葱皮忍冬 *Lonicera ferdinandii* Franch.

图 3.101（标本号：TYS-049）

花粉粒近球形或扁球形，P/E=0.94(0.87～1.02)，赤道面观椭圆形，极面观三裂圆形，大小为 43.8(37.6～48.8)μm×46.3(39.8～51.4)μm。具三孔沟，沟细且短，沟宽 2.42(1.77～3.71)μm，内孔大，横长，椭圆形，大小为 9.37(5.78～12.2)μm×15.7(12.5～22.0)μm。外壁两层，厚度为 2.08(1.76～2.52)μm，外层远厚于内层。外壁纹饰为刺状。

图 3.98　光学显微镜下蓝靛果忍冬的花粉形态

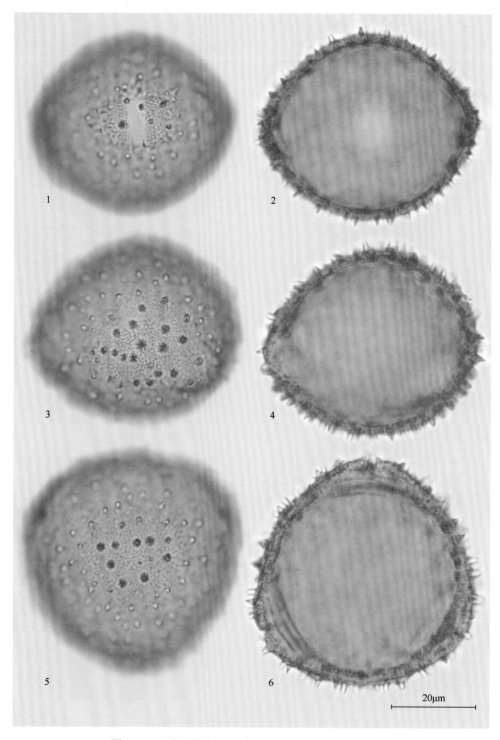

图 3.99　光学显微镜下金花忍冬（长白山）的花粉形态

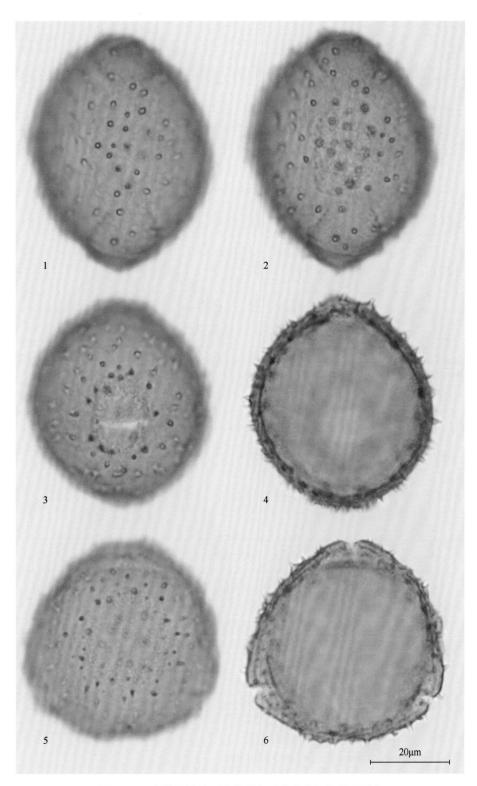

图 3.100　光学显微镜下金花忍冬（太岳山）的花粉形态

图 3.101　光学显微镜下葱皮忍冬的花粉形态

金银忍冬 *Lonicera maackii* (Rupr.) Maxim.

图 3.102（标本号：CBS-063）

花粉粒近球形或扁球形，*P*/*E*=0.89(0.82～0.97)，赤道面观椭圆形，极面观三裂圆形，大小为 40.6(35.6～45.7)μm×45.6(41.1～50.2)μm。具三孔沟，沟短，沟宽 3.01(2.08～5.05)μm，内孔大，横长，椭圆形，大小为 11.2(8.74～14.2)μm×17.3(12.7～22.3)μm。外壁两层，厚度为 2.39(1.68～3.17)μm，外层厚于内层。外壁纹饰为刺状。

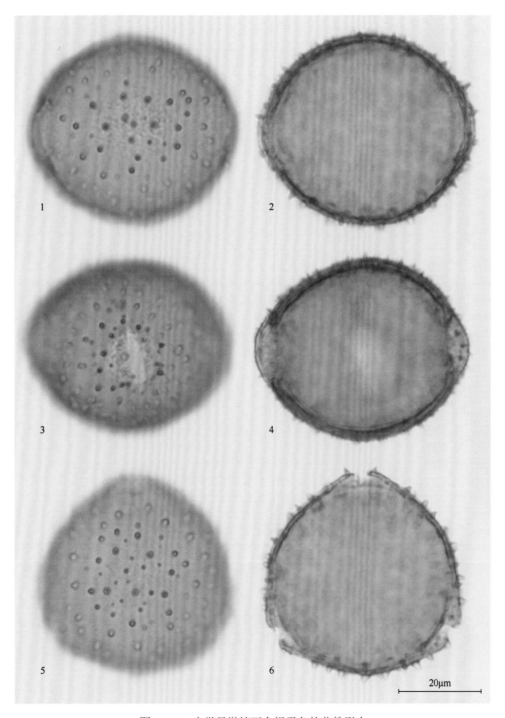

图 3.102　光学显微镜下金银忍冬的花粉形态

长白忍冬 *Lonicera ruprechtiana* Regel

图 3.103，图 3.104（标本号：CBS-001）

花粉粒近球形或扁球形，$P/E=0.96(0.85\sim1.10)$，赤道面观椭圆形，极面观三裂圆形，大小为 55.3(44.1~63.3)μm×57.7(45.3~67.1)μm。具三孔沟，沟细且短，沟宽 3.40(1.53~5.32)μm，内孔大，横长，椭圆形，大小为 11.7(8.10~16.6)μm×21.3(14.0~27.8)μm。外壁两层，厚度为 2.48(1.81~3.82)μm，外层厚于内层。外壁纹饰为刺状。

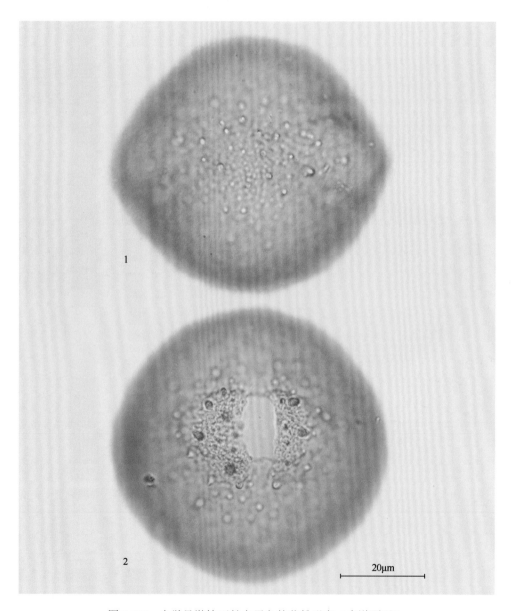

图 3.103　光学显微镜下长白忍冬的花粉形态（赤道面观）

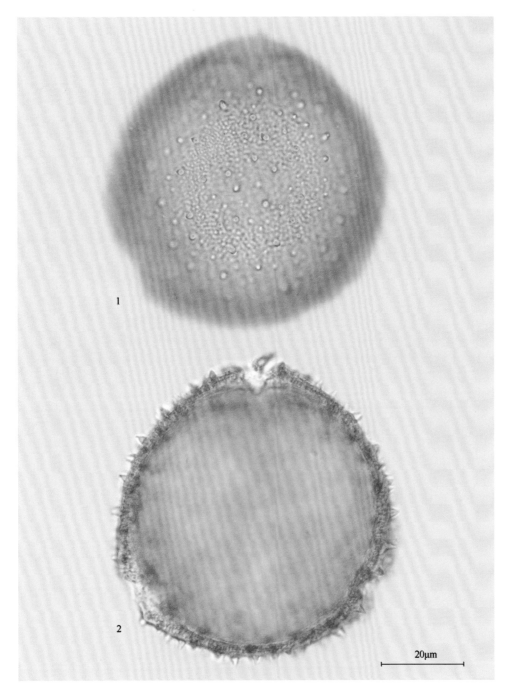

图 3.104　光学显微镜下长白忍冬的花粉形态（极面观）

华北忍冬 *Lonicera tatarinowii* Maxim.

图 3.105（标本号：CBS-012）

花粉粒近球形或扁球形，P/E=0.90(0.82～0.99)，赤道面观椭圆形，极面观三裂圆形，大小为 49.0(42.2～58.9)μm×54.2(48.6～65.9)μm。具三孔沟，沟细且短，沟宽 3.05(2.13～

4.81)μm，内孔大，横长，椭圆形，大小为 11.3(7.93～16.5)μm×18.2(13.7～27.5)μm。外壁两层，厚 3.07(2.02～4.26)μm，外层厚于内层。外壁纹饰为刺状。

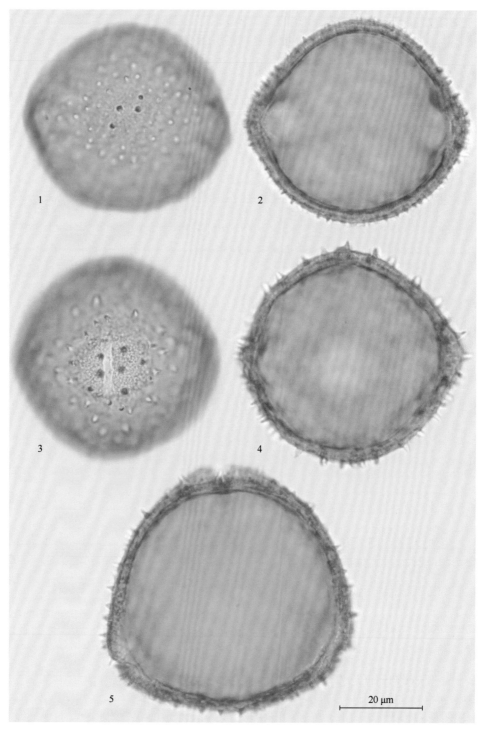

图 3.105　光学显微镜下华北忍冬的花粉形态

败酱属 *Patrinia* Juss.

岩败酱 *Patrinia rupestris* (Pall.) Juss.

图 3.106（标本号：TYS-134）

花粉粒近球形或长球形，P/E=1.11(0.95～1.29)，赤道面观椭圆形，极面观为三（一四）裂圆形，大小为 53.4(45.0～63.0)μm×48.3(42.5～53.0)μm，具三沟，沟短。外壁两层，厚约 3.5μm，外层厚度约是内层的 3 倍，柱状层基柱明显。外壁纹饰为刺状，刺长约 1.5μm，刺基部宽约 6.0μm。

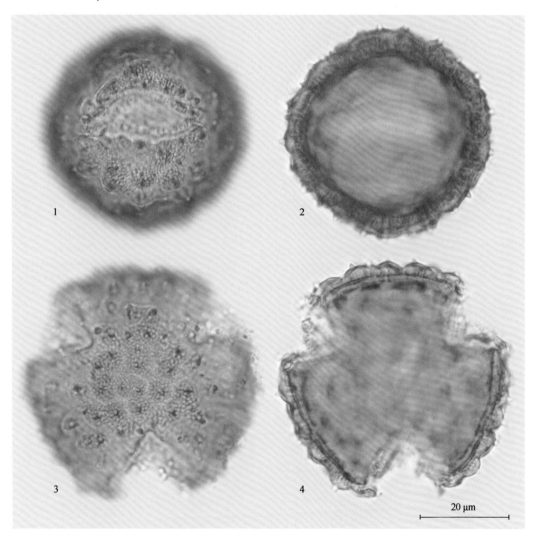

图 3.106　光学显微镜下岩败酱的花粉形态

败酱 *Patrinia scabiosaefolia* Fisch. ex Trev.

图 3.107（标本号：CBS-274），图 3.108（标本号：TYS-113）

花粉粒近球形或扁球形，P/E=0.93(0.87～1.11)，赤道面观椭圆形，极面观为三裂角形，大小为 41.2(32.5～49.3)μm×41.4(35.0～45.3)μm。具三沟，沟较短。外壁两层，外层厚度约是内层的 2 倍，柱状层基柱明显，长白山标本外壁厚约 3.5μm，太岳山标本外壁厚约 3.0μm。外壁纹饰为刺状，刺较小，顶端尖，刺长约 2.0μm。

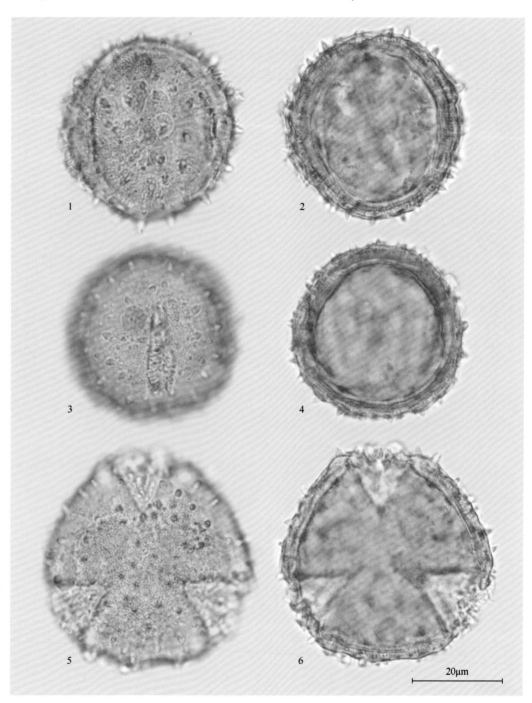

图 3.107　光学显微镜下败酱（长白山）的花粉形态

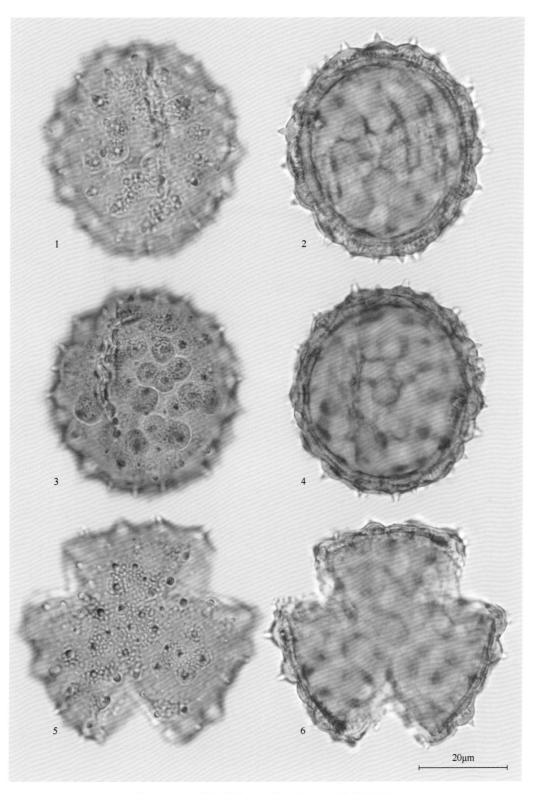

图 3.108　光学显微镜下败酱（太岳山）的花粉形态

缬草属 *Valeriana* L.

缬草 *Valeriana officinalis* L.

图 3.109，图 3.110（标本号：CBS-027）

花粉粒近球形或长球形，*P/E*=1.04(0.95～1.32)，赤道面观近圆形，极面观三裂圆形，大小为 52.3(46.5～61.1)μm×50.6(41.3～56.4)μm。具三（拟孔）沟，沟较宽，宽 5.0～7.3μm。外壁两层，厚约 3.7μm（不包括刺），外层厚度约为内层的 2 倍，外壁纹饰为刺状，刺短而尖，刺长 1.5～2.0μm，刺基部宽 1.0～1.5μm。

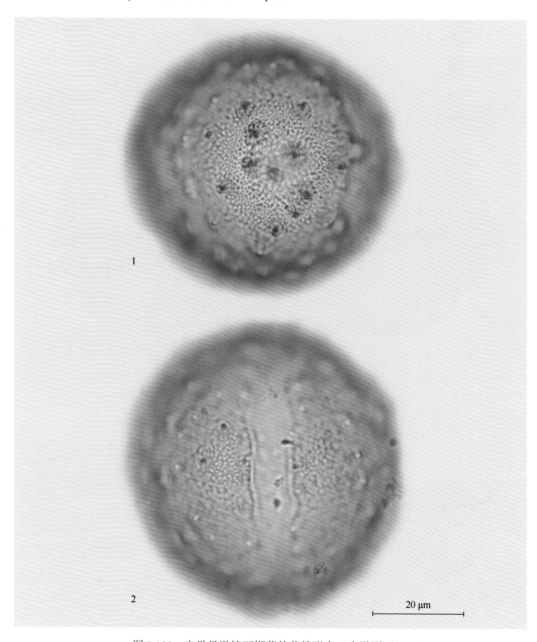

图 3.109　光学显微镜下缬草的花粉形态（赤道面观）

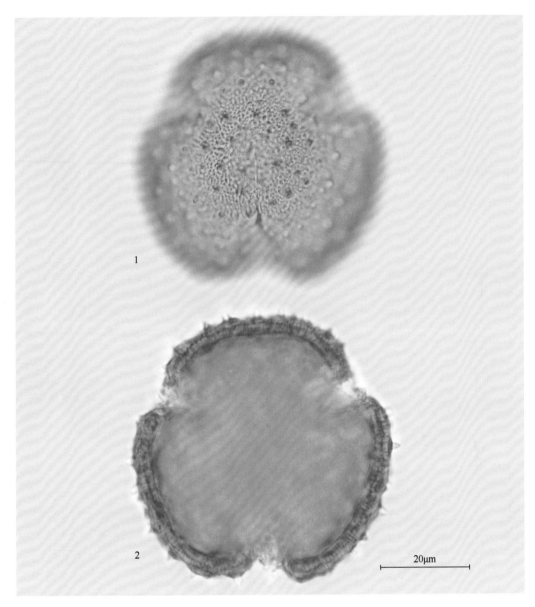

图 3.110 光学显微镜下缬草的花粉形态（极面观）

锦带花属 *Weigela* Thunb.

早锦带花 *Weigela praecox* (Lemoine) Bailey

图 3.111（标本号：CBS-154）

花粉粒近球形或长球形，P/E=1.24(1.10～1.44)，赤道面观椭圆形，极面观三裂圆形，大小为 56.2(50.0～62.5)μm×45.6(40.0～52.5)μm。具三孔沟，沟短，不明显，内孔圆而大，周围加厚，向外突出，大小约 8.0μm，孔膜上具颗粒。外壁两层，厚约 3.5μm，外层厚度约是内层的 3～4 倍，柱状层明显。外壁纹饰为刺状。

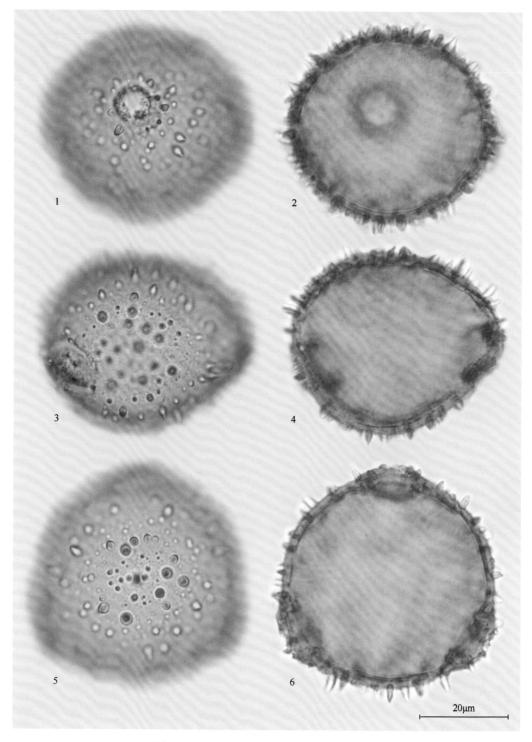

图 3.111　光学显微镜下早锦带花的花粉形态

1. 忍冬科花粉形态的区分

本研究共观察忍冬科 5 属 11 种植物的花粉形态，其特征具有一定的差异，根据花粉形态特征，可以将本研究区的忍冬科花粉分为三个类型。花粉形态为三孔沟，内孔大，横长的花粉为六道木属或忍冬属；花粉形态为三沟的花粉为败酱属或缬草属；花粉形态为三孔沟，沟短，不明显，内孔圆而大的为锦带花属。

2. 忍冬属 4 种花粉形态的鉴别

1）忍冬属 4 种花粉形态参数的筛选

对忍冬属 4 种花粉形态参数的统计数据进行单因素方差分析，判断出花粉定量形态特征与花粉种属的关系均为显著（表 3.13）。

表 3.13　忍冬属 4 种花粉定量形态特征及方差分析结果

种名	极轴长/μm	赤道轴长/μm	P/E	外壁厚度/μm	沟宽/μm	孔宽/μm	孔长/μm
葱皮忍冬	43.8 (37.6~48.8)	46.3 (39.8~51.4)	0.94 (0.87~1.02)	2.08 (1.76~2.52)	2.42 (1.77~3.71)	9.37 (5.78~12.2)	15.7 (12.5~22.0)
金银忍冬	40.6 (35.6~45.7)	45.6 (41.1~50.2)	0.89 (0.82~0.97)	2.39 (1.68~3.17)	3.01 (2.08~5.05)	11.2 (8.74~14.2)	17.3 (12.7~22.3)
长白忍冬	55.3 (44.1~63.3)	57.7 (45.3~67.1)	0.96 (0.85~1.10)	2.48 (1.81~3.82)	3.40 (1.53~5.32)	11.7 (8.10~16.6)	21.3 (14.0~27.8)
华北忍冬	49.0 (42.2~58.9)	54.2 (48.6~65.9)	0.90 (0.82~0.99)	3.07 (2.02~4.26)	3.05 (2.13~4.81)	11.3 (7.93~16.5)	18.2 (13.7~27.5)
组间方差	408.7***	349.1***	89.34***	194.4***	34.41***	47.64***	104.7***

***表示 $p<0.001$

2）忍冬属 4 种花粉的可区分性

将花粉形态参数数据进行判别分析，第一判别函数和第二判别函数的贡献率分别为 60.19% 和 28.59%。判别分析结果表明：忍冬属的 4 种花粉具有可区分性（图 3.112）。

3）忍冬属 4 种花粉的鉴别模型

将花粉形态参数数据进行 CART 分析，结果如图 3.113 所示：忍冬属花粉的分类回归树模型采用 4 个形态变量进行区分，CART 模型将赤道轴长<50.3μm、P/E 值≥0.9、外壁厚度<2.3μm 的花粉判别为葱皮忍冬；将赤道轴长<50.3μm、P/E 值≥0.9、外壁厚度≥2.3μm 及赤道轴长<50.3μm、P/E 值<0.9 的花粉判别为金银忍冬；将赤道轴长≥50.3μm、极轴长≥52.7μm 的花粉判别为长白忍冬；将赤道轴长≥50.3μm、极轴长<52.7μm 的花粉判别为华北忍冬。

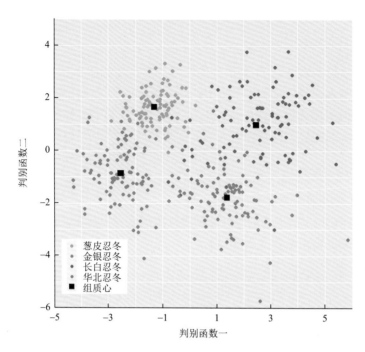

图 3.112　忍冬属 4 种花粉线性判别分析图

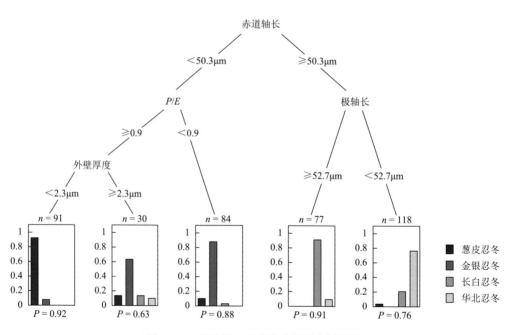

图 3.113　忍冬属 4 种花粉分类回归树模型

4）忍冬属 4 种花粉鉴别模型的检验

采用重复抽样的方法对模型进行 5 次检验（表 3.14），模型正确鉴别长白忍冬花粉的概率为 100%；除 1 粒花粉被误判为长白忍冬外，其余金银忍冬花粉被模型正确鉴别；50 粒葱皮忍冬花粉中有 45 粒可以正确鉴别，其余 4 粒被误判为金银忍冬、1 粒被误判为长白忍冬；除 5 粒被误判为长白忍冬外，其他 45 粒华北忍冬花粉可以成功鉴别。忍冬属花粉正确鉴别的概率为 90%～100%。

表 3.14　忍冬属 4 种花粉分类回归树模型检验结果

种名	鉴别为葱皮忍冬/粒	鉴别为金银忍冬/粒	鉴别为长白忍冬/粒	鉴别为华北忍冬/粒	正确鉴别的概率
葱皮忍冬	45	4	1	0	90%
金银忍冬	0	49	1	0	98%
长白忍冬	0	0	50	0	100%
华北忍冬	0	0	5	45	90%

3.19　石竹科 Caryophyllaceae Juss.

卷耳属 *Cerastium* L.

卷耳 *Cerastium arvense* L.

图 3.114（标本号：CBS-109）

花粉粒球形，大小为 49.0(39.9～62.8)μm。具散孔，分布不规则，孔圆形，有 22～28 个，孔径为 5.19(3.51～6.59)μm，孔间距为 5.7～9.6μm。外壁两层，厚度为 3.76(2.26～4.98)μm，外层明显厚于内层，柱状层基柱明显。外壁纹饰为清楚的颗粒状。

石竹属 *Dianthus* L.

头石竹 *Dianthus barbatus* L. var. *asiaticus* Nakai

图 3.115（标本号：CBS-160）

花粉粒球形，大小为 36.4(29.5～42.5)μm。具散孔，孔径为 4.0～5.0μm。孔间距为 6.0～12.0μm。外壁两层，厚约 3.5μm，柱状层基柱明显。外壁纹饰为颗粒状。

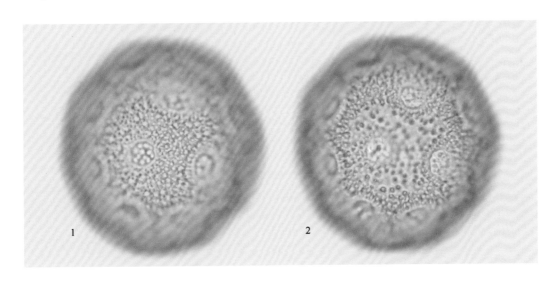

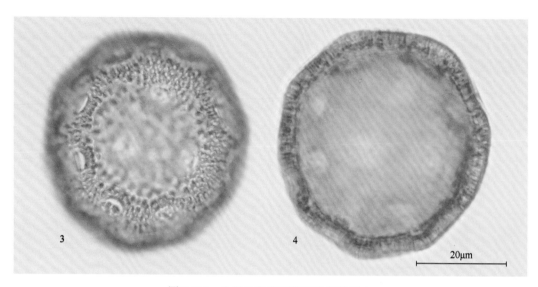

图 3.114 光学显微镜下卷耳的花粉形态

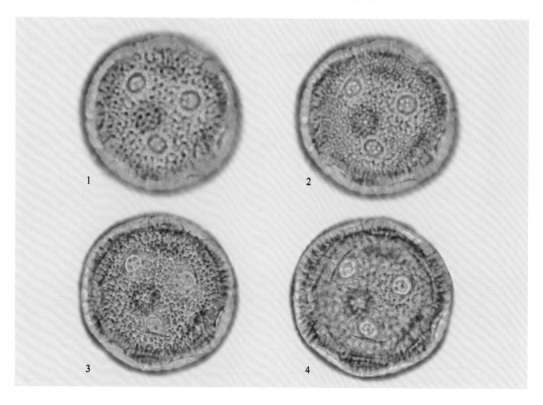

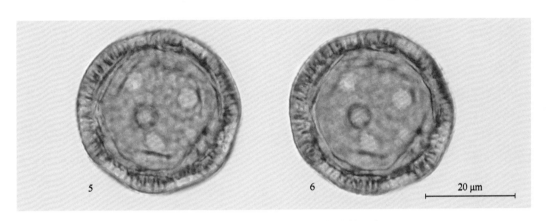

图 3.115　光学显微镜下头石竹的花粉形态

石竹 *Dianthus chinensis* L.

图 3.116（标本号：CBS-198）

花粉粒球形，大小为 49.0(39.9～62.8)μm。具散孔，孔的数目为 11～16 个，孔径为

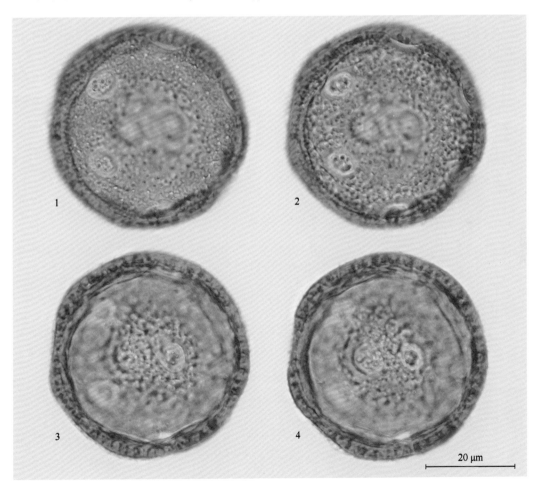

图 3.116　光学显微镜下石竹的花粉形态

3.5～6.6μm。孔间距为 10.0～12.0μm。外壁两层，厚 2.3～5.0μm，柱状层基柱明显。外壁纹饰为颗粒状。

蝇子草属 *Silene* L.

浅裂剪秋罗 *Silene cognata* (Maxim.) H. Ohashi et H. Nakai

图 3.117：1～4（标本号：CBS-246）

花粉粒球形，大小为 35.08(33.0～37.5)μm。具散孔，孔径为 4.0～5.0μm，孔间距为 4.0～6.0μm。外壁两层，厚约 4.0μm，外层厚度是内层的 2～3 倍，柱状层基柱明显。外壁纹饰为颗粒状。

剪秋罗 *Silene fulgens* (Fisch.) E. H. L. Krause

图 3.117：5～8（标本号：CBS-201）

花粉粒球形，大小为 41.23(37.5～45.3)μm。具散孔，孔径为 5.0～6.0μm，孔间距为 6.0～8.0μm。外壁厚约 4.0μm，外壁明显分两层，外层厚度是内层的 2～3 倍，柱状层基柱明显。外壁纹饰为颗粒状。

丝瓣剪秋罗 *Silene wilfordii* (Regel) H. Ohashi et H. Nakai

图 3.118（标本号：CBS-161）

花粉粒球形，大小为 35.7(32.8～39.0)μm。具散孔，孔径为 3.0～5.0μm，孔间距为 4.0～11.0μm。外壁两层，厚约 3.5μm，外层厚度是内层的 2～3 倍，柱状层基柱明显。外壁纹饰为颗粒状。

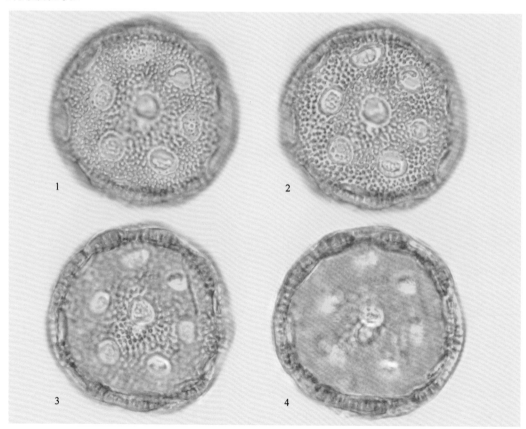

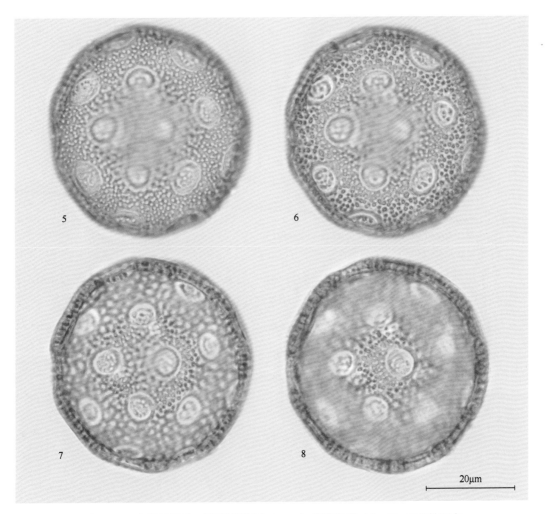

图 3.117　光学显微镜下浅裂剪秋罗（1～4）和剪秋罗（5～8）的花粉形态

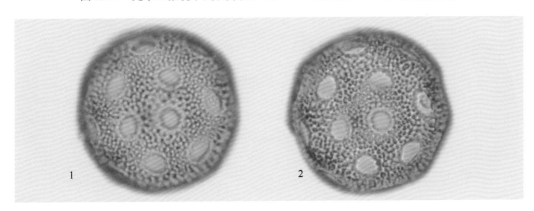

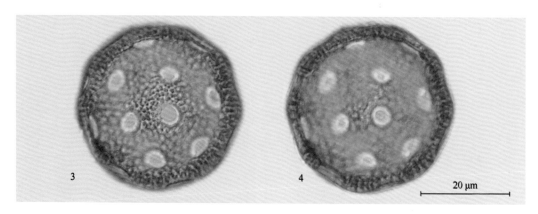

图 3.118　光学显微镜下丝瓣剪秋罗的花粉形态

种阜草属 *Moehringia* L.

种阜草 *Moehringia lateriflora* (L.) Fenzl

图 3.119（标本号：CBS-102）

花粉粒球形，大小为 35.3(30.4～41.3)μm。具散孔，孔径为 4.11(3.23～5.32)μm，孔间距为 8.0～12.0μm。外壁两层，厚度为 2.52(2.01～3.42)μm，外层厚度是内层的 2～3 倍，柱状层基柱明显。外壁纹饰为颗粒状。

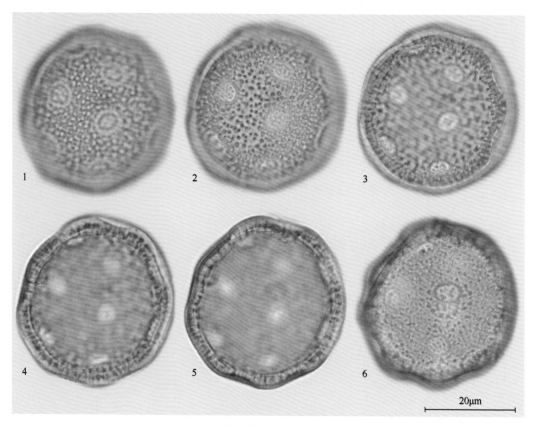

图 3.119　光学显微镜下种阜草的花粉形态

鹅肠菜属 *Myosoton* Moench

鹅肠菜 *Myosoton aquaticum* (L.) Moench

图 3.120：1～4（标本号：CBS-113），图 3.120：5～10（标本号：TYS-057）

花粉粒球形，长白山标本大小为 50.2(44.7～57.2)μm；太岳山标本大小为 30.8(27.5～35.0)μm。具散孔，孔的数目约 16 个，孔圆形，具明显边缘，长白山标本孔径为 6.21(3.09～7.91)μm，孔间距为 7.0～12.0μm；太岳山标本孔径约 5.0μm，孔间距为 8.0～11.0μm。外壁两层，外层厚度约是内层的 2 倍，柱状层基柱明显，长白山标本外壁厚 3.54(2.85～4.56)μm。外壁纹饰为颗粒状。

两个花粉采集地的鹅肠菜花粉粒径存在一定差异，这可能是生境不同导致的，也可能是植物属种鉴定有误导致的。

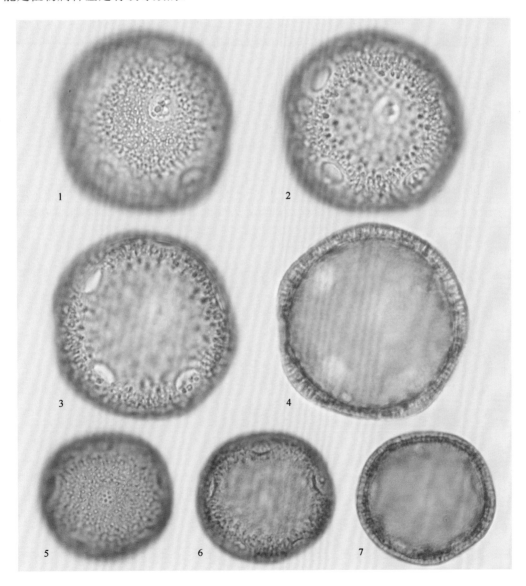

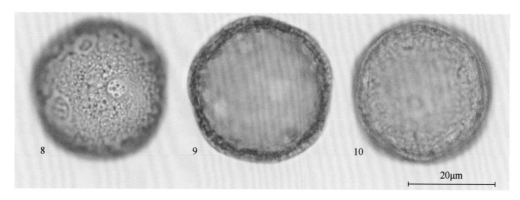

图 3.120 光学显微镜下鹅肠菜（长白山）（1～4）和鹅肠菜（太岳山）（5～10）的花粉形态

繁缕属 *Stellaria* L.

林繁缕 *Stellaria bungeana* Fenzl var. *stubendorfii* (Regel) Y. C. Chu

图 3.121：1～6（标本号：CBS-184）

花粉球形，大小为 28.55(25.0～31.5)μm。具散孔，孔数为 10～15 个，孔圆形，孔径为 2.5～4.5μm，孔间距为 6.0～8.0μm。外壁两层，厚约 3.5μm，外层厚度约是内层的 4 倍，柱状层基柱明显。外壁纹饰为颗粒状。

长叶繁缕 *Stellaria longifolia* Muehl. ex Willd.

图 3.121：7～11（标本号：CBS-080）

花粉球形，大小为 43.4(33.5～54.7)μm。具散孔，孔数为 10～15 个，孔圆形。孔径为 5.70(4.52～7.59)μm，孔间距为 6.0～7.5μm。外壁两层，厚度为 3.72(1.03～4.76)μm，外层厚度约是内层的 3 倍，柱状层基柱明显。外壁纹饰为颗粒状。

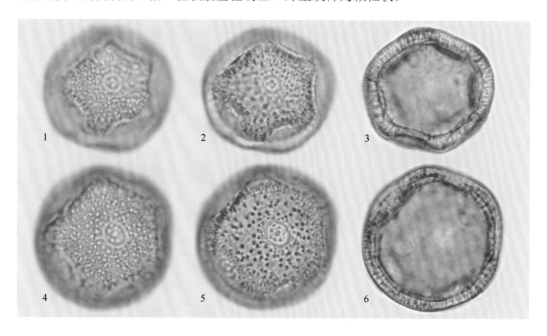

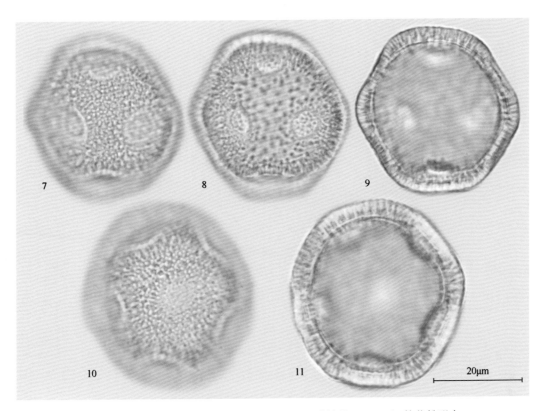

图 3.121　光学显微镜下林繁缕（1~6）和长叶繁缕（7~11）的花粉形态

1. 石竹科花粉形态的区分

本研究共观察石竹科 6 属 10 种植物的花粉形态，其特征差异不明显，不具有典型的鉴别特征。对卷耳、种阜草、鹅肠菜和长叶繁缕花粉的形态数据进行统计，建立分类回归树模型。

2. 石竹科 4 种花粉形态的鉴别

1）石竹科 4 种花粉形态参数的筛选

对石竹科 4 种花粉形态参数的统计数据进行单因素方差分析，判断出花粉定量形态特征与花粉种属的关系均为显著（表 3.15）。

表 3.15　石竹科 4 种花粉定量形态特征及方差分析结果

种名	粒径/μm	外壁厚度/μm	孔径/μm
卷耳	49.0(39.9~62.8)	3.76(2.26~4.98)	5.19(3.51~6.59)
种阜草	35.3(30.4~41.3)	2.52(2.01~3.42)	4.11(3.23~5.32)
鹅肠菜（长白山）	50.2(44.7~57.2)	3.54(2.85~4.56)	6.21(3.09~7.91)
长叶繁缕	43.4(33.5~54.7)	3.72(1.03~4.76)	5.70(4.52~7.59)
组间方差	396.6[***]	203.9[***]	239.7[***]

***表示 $p < 0.001$

2）石竹科 4 种花粉的可区分性

将花粉形态参数数据进行判别分析，石竹科 4 种花粉在三个判别函数下即可明确区分（图 3.122），第一判别函数和第二判别函数的贡献率分别为 76.29% 和 16.78%。

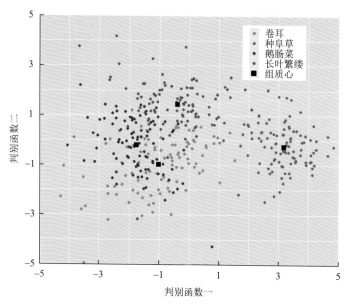

图 3.122　石竹科 4 种花粉线性判别分析图

3）石竹科 4 种花粉的鉴别模型

将花粉形态参数数据进行 CART 分析，结果如图 3.123 所示：石竹科 4 种花粉的分

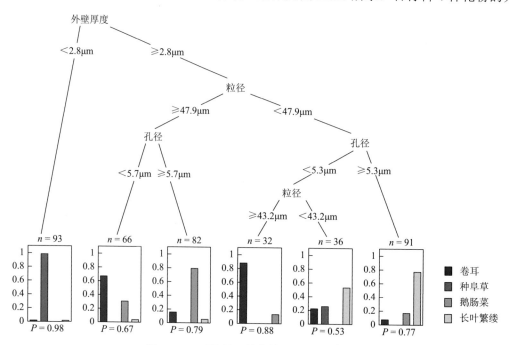

图 3.123　石竹科 4 种花粉分类回归树模型

类回归树模型采用 3 个形态变量进行区分，CART 模型将外壁厚度＜2.8μm 的花粉鉴别为种阜草；将外壁厚度≥2.8μm，粒径≥47.9μm 且孔径＜5.7μm 的花粉或者粒径为 43.2～47.9μm 且孔径＜5.3μm 的花粉鉴别为卷耳；将外壁厚度≥2.8μm，粒径≥47.9μm 且孔径≥5.7μm 的花粉鉴别为鹅肠菜；将外壁厚度≥2.8μm，粒径＜47.9μm，孔径≥5.3μm 的花粉或外壁厚度≥2.8μm，粒径＜43.2μm，孔径＜5.3μm 的花粉鉴别为长叶繁缕。

4）石竹科 4 种花粉鉴别模型的检验

采用重复抽样的方法对模型进行 5 次检验，50 粒卷耳花粉中有 37 粒可以正确鉴别，另外有 2 粒被误判为种阜草，有 7 粒被误判为鹅肠菜，有 4 粒被误判为长叶繁缕，正确鉴别的概率为 74%；50 粒种阜草可以正确鉴别，正确鉴别概率为 100%；50 粒鹅肠菜花粉中有 47 粒可以正确鉴别，另外有 3 粒被误判为长叶繁缕，正确鉴别概率为 94%；50 粒长叶繁缕花粉中有 45 粒可以正确鉴别，另外有 1 粒被误判为卷耳，有 1 粒被误判为种阜草，有 3 粒被误判为鹅肠菜，正确鉴别概率为 90%（表 3.16）。

表 3.16　石竹科 4 种花粉分类回归树模型检验结果

种名	鉴别为卷耳/粒	鉴别为种阜草/粒	鉴别为鹅肠菜/粒	鉴别为长叶繁缕/粒	正确鉴别的概率
卷耳	37	2	7	4	74%
种阜草	0	50	0	0	100%
鹅肠菜	0	0	47	3	94%
长叶繁缕	1	1	3	45	90%

3.20　卫矛科 Celastraceae R. Br.

卫矛属 *Euonymus* L.

卫矛 *Euonymus alatus* (Thunb.) Sieb.

图 3.124：1～9（标本号：CBS-037）

花粉粒近球形，部分为长球形或扁球形，P/E=1.04(0.83～1.21)，赤道面观为近圆形，极面观为三裂圆形，大小为 29.6(22.4～34.6)μm×28.5(24.8～32.8)μm。具三孔沟，沟最宽处为 5.69(2.94～8.32)μm，孔椭圆形，孔径为 3.91(1.96～7.00)μm。外壁两层，厚度为 3.74(2.10～4.67)μm，外层厚度约为内层的 3 倍，柱状层基柱明显。外壁纹饰为细网状。

纤齿卫矛 *Euonymus giraldii* Loes.

图 3.124：10～17（标本号：TYS-082）

花粉粒近球形，P/E=0.96(0.88～1.05)，赤道面观近圆形，极面观三裂圆形，大小为 21.8(18.4～26.3)μm×22.8(19.4～26.4)μm。具三孔沟，沟最宽处为 5.16(2.79～7.37)μm，孔椭圆形，孔径为 2.62(1.19～4.48)μm。外壁两层，厚度为 2.80(2.08～3.98)μm，外层比内层略厚，柱状层基柱明显。外壁纹饰为细网状。

白杜 *Euonymus meaackii* Rupr.

图 3.124：18～20，图 3.125：1～6（标本号：TYS-083）

花粉粒近球形，P/E=0.98(0.84～1.14)，赤道面观椭圆形，极面观三裂圆形，大小为

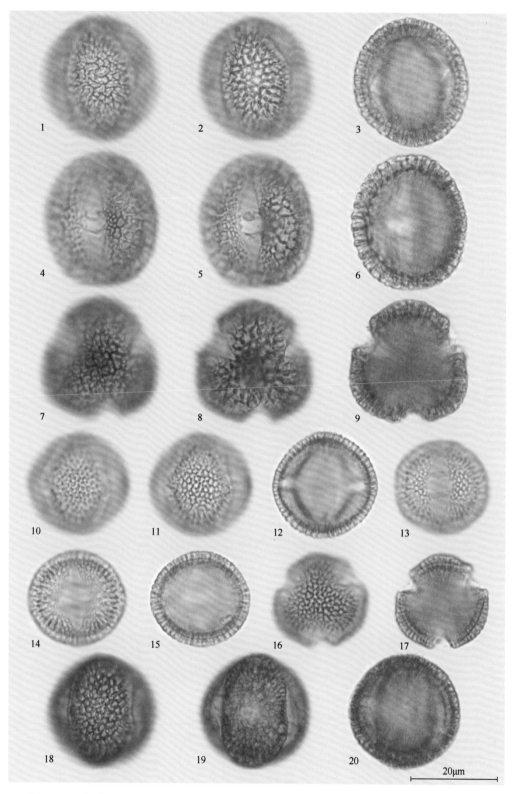

图 3.124　光学显微镜下卫矛（1～9）、纤齿卫矛（10～17）和白杜（18～20）的花粉形态

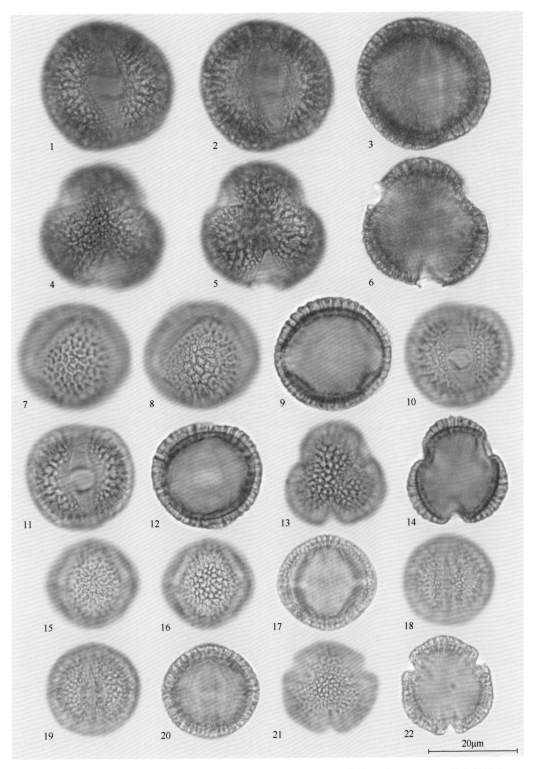

图 3.125　光学显微镜下白杜（1～6）、栓翅卫矛（7～14）和瘤枝卫矛（15～22）的花粉形态

27.5(23.7～30.5)μm×28.1(25.0～31.4)μm。具三孔沟，沟宽 6.44(3.62～9.28)μm，孔椭圆形，大小为 3.95(2.26～5.96)μm。外壁两层，厚 3.67(2.85～4.73)μm，外层略厚于内层，柱状层基柱明显。外壁纹饰为网状，网眼不均匀，网至沟边变细，大小为 0.5～2.0μm。

栓翅卫矛 *Euonymus phellomanus* **Loes.**

图 3.125：7～14（标本号：TYS-081）

花粉粒近球形或长球形，*P/E*=0.98(0.88～1.15)，赤道面观椭圆形，极面观三（一四）裂圆形，大小为 24.0(20.8～28.9)μm×24.6(18.6～28.8)μm。具三（四）孔沟，沟宽 4.82(2.37～7.68)μm，孔椭圆形，大小为 3.43(1.31～7.81)μm。外壁两层，厚 3.44(2.25～4.66)μm，外层厚度约为内层的 2 倍，柱状层基柱明显。外壁纹饰为粗网状。

瘤枝卫矛 *Euonymus verrucosus* **Scop.**

图 3.125：15～22（标本号：CBS-075）

花粉粒近球形或扁球形，*P/E*=0.92(0.83～1.04)，赤道面观为近圆形，极面观为三裂圆形。大小为 22.1(20.3～24.6)μm×23.9(21.6～26.5)μm。具三孔沟，沟宽 3.55(2.16～5.19)μm，孔椭圆形，孔大小为 2.10(1.27～4.04)μm。外壁两层，厚 2.77(2.01～3.64)μm，外层厚度约为内层的 2.5 倍，柱状层基柱明显。外壁纹饰为细网状。

梅花草属 *Parnassia* **L.**

梅花草 *Parnassia palustris* **L.**

图 3.126（标本号：TYS-155）

花粉粒近球形，*P/E*=0.88(0.81～0.92)，赤道面观扁圆形，极面观三裂圆形，大小为 20.9(20.0～22.8)μm×23.7(22.0～25.0)μm，具三孔沟，沟狭长，几达两极，孔椭圆形，大小为 3.0μm×4.0μm。外壁两层，厚约 2.0μm，外层比内层略厚，柱状层基柱明显。外壁纹饰为细网状。

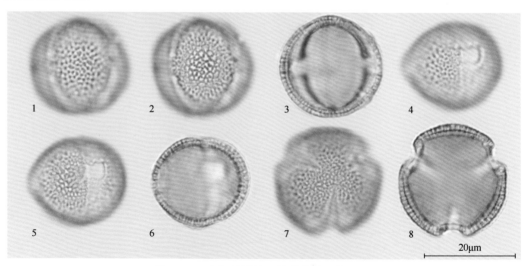

图 3.126 光学显微镜下梅花草的花粉形态

1. 卫矛科花粉形态的区分

本研究共观察卫矛科 2 属 6 种植物的花粉形态，其特征差异不大，不具有典型的鉴别特征。对卫矛、纤齿卫矛、白杜、栓翅卫矛和瘤枝卫矛花粉的形态数据进行统计，建立分类回归树模型。

2. 卫矛属 5 种花粉形态的鉴别

1）卫矛属 5 种花粉形态参数的筛选

对卫矛属 5 种花粉形态参数的统计数据进行单因素方差分析，判断出花粉定量形态特征与花粉种属的关系均为显著（表 3.17）。

表 3.17　卫矛属 5 种花粉定量形态特征及方差分析结果

种名	极轴长/μm	赤道轴长/μm	P/E	外壁厚度/μm	沟宽/μm	孔径/μm
卫矛	29.6 (22.4~34.6)	28.5 (24.8~32.8)	1.04 (0.86~1.21)	3.74 (2.10~4.67)	5.69 (2.94~8.32)	3.91 (1.96~7.00)
纤齿卫矛	21.8 (18.4~26.3)	22.8 (19.4~26.4)	0.96 (0.88~1.05)	2.80 (2.08~3.98)	5.16 (2.79~7.37)	2.62 (1.19~4.48)
白杜	27.5 (23.7~30.5)	28.1 (25.0~31.4)	0.98 (0.84~1.14)	3.67 (2.85~4.73)	6.44 (3.62~9.28)	3.95 (2.26~5.96)
栓翅卫矛	24.0 (20.8~28.9)	24.6 (18.6~28.8)	0.98 (0.88~1.15)	3.44 (2.25~4.66)	4.82 (2.37~7.68)	3.43 (1.31~7.81)
瘤枝卫矛	22.1 (20.3~24.6)	23.9 (21.6~26.5)	0.92 (0.83~1.04)	2.77 (2.01~3.64)	3.55 (2.16~5.19)	2.10 (1.27~4.04)
组间方差	626.7***	336.7***	76.81***	145.2***	99.62***	95.93***

***表示 $p < 0.001$

2）卫矛属 5 种花粉的可区分性

将花粉形态参数数据进行判别分析，卫矛属 5 种花粉在 4 个判别函数下可以进行区分（图 3.127），栓翅卫矛的区分度可能不高。第一判别函数和第二判别函数的贡献率分别为 84.56% 和 9.44%。

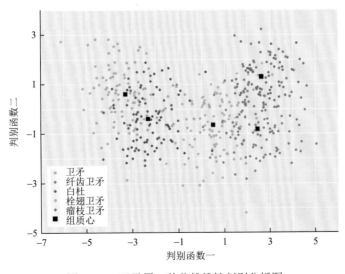

图 3.127　卫矛属 5 种花粉线性判别分析图

3）卫矛属 5 种花粉的鉴别模型

将花粉形态参数数据进行 CART 分析，结果如图 3.128 所示：卫矛属花粉的分类回归树模型采用 3 个形态变量进行区分，将极轴长≥28.8μm 的花粉鉴别为卫矛；将花粉极轴长为 25.4～28.8μm 的花粉鉴别为白杜；将极轴长<23.1μm，沟宽≥4.1μm 的花粉鉴别为纤齿卫矛；将极轴长在 23.1～25.4μm，沟宽≥4.1μm 的花粉或者极轴长<25.4μm，沟宽<4.1μm 且 P/E≥1.0 的花粉鉴别为栓翅卫矛；将极轴长<25.4μm，沟宽<4.1μm 且 P/E<1.0 的花粉鉴别为瘤枝卫矛。

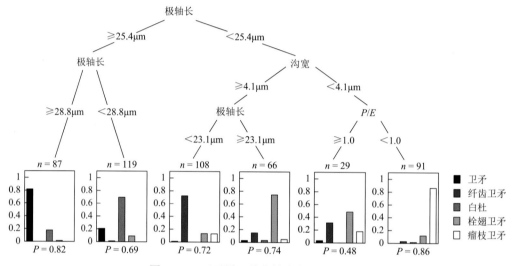

图 3.128　卫矛属 5 种花粉分类回归树模型

4）卫矛属 5 种花粉鉴别模型的检验

采用重复抽样的方法对模型进行 5 次检验（表 3.18），50 粒卫矛花粉中有 37 粒可以正确鉴别，另外有 1 粒被误判为纤齿卫矛，有 12 粒被误判为白杜，正确鉴别的概率为 74%；50 粒纤齿卫矛花粉中有 44 粒可以正确鉴别，另外有 1 粒被误判为白杜，有 4 粒被误判为栓翅卫矛，有 1 粒被误判为瘤枝卫矛，正确鉴别的概率为 88%；50 粒白杜花粉中有 40 粒可以正确鉴别，另外有 8 粒被误判为卫矛，有 1 粒被误判为栓翅卫矛，有 1 粒被误判为瘤枝卫矛，正确鉴别的概率为 80%；50 粒栓翅卫矛花粉中有 31 粒可以正确鉴别，另外有 1 粒被误判为卫矛，有 4 粒被误判为纤齿卫矛，有 6 粒被误判为白杜，有 8 粒被误判为瘤枝卫矛，正确鉴别的概率为 62%；50 粒瘤枝卫矛花粉中有 41 粒可以正确鉴别，另外有 7 粒被误判为纤齿卫矛，有 2 粒被误判为栓翅卫矛，正确鉴别的概率为 82%。

表 3.18　卫矛属 5 种花粉分类回归树模型检验结果

种名	鉴别为卫矛/粒	鉴别为纤齿卫矛/粒	鉴别为白杜/粒	鉴别为栓翅卫矛/粒	鉴别为瘤枝卫矛/粒	正确鉴别的概率
卫矛	37	1	12	0	0	74%
纤齿卫矛	0	44	1	4	1	88%
白杜	8	0	40	1	1	80%
栓翅卫矛	1	4	6	31	8	62%
瘤枝卫矛	0	7	0	2	41	82%

3.21　秋水仙科 Colchicaceae DC.

万寿竹属 *Disporum* Salisb. ex G. Don

万寿竹属在传统上被置于较广义的百合科中，APG 系统将其列入秋水仙科。

宝珠草 *Disporum viridescens* (Maxim.) Nakai

图 3.129（标本号：CBS-007）

花粉粒椭球体，大小为 49.5(39.6～66.0)μm×28.2(22.9～38.71)μm。具远极单沟，沟长，达两极，沟宽约 4.8μm，沟膜经常破裂，沟边呈嚼烂状。外壁两层，厚约 1.5μm，外层与内层厚度约相等，柱状层基柱明显。外壁纹饰为细网状，网眼不均匀，网至沟边变细。

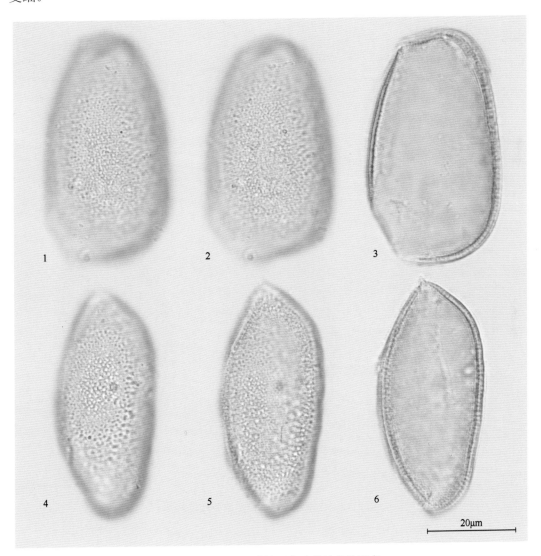

图 3.129　光学显微镜下宝珠草的花粉形态

3.22　鸭跖草科 Commelinaceae Mirb.

鸭跖草属 *Commelina* L.

鸭跖草 *Commelina communis* L.

图 3.130（标本号：CBS-132）

花粉粒椭球体，P/E=1.46(1.23～1.80)，大小为 42.6(35.0～46.3)μm×29.2(25.0～32.5)μm。具单沟，沟边缘具有较长的刺状突起。外壁两层，厚约 2.0μm，外层比内层略厚，柱状层基柱明显。外壁纹饰为刺状，刺长 2.0～3.0μm。

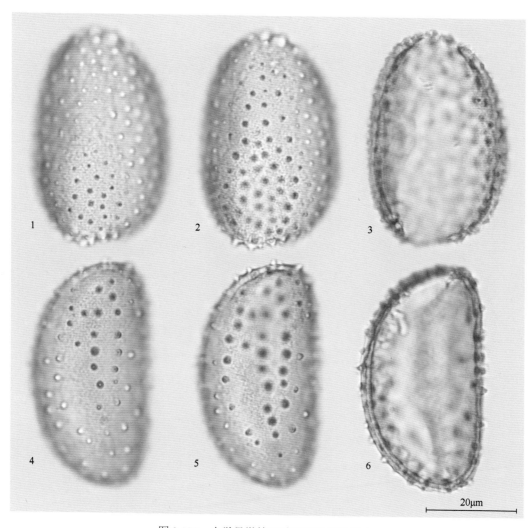

图 3.130　光学显微镜下鸭跖草的花粉形态

3.23　旋花科 Convolvulaceae Juss.

打碗花属 *Calystegia* R. Br.
旋花 *Calystegia sepium* (L.) R. Br.

图 3.131，图 3.132（标本号：CBS-103）

花粉粒球形，直径为 89.6(81.5~97.5)μm，具散孔，孔数约为 15 个。孔明显，近圆形，均匀分布于球面，孔径为 9.0~12.5μm，孔间距为 15~18μm。外壁两层，厚约 6.0μm，外层为内层的 3 倍厚，外壁轮廓呈波浪状，外层在波浪突起的地方加厚，柱状层基柱明显。外壁纹饰为显著瘤状。

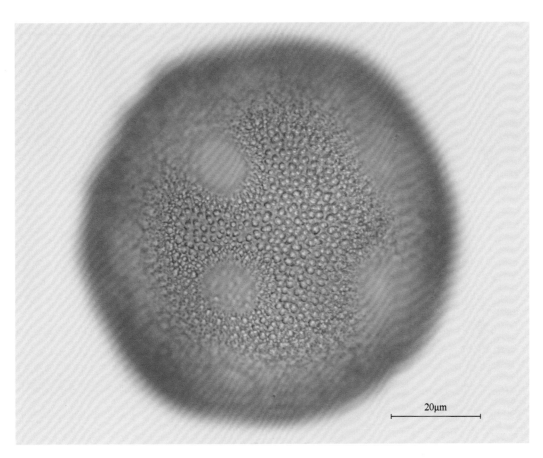

图 3.131　光学显微镜下旋花的花粉形态（外壁纹饰）

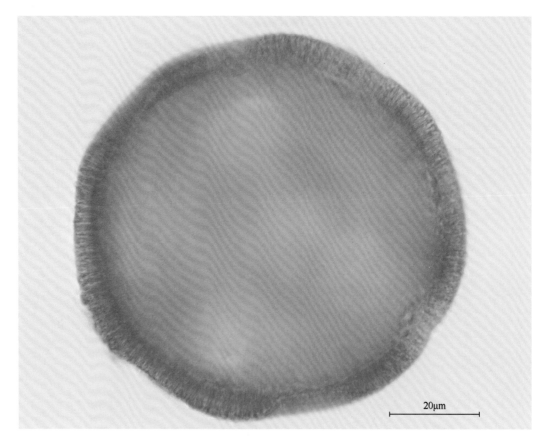

图 3.132　光学显微镜下旋花的花粉形态（光切面）

3.24　山茱萸科 Cornaceae Bercht. & J. Presl

山茱萸属 *Cornus* L.

山茱萸 *Cornus officinalis* Sieb. et Zucc.

图 3.133（标本号：CBS-019）

花粉粒长球形，P/E=1.48(1.14～1.93)，赤道面观椭圆形，极面观三裂圆形，大小为 75.8(63.1～92.4)μm×51.4(39.9～60.5)μm。具三（拟）孔沟，沟中部缢缩，沟宽 1.38(0.97～2.38)μm。外壁两层，厚度为 2.26(2.00～2.68)μm，外层与内层厚度约相等，柱状层基柱明显。外壁纹饰为刺状。

梾木属 *Swida* Opiz

红瑞木 *Swida alba* Opiz

图 3.134：1～6（标本号：CBS-241）；图 3.134：7～8，图 3.135（标本号：TYS-038）

花粉粒近球形或长球形，赤道面观为椭圆形，极面观为钝三角形，长白山标本 P/E=1.18(1.04～1.37)，大小为 47.1(39.0～55.0)μm×39.8(35.5～44.0)μm；太岳山标本 P/E=1.06(0.98～1.23)，大小为 49.1(42.7～54.6)μm×46.3(41.1～53.2)μm。具三孔沟，太岳山标本沟宽为 4.20(2.74～5.53)μm，内孔不明显。外壁两层，外层与内层厚度约相等，柱状层

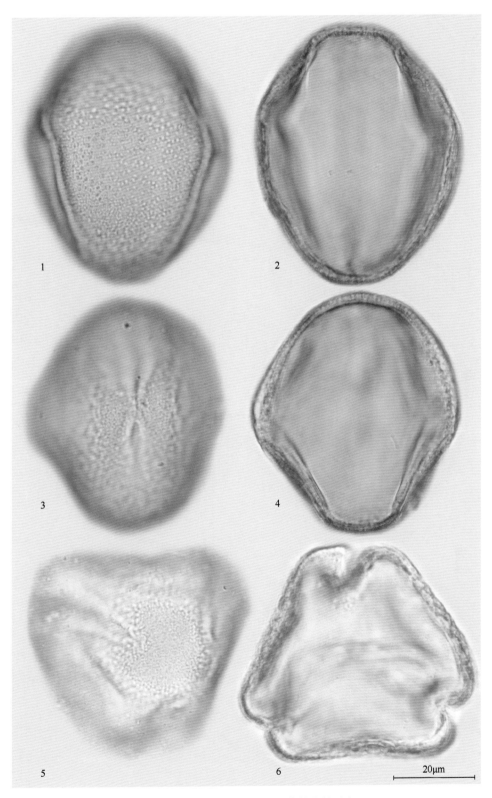

图 3.133　光学显微镜下山茱萸的花粉形态

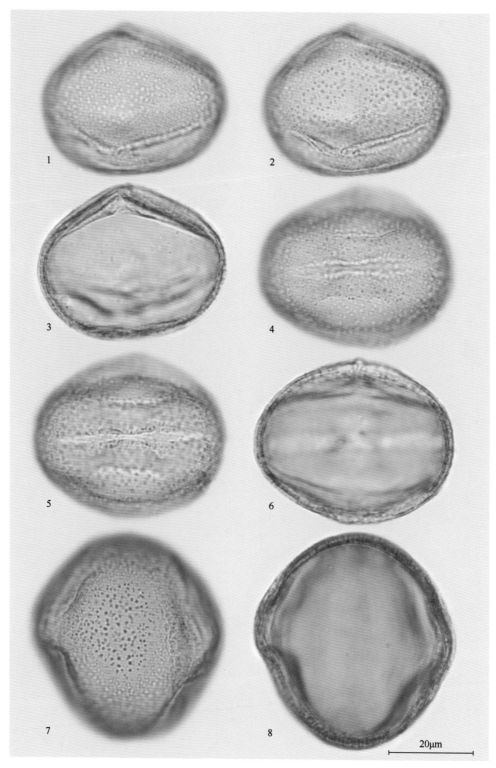

图 3.134　光学显微镜下红瑞木（长白山）（1～6）和红瑞木（太岳山）（7～8）的花粉形态

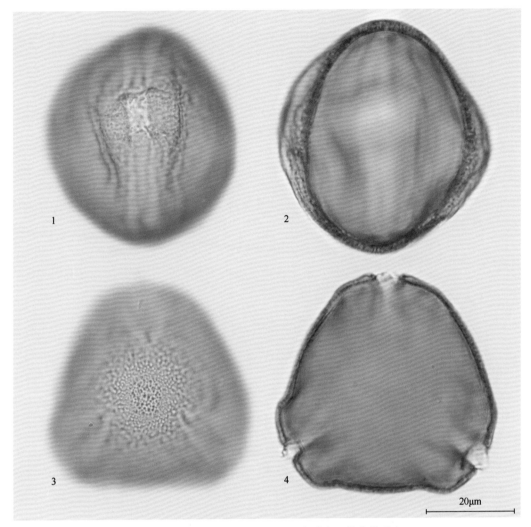

图 3.135　光学显微镜下红瑞木（太岳山）的花粉形态

基柱明显，长白山标本外壁厚约 2.0μm；太岳山标本外壁厚 2.14(1.96～2.37)μm。外壁纹饰为微刺状。

两个花粉采集地的红瑞木花粉形态存在一定差异，这可能是生境不同导致的。

1. 山茱萸科 2 属花粉形态的区分

本研究共观察山茱萸科 2 属的花粉形态，其特征存在一定差异，但不具备明显的鉴别特征。

2. 山茱萸科 2 种花粉形态的鉴别

1）山茱萸科 2 种花粉形态参数的筛选

对山茱萸、红瑞木花粉形态参数的统计数据进行单因素方差分析，判断出花粉定量形态特征与花粉种属的关系均为显著（表 3.19），表明可以使用这些形态参数进行判别分析及 CART 模型构建。

表 3.19   山茱萸科 2 种花粉定量形态特征及方差分析结果

种名	极轴长/μm	赤道轴长/μm	P/E	外壁厚度/μm	沟宽/μm
山茱萸	75.8(63.1～92.4)	51.4(39.9～60.5)	1.48(1.14～1.93)	2.26(2.00～2.68)	1.38(0.97～2.38)
红瑞木（太岳山）	49.1(42.7～54.6)	46.3(41.1～53.2)	1.06(0.98～1.23)	2.14(1.96～2.37)	4.20(2.74～5.53)
组间方差	1366***	108.8***	738.6***	50.01***	2154***

注：红瑞木花粉形态数据均来自太岳山红瑞木花粉，长白山标本数据不足故没有用于 CART 模型分析

***表示 $p < 0.001$

2）山茱萸科 2 种花粉的可区分性

将花粉形态参数数据进行判别分析，山茱萸科 2 种花粉在一个判别函数下即可明确区分（图 3.136）。

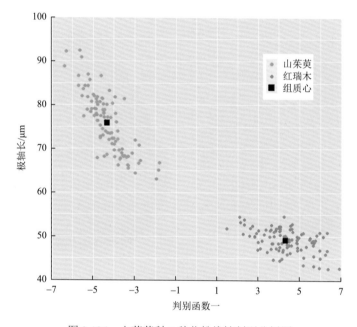

图 3.136   山茱萸科 2 种花粉线性判别分析图

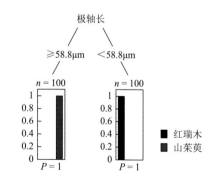

图 3.137   山茱萸科 2 种花粉分类回归树模型

3）山茱萸科 2 种花粉的鉴别模型

将花粉形态参数数据进行 CART 分析，结果如图 3.137 所示：山茱萸和红瑞木花粉由一个形态参数即可明确区分，极轴长≥58.8μm 的花粉为山茱萸；极轴长<58.8μm 的花粉为红瑞木。

4）山茱萸科 2 种花粉鉴别模型的检验

采用重复抽样的方法对模型进行 5 次检验，山茱萸花粉和红瑞木花粉正确鉴别的概率都为 100%（表 3.20）。

表 3.20　山茱萸科 2 种花粉分类回归树模型检验结果

种名	鉴别为山茱萸/粒	鉴别为红瑞木/粒	正确鉴别的概率
山茱萸	50	0	100%
红瑞木	0	50	100%

3.25　景天科 Crassulaceae J. St.-Hil.

红景天属 *Rhodiola* L.

高山红景天 *Rhodiola cretinii* (Hamet) H. Ohba subsp. *sino-alpina* (Frod.) H. Ohba

图 3.138（标本号：CBS-146）

花粉粒长球形或近球形，P/E=1.30(1.07～1.70)，大小为 22.2(20.0～25.5)μm×17.2(15.0～20.5)μm，赤道面观椭圆形，极面观圆三角形。具三孔沟，中部缢缩，边缘加厚，内孔轮廓不明显。外壁两层，厚约 1.5μm，外层和内层厚度约相等，柱状层基柱不明显。外壁纹饰为模糊的网状。

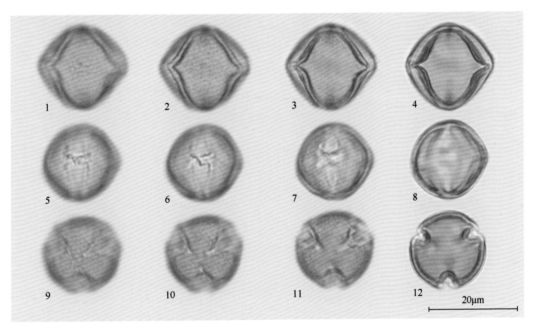

图 3.138　光学显微镜下高山红景天的花粉形态

景天属 *Sedum* L.

费菜 *Sedum aizoon* L.

图 3.139：1～8（标本号：CBS-258），图 3.139：9～20（标本号：TYS-172）

花粉粒长球形或近球形，P/E=1.19(1.01～1.43)，赤道面观椭圆形，极面观三（一四）裂圆形，大小为 23.1(20.0～25.8)μm×19.4(16.5～22.5)μm。具三（一四）孔沟，内孔横长，椭圆形，长白山标本沟宽约 1.5μm；太岳山标本孔径约 3.0μm×5.0μm。外壁两层，外层与内层厚度约相等，柱状层基柱不明显，长白山标本外壁厚约 2.0μm；太岳山标本外壁厚约 1.5μm。外壁纹饰为细网状。

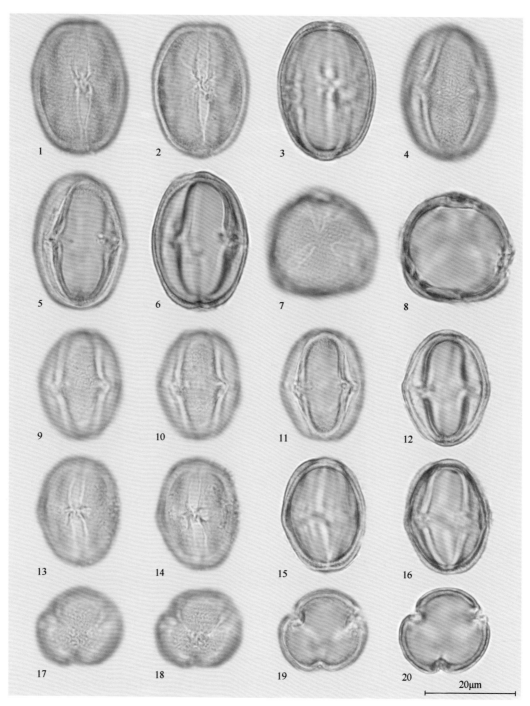

图 3.139 光学显微镜下费菜（长白山）（1～8）和费菜（太岳山）（9～20）的花粉形态

本研究共观察景天科 2 属 2 种植物的花粉形态，由于实验材料中可用于统计的形态规则的景天科花粉较少，无法建立分类回归树模型，景天科花粉形态鉴别工作仍需进一步开展。

3.26 莎草科 Cyperaceae Juss.

薹草属 *Carex* L.
蟋蟀薹草 *Carex eleusinoides* Turcz. ex Kunth
图 3.140（标本号：CBS-047）
花粉粒瓶状，大小为 48.6(42.1~56.6)μm×42.8(35.0~53.7)μm。具四—七孔，一个位于远极，三（一六）个分布于赤道上。孔圆形到椭圆形，边缘嚼烂状，孔膜上具颗粒。外壁两层，厚度为 1.30(1.04~1.53)μm，外层略厚于内层，柱状层基柱明显。外壁纹饰为颗粒状。

溪水薹草 *Carex forficula* Franch. et Sav.
图 3.141（标本号：CBS-090）
花粉粒瓶状，大小为 43.0(36.9~49.5)μm×37.4(31.1~43.1)μm。具四—七孔，一个位于远极，三（一六）个分布于赤道上。孔圆形到椭圆形，边缘嚼烂状，孔膜上具颗粒。外壁两层，厚度为 1.56(1.40~1.70)μm，外层略厚于内层，柱状层基柱明显。外壁纹饰为颗粒状。

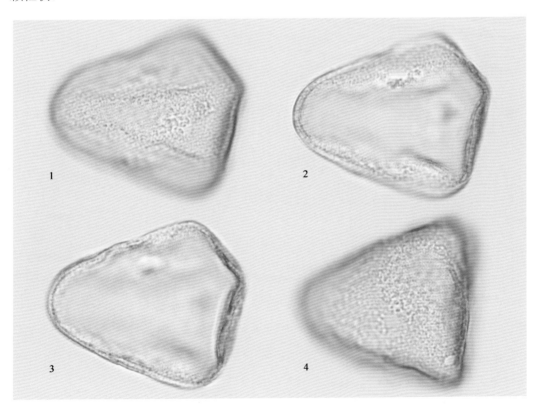

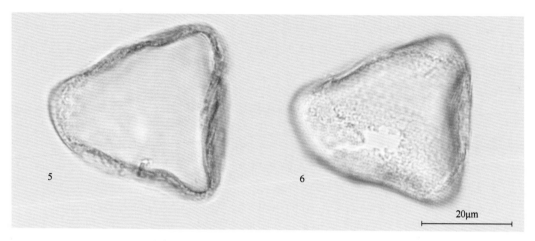

图 3.140　光学显微镜下蟋蟀薹草的花粉形态

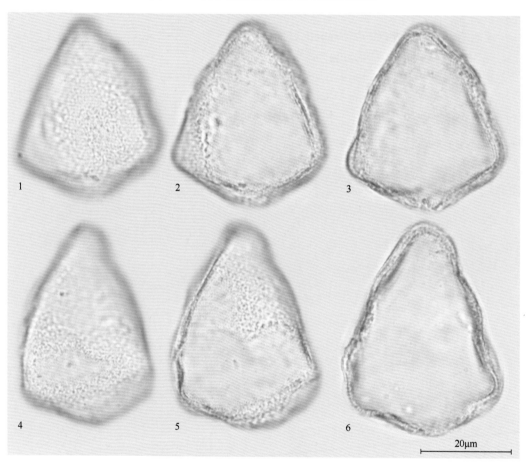

图 3.141　光学显微镜下溪水薹草的花粉形态

毛缘薹草 *Carex pilosa* Scop.

图 3.142（标本号：CBS-041）

花粉粒瓶状，大小为 38.5(33.0～52.8)μm×26.7(24.9～40.2)μm。具四—七孔，一个位于

远极，三（一六）个分布于赤道上。孔圆形到椭圆形，边缘嚼烂状，孔膜上具颗粒。外壁两层，厚度为 1.51(1.32～1.84)μm，外层略厚于内层，柱状层基柱明显。外壁纹饰为细网状。

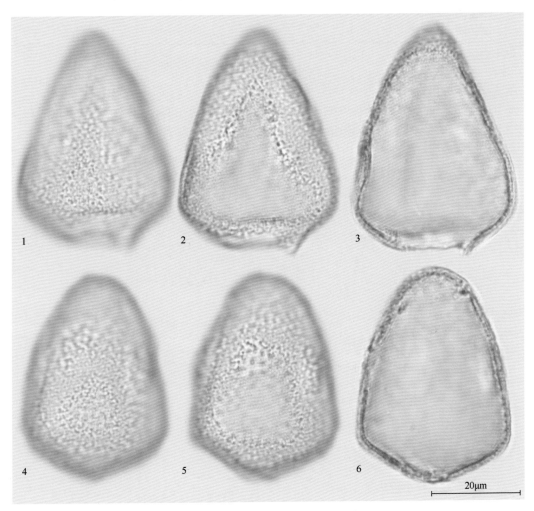

图 3.142　光学显微镜下毛缘薹草的花粉形态

薹草属 3 种花粉形态的鉴别

1）薹草属 3 种花粉形态参数的筛选

本研究共观察薹草属 3 种植物的花粉形态，其花粉形态差异不大。对蟋蟀薹草、溪水薹草和毛缘薹草花粉形态参数的统计数据进行单因素方差分析，判断出花粉定量形态特征与花粉种属的关系均为显著（表 3.21）。

表 3.21　薹草属 3 种花粉定量形态特征及方差分析结果

种名	极轴长/μm	赤道轴长/μm	P/E	外壁厚度/μm
蟋蟀薹草	48.6(42.1～56.6)	42.8(35.0～53.7)	1.13(1.00～1.37)	1.30(1.04～1.53)
溪水薹草	43.0(36.9～49.5)	37.4(31.1～43.1)	1.15(0.98～1.36)	1.56(1.40～1.70)

种名	极轴长/μm	赤道轴长/μm	P/E	外壁厚度/μm
毛缘薹草	38.5(33.0～52.8)	26.7(24.9～40.2)	1.30(1.04～1.50)	1.51(1.32～1.84)
组间方差	262.4***	592.4***	118***	225***

***表示 $p < 0.001$

2）薹草属 3 种花粉的可区分性

将花粉形态参数数据进行判别分析，薹草属 3 种花粉在两个判别函数下可以进行区分（图 3.143），第一判别函数和第二判别函数的贡献率分别为 88.43% 和 11.57%。

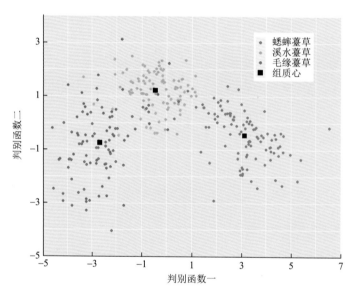

图 3.143　薹草属 3 种花粉线性判别分析图

3）薹草属 3 种花粉的鉴别模型

将花粉形态参数数据进行 CART 分析，结果如图 3.144 所示：薹草属 3 种花粉的分类回归树模型采用 4 个形态变量进行区分，将赤道轴长≥34.0μm 且外壁厚度<1.4μm 的花粉或者赤道轴长≥34.0μm，外壁厚度在 1.4～1.5μm 且极轴长≥46.1μm 的花粉鉴别为蟋蟀薹草；将赤道轴长≥34.0μm，极轴长≥46.1μm 且外壁厚度≥1.5μm 的花粉或者赤道轴长≥34.0μm，外壁厚度≥1.4μm 且极轴长<46.1μm 的花粉鉴别为溪水薹草；将赤道轴长<34.0μm 的花粉鉴别为毛缘薹草。

4）薹草属 3 种花粉鉴别模型的检验

采用重复抽样的方法对模型进行 5 次检验（表 3.22），50 粒蟋蟀薹草花粉中有 48 粒可以正确鉴别，另外 2 粒被误判为溪水薹草，正确鉴别的概率为 96%；50 粒溪水薹草花粉中有 47 粒可以正确鉴别，另外 3 粒被误判为毛缘薹草，正确鉴别的概率为 94%；50 粒毛缘薹草花粉中有 47 粒可以正确鉴别，另外 3 粒被误判为溪水薹草，正确鉴别的概率为 94%。

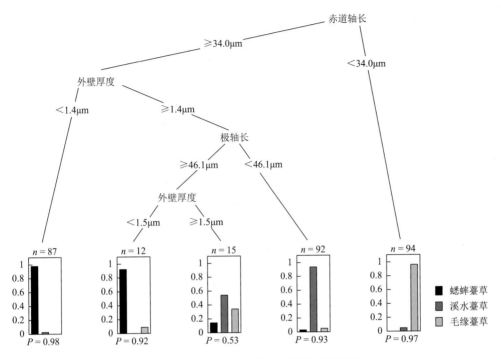

图 3.144　薹草属 3 种花粉分类回归树模型

表 3.22　薹草属 3 种花粉分类回归树模型检验结果

种名	鉴别为蟋蟀薹草/粒	鉴别为溪水薹草/粒	鉴别为毛缘薹草/粒	正确鉴别的概率
蟋蟀薹草	48	2	0	96%
溪水薹草	0	47	3	94%
毛缘薹草	0	3	47	94%

3.27　薯蓣科 Dioscoreaceae R. Br.

薯蓣属 *Dioscorea* L.

穿龙薯蓣 *Dioscorea nipponica* Makino

图 3.145（标本号：TYS-164）

花粉粒椭球体，大小为 32.3(30.0～34.7)μm×24.6(22.4～25.9)μm。具远极沟，沟长，达两极，沟宽约 3.8μm。外壁两层，厚约 2.0μm，外层与内层厚度约相等，柱状层基柱不明显，外壁纹饰为清楚的网状纹饰。

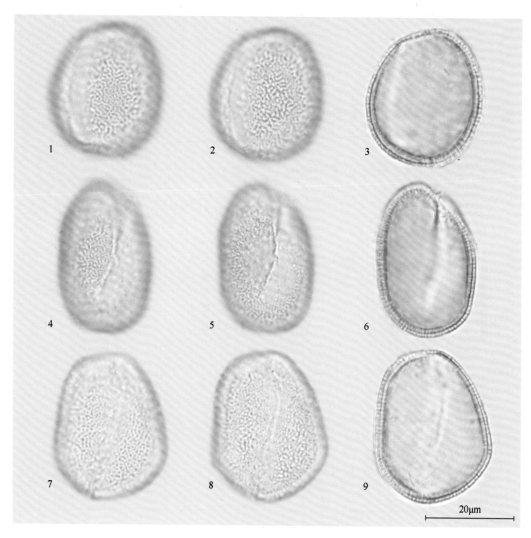

图 3.145　光学显微镜下穿龙薯蓣的花粉形态

3.28　胡颓子科 Elaeagnaceae Juss.

胡颓子属 *Elaeagnus* L.

牛奶子 *Elaeagnus umbellata* Thunb.

图 3.146（标本号：TYS-063）

花粉粒扁球形，P/E=0.62(0.55～0.69)，赤道面观扁椭圆形，极面观锐三角形，大小为 21.3(18.57～23.9)μm×34.9(29.3～39.0)μm。具三孔沟，沟宽约 1.5μm，内孔圆形，孔边缘加厚，大小为 1.5～3.5μm，孔深约 3.1μm，孔基部宽约 6.7μm。外壁两层，厚约 1.9μm，柱状层基柱不明显。外壁纹饰为模糊的细网状。

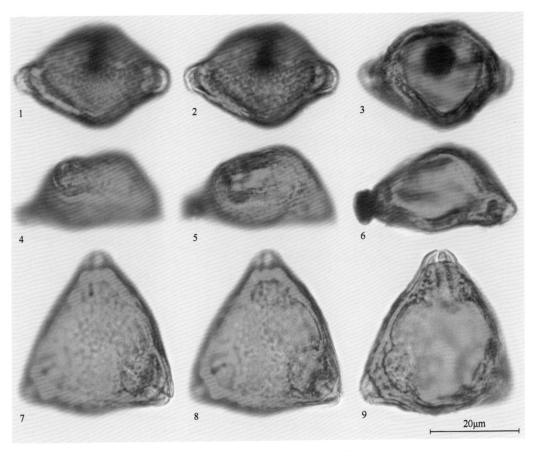

图 3.146 光学显微镜下牛奶子的花粉形态

沙棘属 *Hippophae* L.

沙棘 *Hippophae rhamnoides* L.

图 3.147（标本号：TYS-025）

　　花粉粒近球形，P/E=1.07(1.03～1.17)，赤道面观椭圆形，极面观锐三角形，大小为 24.1(22.5～26.3)μm×22.4(20.8～24.3)μm。具三孔沟，内孔圆，显著外凸，沟及内孔边缘加厚，沟狭，达两极。外壁两层，厚约 2.0μm，外层与内层厚度约相等，柱状层基柱明显。外壁纹饰为瘤状。

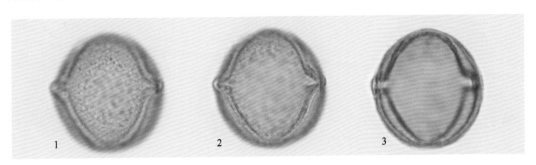

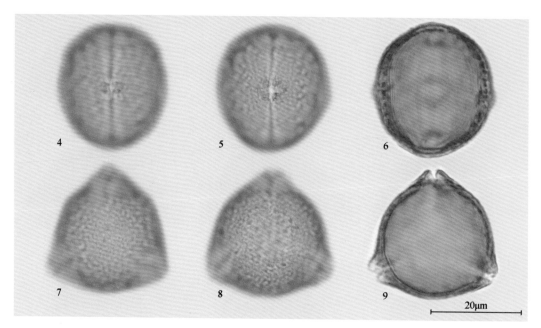

图 3.147　光学显微镜下沙棘的花粉形态

本研究共观察胡颓子科 2 属 2 种植物的花粉形态，其特征具有一定的差异，具有典型的鉴别特征。牛奶子花粉为扁球形；沙棘花粉为长球形。

3.29　杜鹃花科 Ericaceae Juss.

杜香属 *Ledum* (L.) Kron & Judd
宽叶杜香 *Ledum palustre* L. var. *dilatatum* Wahl.

图 3.148（标本号：CBS-145）

花粉为复合体，形成四合花粉，四面体形或十字形，大小为 35.4(32.5～39.4)μm。每粒花粉具三拟孔沟，沟宽 1.74(1.21～2.55)μm，沟长 19.7(16.9～23.0)μm。内孔横长。外壁两层，厚度为 2.52(2.23～2.79)μm，外层比内层略厚，柱状层基柱明显。外壁纹饰近光滑。

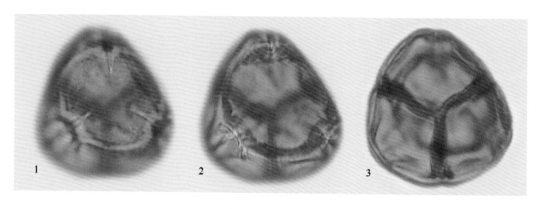

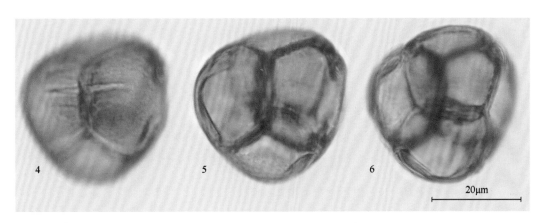

图 3.148　光学显微镜下宽叶杜香的花粉形态

鹿蹄草属 *Pyrola* L.

鹿蹄草属在传统上被置于鹿蹄草科中，APG 系统将其列入杜鹃花科。

日本鹿蹄草 *Pyrola japonica* Klenze ex Alef.

图 3.149（标本号：CBS-069）

花粉为复合体，形成四合花粉，四面体形或十字形，大小为 38.5(34.6～45.1)μm。每粒花粉具三孔沟，沟宽 1.32(0.93～2.26)μm，沟长 18.7(13.9～22.8)μm，内孔横长。外壁两层，厚度为 2.20(1.74～2.60)μm，外层比内层略厚，柱状层基柱不明显。外壁纹饰为模糊的颗粒。

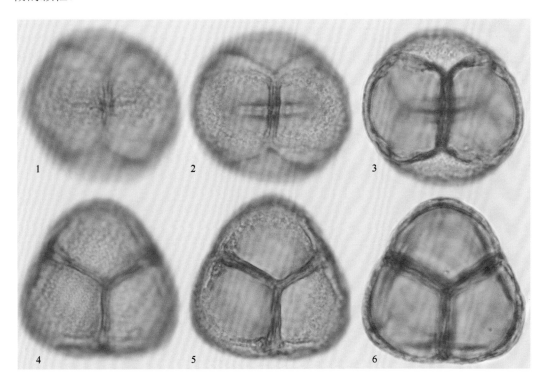

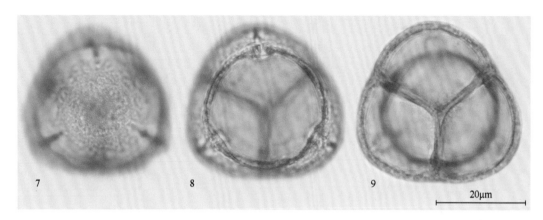

图 3.149　光学显微镜下日本鹿蹄草的花粉形态

杜鹃花属 *Rhododendron* L.

高山杜鹃 *Rhododendron lapponicum* (L.) Wahl.

图 3.150（标本号：CBS-053）

花粉为复合体，形成四合花粉，四面体形或十字形，大小为 42.2(36.3～48.2)μm。每粒花粉具三孔沟，沟两端尖，沟边加厚，沟长 11.3～18.8μm，沟最宽处约 2.4μm，内孔不明显。外壁两层，厚约 2.2μm，外层与内层厚度约相等，柱状层基柱不明显。外壁纹饰为网状。

兴安杜鹃 *Rhododendron dauricum* L.

图 3.151（标本号：CBS-074）

花粉为复合体，形成四合花粉，四面体形或十字形，复合体直径为 48.9(42.9～55.6)μm。每粒花粉具三孔沟，沟宽 2.30(1.24～3.92)μm，沟长 18.5(13.3～24.2)μm。外壁两层，厚 2.10(1.81～2.47)μm，外层与内层厚度约相等，柱状层基柱明显。外壁纹饰为细网状。

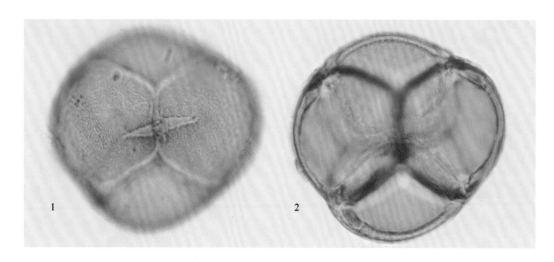

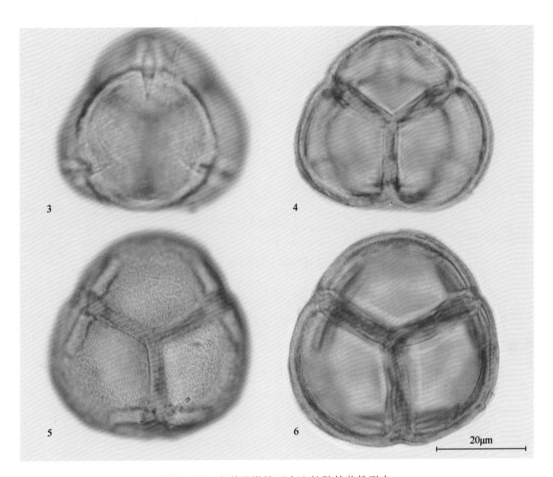

图 3.150　光学显微镜下高山杜鹃的花粉形态

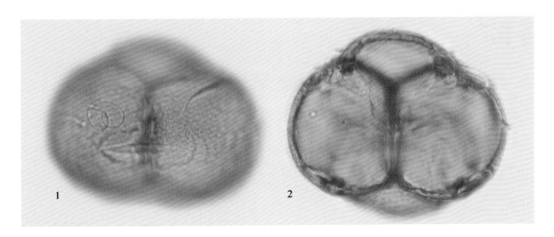

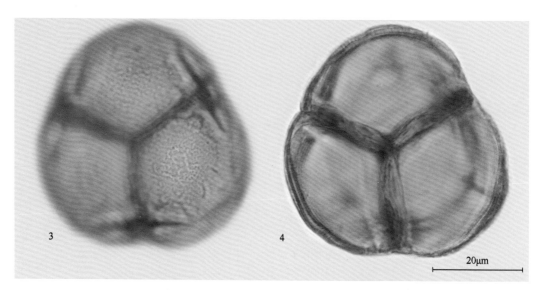

图 3.151   光学显微镜下兴安杜鹃的花粉形态

1. 杜鹃花科花粉形态的区分

本研究共观察杜鹃花科 3 属 4 种植物的花粉形态，其特征具有一定的差异，但不具有典型的鉴别特征。

2. 杜鹃花科 3 种花粉形态的鉴别

1）杜鹃花科 3 种花粉形态参数的筛选

对宽叶杜香、日本鹿蹄草和兴安杜鹃花粉形态参数的统计数据进行单因素方差分析，判断出花粉定量形态特征与花粉种属的关系均为显著（表 3.23）。

表 3.23   杜鹃花科 3 种花粉定量形态特征及方差分析结果

种名	粒径/μm	外壁厚度/μm	沟宽/μm	沟长/μm
宽叶杜香	35.4(32.5～39.4)	2.52(2.23～2.79)	1.74(1.21～2.55)	19.7(16.9～23.0)
日本鹿蹄草	38.5(34.6～45.1)	2.20(1.74～2.60)	1.32(0.93～2.26)	18.7(13.9～22.8)
兴安杜鹃	48.9(42.9～55.6)	2.10(1.81～2.47)	2.30(1.24～3.92)	18.5(13.3～24.2)
组间方差	1119[***]	200.8[***]	221.5[***]	14.86[***]

***表示 $p < 0.001$

2）杜鹃花科 3 种花粉的可区分性

将花粉形态参数数据进行判别分析，杜鹃花科 3 种花粉在两个判别函数下可以进行区分（图 3.152），第一判别函数和第二判别函数的贡献率分别为 92.06% 和 7.94%。

3）杜鹃花科 3 种花粉的鉴别模型

将花粉形态参数数据进行 CART 分析，结果如图 3.153 所示：杜鹃花科三种花粉的分类回归树模型采用两个形态变量进行区分，将粒径<37.7μm，外壁厚度≥2.4μm 的花粉鉴别为宽叶杜香；将粒径在 37.7～42.7μm 且外壁厚度≥2.4μm 的花粉或者粒径<42.7μm 且外壁厚度<2.4μm 的花粉鉴别为日本鹿蹄草；将粒径≥42.7μm 的花粉鉴别为兴安杜鹃。

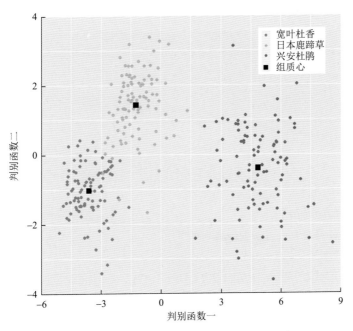

图 3.152　杜鹃花科 3 种花粉线性判别分析图

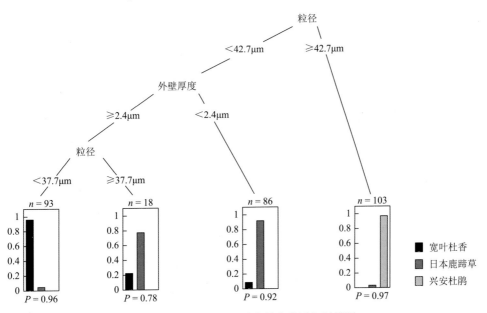

图 3.153　杜鹃花科 3 种花粉分类回归树模型

4）杜鹃花科 3 种花粉鉴别模型的检验

采用重复抽样的方法对模型进行 5 次检验，50 粒宽叶杜香花粉中有 45 粒可以正确鉴别，另外有 5 粒被误判为日本鹿蹄草，正确鉴别的概率为 90%；50 粒日本鹿蹄草花粉中有 46 粒可以正确鉴别，另外有 2 粒被误判为宽叶杜香，有 2 粒被误判为兴安杜鹃，正确鉴别的概率为 92%；50 粒兴安杜鹃花粉都可以被模型正确鉴别，正确鉴别的概率为 100%（表 3.24）。

表 3.24   杜鹃花科 3 种花粉分类回归树模型检验结果

种名	鉴别为宽叶杜香/粒	鉴别为日本鹿蹄草/粒	鉴别为兴安杜鹃/粒	正确鉴别的概率
宽叶杜香	45	5	0	90%
日本鹿蹄草	2	46	2	92%
兴安杜鹃	0	0	50	100%

3.30   大戟科 Euphorbiaceae Juss.

大戟属 *Euphorbia* L.
林大戟 *Euphorbia lucorum* Rupr.

图 3.154（标本号：CBS-061）

花粉粒近球形或长球形，P/E=1.27(1.10～1.47)，赤道面观近圆形或椭圆形，极面观钝三角形，萌发孔处于三边的中部，大小为 48.2(32.0～55.0)μm×42.3(28.2～43.8)μm。具三孔沟，沟狭，几达两极。外壁两层，厚约 3.5μm，外层与内层厚度约相等，柱状层基柱明显。外壁纹饰为细网状。

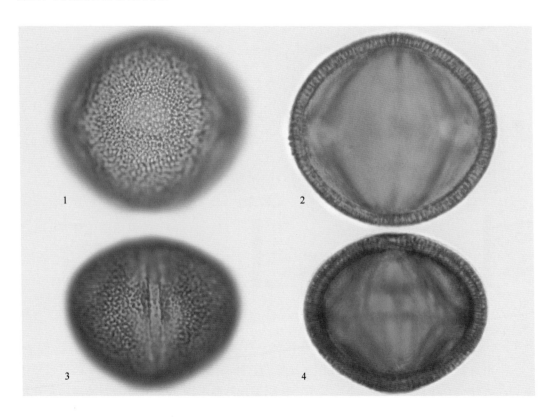

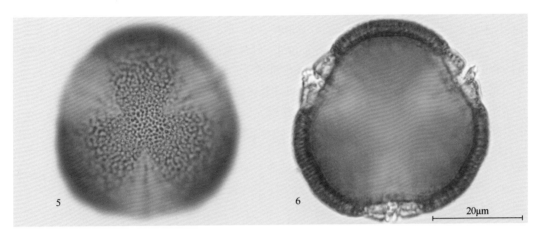

图 3.154 光学显微镜下林大戟的花粉形态

3.31 豆科 Fabaceae Lindl.

合欢属 *Albizia* Durazz.

山槐 *Albizia kalkora* (Roxb.) Prain

图 3.155（标本号：CBS-107）

花粉粒近球形或长球形，P/E=1.16(1.09～1.22)，赤道面观椭圆形，极面观三裂圆形，大小为 20.8(19.0～22.5)μm×17.9(17.5～18.5)μm。具三孔沟，内孔明显，大小约 4.0μm，沟狭，长几达两极。外壁两层，厚约 2.0μm，外层与内层厚度约相等，柱状层基柱明显。外壁纹饰为细网状。

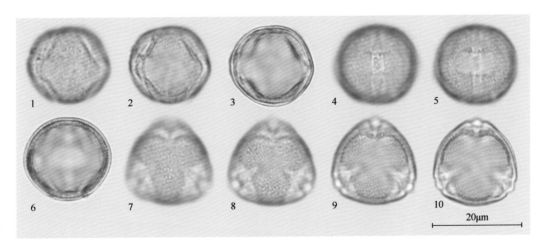

图 3.155 光学显微镜下山槐的花粉形态

黄耆属 *Astragalus* L.

背扁黄耆 *Astragalus complanatus* Bunge

图 3.156：1～12（标本号：TYS-139）

花粉粒长球形，P/E=1.20(1.13～1.23)，赤道面观椭圆形，极面观为三裂圆形，大小为 21.6(20.0～22.5)μm×17.7(17.3～18.8)μm。具三孔沟，沟狭长，几达两极，内孔大而明显，横长，方形，孔大小约 4.0μm×7.0μm。外壁两层，厚约 1.0μm，外壁外层与内层厚度约相等，柱状层基柱明显。外壁纹饰为细网状。

黄耆 *Astragalus membranaceus* (Fisch.) Bunge

图 3.156：13～20（标本号：CBS-129）

花粉粒长球形或近球形，P/E=1.26(1.13～1.39)，赤道面观椭圆形，极面观三裂圆形，

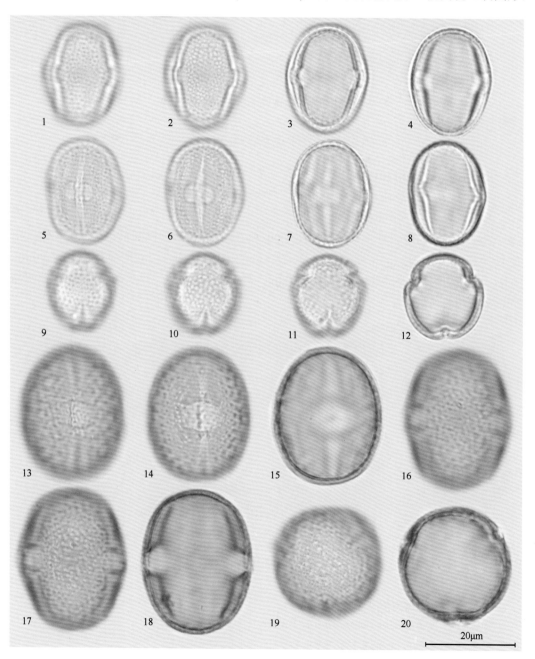

图 3.156　光学显微镜下背扁黄耆（1～12）和黄耆（13～20）的花粉形态

大小为 33.1(29.5～36.7)μm×26.4(23.8～28.9)μm。具三孔沟，沟宽 1.35(1.03～1.92)μm，内孔大，椭圆形，大小为 9.45(7.16～11.7)μm×5.33(3.87～6.95)μm。外壁两层，厚度为 1.90(1.50～2.38)μm，外层与内层厚度约相等，柱状层基柱不明显。外壁纹饰为明显的细网状。

湿地黄耆 *Astragalus uliginosus* L.

图 3.157（标本号：CBS-121）

花粉粒长球形或超长球形，*P*/*E*=1.29(1.17～1.44)，赤道面观椭圆形，极面观三裂圆形，大小为 35.1(31.4～39.2)μm×27.1(24.2～29.7)μm。具三孔沟，沟宽 1.57(1.06～2.13)μm，内孔大，椭圆形，大小为 9.36(7.57～13.4)μm×5.06(3.65～6.53)μm。外壁两层，厚度为 2.08(1.17～2.62)μm，外层与内层厚度约相等，柱状层基柱明显。外壁纹饰为明显的细网状。

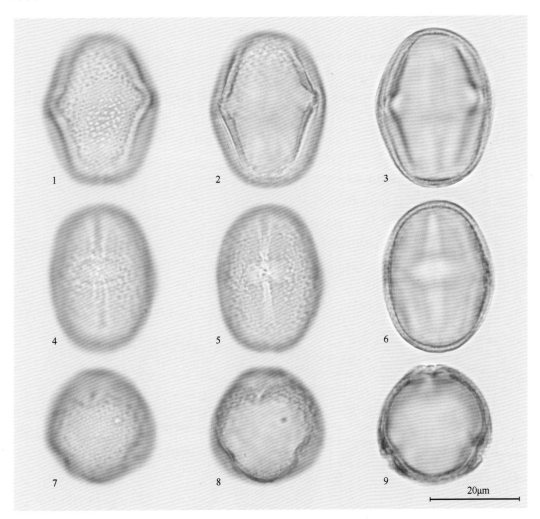

图 3.157　光学显微镜下湿地黄耆的花粉形态

锦鸡儿属 *Caragana* Fabr.

鬼箭锦鸡儿 *Caragana jubata* (Pall.) Poir.

图 3.158：1～12（标本号：TYS-053）

花粉粒近球形，P/E=0.94(0.84～0.99)，赤道面观椭圆形，极面观钝三角形，大小为 19.9(17.0～22.1)μm×21.2(17.2～23.4)μm。具三孔沟，沟宽 2.10(1.29～3.23)μm，内孔大，椭圆形，孔长 6.48(4.67～8.85)μm。外壁两层，厚 1.24(1.00～2.11)μm，外层与内层厚度约相等，柱状层基柱明显。外壁纹饰为细网状。

毛掌叶锦鸡儿 *Caragana leveillei* Kom.

图 3.158：13～22（标本号：TYS-044）

花粉粒近球形，P/E=1.11(1.00～1.24)，赤道面观椭圆形，极面观三裂圆形，大小为 22.9(19.5～25.6)μm×20.6(18.8～22.7)μm。具三孔沟，沟宽 2.18(1.51～3.98)μm，孔长 7.04(4.60～9.31)μm。外壁两层，厚 1.36(1.02～2.26)μm，外层与内层厚度约相等，柱状层基柱明显。外壁纹饰为细网状。

锦鸡儿 *Caragana sinica* (Buc'hoz) Rehd.

图 3.158：23～30（标本号：TYS-007）

花粉粒近球形或长球形，P/E=1.08(1.01～1.27)，赤道面观椭圆形，极面观钝三角形，大小为 23.7(20.2～26.8)μm×22.0(18.7～24.6)μm。具三孔沟，沟宽 2.40(1.64～4.22)μm，孔椭圆形，孔长 6.20(2.81～8.29)μm。外壁两层，厚 1.61(1.02～2.48)μm，外层与内层厚度约相等，柱状层基柱明显。外壁纹饰为细网状。

大豆属 *Glycine* Willd.

大豆 *Glycine max* (Linn.) Merr.

图 3.159：1～8（标本号：CBS-163）

花粉粒近球形，P/E=0.92(0.89～1.00)，赤道面观椭圆形，极面观圆三角形，萌发孔位于角上。大小为 24.1(22.5～28.0)μm×22.0(20.0～25.0)μm。具三孔，角孔型萌发孔，孔径约 5.0μm，具孔膜。外壁两层，厚约 1.5μm，外层与内层厚度约相等，柱状层基柱不明显。外壁纹饰为不明显的细网状。

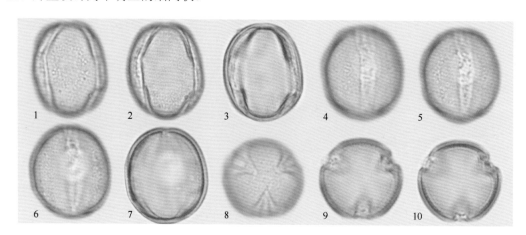

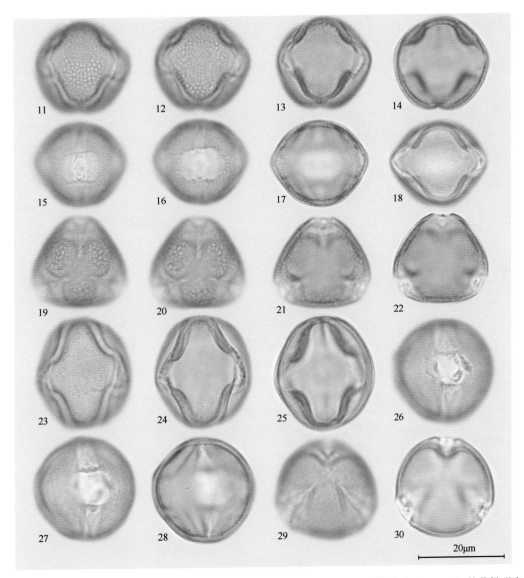

图 3.158　光学显微镜下鬼箭锦鸡儿（1～12）、毛掌叶锦鸡儿（13～22）和锦鸡儿（23～30）的花粉形态

岩黄耆属 *Hedysarum* L.

拟蚕豆岩黄耆 *Hedysarum vicioides* Turcz.

图 3.159：9～16（标本号：TYS-125）

花粉粒长球形，P/E=1.28(1.18～1.47)，赤道面观椭圆形，极面观圆三角形，萌发孔位于边上，大小为 29.0(25.0～32.3)μm×22.6(20.0～25.0)μm。具三孔沟，内孔横长，椭圆形，孔径大小约 5.0μm×10.0μm。外壁两层，厚约 1.5μm，外层与内层厚度约相等，柱状层基柱明显。外壁纹饰为细网状。

木蓝属 *Indigofera* L.

河北木蓝 *Indigofera bungeana* Walp.

图 3.159：17～19，图 3.160：1～6（标本号：TYS-144）

花粉粒近球形，P/E=1.03(0.93～1.09)，赤道面观椭圆形，极面观钝三角形，大小为28.6(25.5～30.3)μm×27.7(27.3～28.8)μm。具三孔沟，沟狭长，几达两极，内孔不明显。外壁两层，厚约 1.5μm，外层与内层厚度约相等，柱状层基柱不明显。外壁纹饰为细网状。

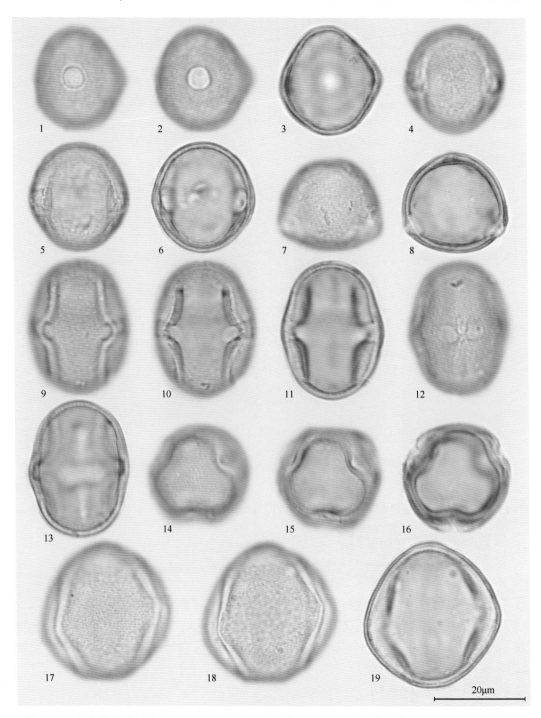

图 3.159　光学显微镜下大豆（1～8）、拟蚕豆岩黄耆（9～16）和河北木蓝（17～19）的花粉形态

山黧豆属 *Lathyrus* L.

山黧豆 *Lathyrus quinquenervius* (Miq.) Litv.

图 3.160：7～15（标本号：CBS-052）

花粉粒长球形，P/E=1.32(1.15～1.52)，赤道面观椭圆形，极面观三裂圆形，大小为 37.0(32.5～41.3)μm×28.2(24.0～32.8)μm。具三孔沟，沟狭长，孔椭圆形，大小约 7.5μm×8.5μm。外壁两层，厚约 1.0μm，外层与内层厚度约相等，柱状层基柱不明显。外壁纹饰近光滑。

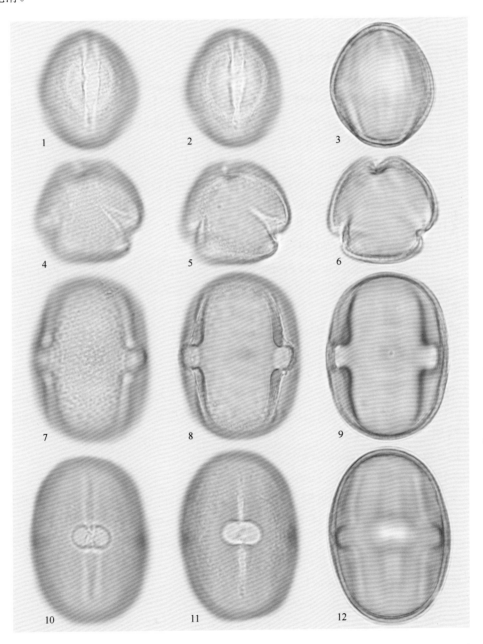

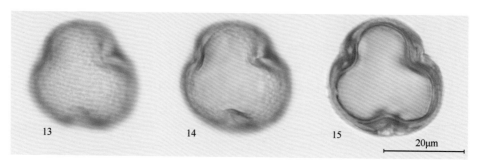

图 3.160   光学显微镜下河北木蓝（1～6）和山豇豆（7～15）的花粉形态

胡枝子属 *Lespedeza* Michx.

胡枝子 *Lespedeza bicolor* Turcz.

图 3.161：1～6（标本号：CBS-180），图 3.161：7～14（标本号：TYS-133）

花粉粒长球形或近球形，P/E=1.17(0.99～1.31)，赤道面观椭圆形，极面观三裂圆形，大小为 23.8(20.0～25.5)μm×20.3(17.5～25.3)μm。具三孔沟，长白山标本内孔大而明显，椭圆形，大小约 5.0μm×6.5μm；太岳山标本沟细长，几达两极，孔破碎且突出。外壁两层，厚约 2.0μm，外层与内层厚度约相等，柱状层基柱明显。外壁纹饰为显著的细网状。

长叶胡枝子 *Lespedeza caraganae* Bunge

图 3.161：15～22（标本号：TYS-160）

花粉粒近球形，P/E=1.07(0.99～1.11)，赤道面观椭球形，极面观三裂圆形，大小为 26.2(25.3～27.8)μm×24.5(23.0～25.5)μm。具三孔沟，沟细长，几达两极，内孔近圆形，大小约 5.0μm×4.0μm。外壁两层，厚约 2.0μm，外层与内层厚度约相等，柱状层基柱明显。外壁纹饰为细网状。

美丽胡枝子 *Lespedeza formosa* (Vog.) Koehne

图 3.162（标本号：TYS-132）

花粉粒近球形，P/E=1.09(1.02～1.17)，赤道面观椭圆形，极面观圆三角形，大小为 32.6(32.5～32.8)μm×30.0(27.5～32.5)μm。具三孔沟，内孔大而明显，圆形，大小约 8.0μm。外壁两层，厚约 1.5μm，外层与内层厚度约相等，柱状层基柱明显。外壁纹饰为细网状。

苜蓿属 *Medicago* L.

天蓝苜蓿 *Medicago lupulina* L.

图 3.163：1～8（标本号：CBS-164）

标本采自长白山。花粉粒近球形或长球形，P/E=1.19(1.02～1.33)，赤道面观椭圆形，极面观三裂圆形，大小为 26.9(24.0～29.5)μm×22.6(21.0～25.5)μm。具三孔沟，内孔大小约 3.5μm，沟狭，长几达两极。外壁两层，厚约 1.5μm，内层比外层略厚，柱状层基柱不明显。外壁纹饰为模糊的细网状。

天蓝苜蓿 *Medicago lupulina* L.

图 3.163：9～20（标本号：TYS-112）

标本采自太岳山。花粉粒近球形，P/E=0.93(0.90～0.98)，赤道面观扁圆形，极面观钝三角形，萌发孔位于角上，大小为 23.7(22.5～25.3)μm×25.4(23.0～27.8)μm。具三孔沟，

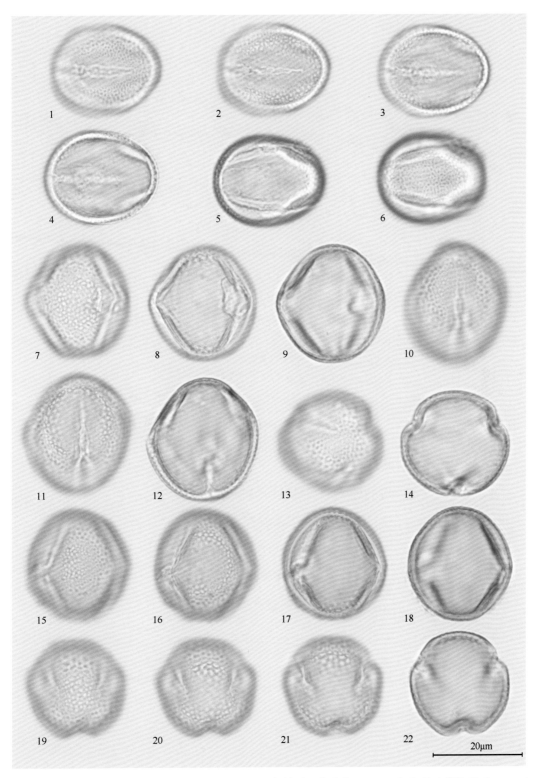

图 3.161　光学显微镜下胡枝子（长白山）（1～6）、胡枝子（太岳山）（7～14）和长叶胡枝子（15～22）
的花粉形态

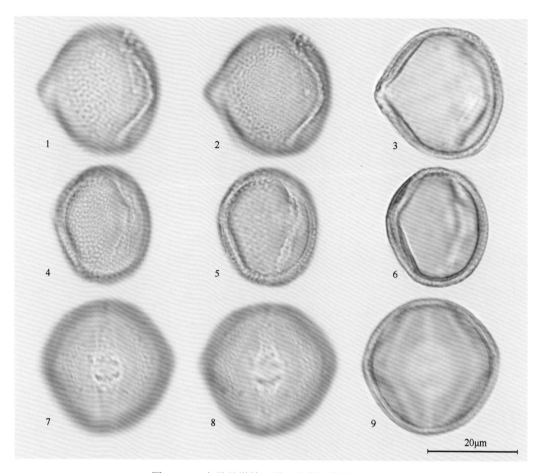

图 3.162　光学显微镜下美丽胡枝子的花粉形态

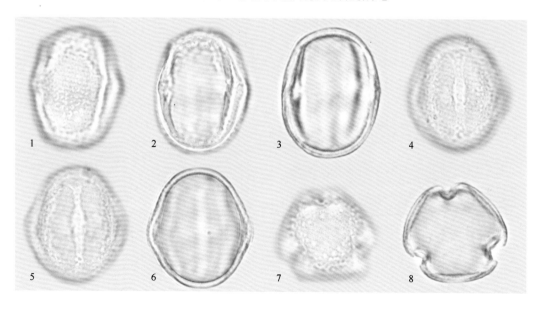

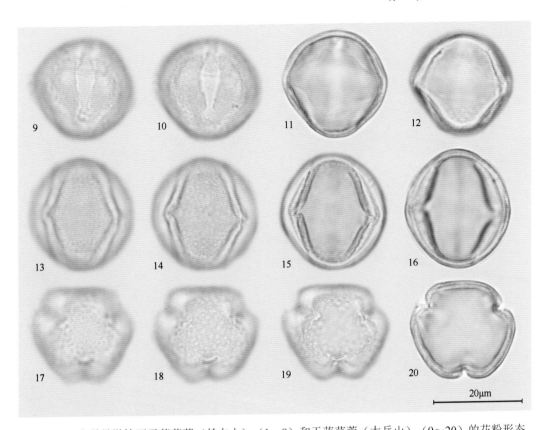

图 3.163 光学显微镜下天蓝苜蓿（长白山）（1～8）和天蓝苜蓿（太岳山）（9～20）的花粉形态

内孔大小约 2.0μm，沟细长几达两极。外壁两层，厚约 2.0μm，内层比外层略厚，柱状层基柱不明显。外壁纹饰为模糊的细网状。

草木犀属 *Melilotus* L.

草木犀 *Melilotus officinalis* (L.) Pall.

图 3.164：1～8（标本号：CBS-110），图 3.164：9～18（标本号：TYS-151）

花粉粒长球形，*P/E*=1.30(1.15～1.50)，赤道面观椭圆形，极面观三裂圆形，大小为 25.6(22.8～27.5)μm×19.7(17.5～22.8)μm。具三孔沟，沟细长，几达两极，长白山标本内孔大而明显，圆形，大小约 4.0μm；太岳山标本内孔椭圆形，大小约 4.0μm×6.0μm。外壁两层，厚约 2.0μm，外层与内层厚度约相等，柱状层基柱明显。外壁纹饰为细网状。

棘豆属 *Oxytropis* DC.

长白棘豆 *Oxytropis anertii* Nakai ex Kitag.

图 3.165：1～8（标本号：CBS-055）

花粉粒长球形，*P/E*=1.33(1.20～1.46)，赤道面观矩圆形，极面观三裂圆形，大小为 30.6(28.0～32.5)μm×23.2(20.5～26.0)μm。具三孔沟，内孔大，内孔边缘加厚，椭圆形，横长，大小约 6.5μm×7.5μm。外壁两层，厚约 1.5μm，外层略厚于内层，柱状层基柱不明显。外壁纹饰为细网状。

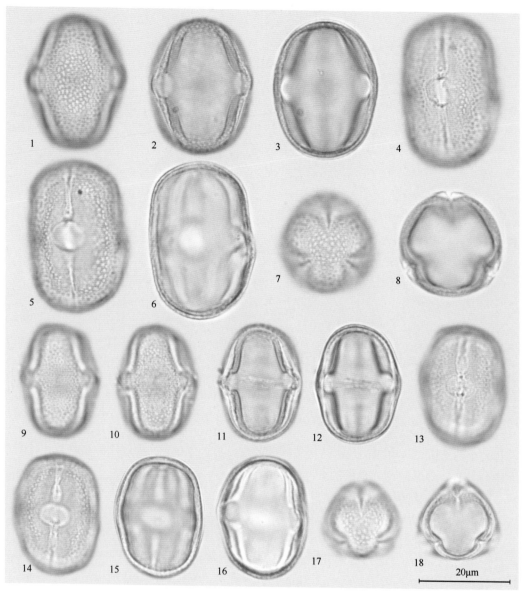

图 3.164 光学显微镜下草木犀（长白山）（1～8）和草木犀（太岳山）（9～18）的花粉形态

蓝花棘豆 Oxytropis coerulea (Pall.) DC.

图 3.165：9～18（标本号：TYS-108）

花粉粒长球形，P/E=1.31(1.25～1.43)，赤道面观椭圆形，极面观为圆三角形，大小为 24.9(23.8～25.0)μm×19.0(17.5～20.0)μm，具三孔沟，内孔横长，椭圆形，大小约 2.5μm×5.0μm。外壁两层，厚约 1.5μm，外层略厚于内层，柱状层基柱不明显。外壁纹饰为细网状。

刺槐属 Robinia L.

香花槐 Robinia pseudoacacia L. cv. Idaho

图 3.165：19～27（标本号：TYS-041）

花粉粒近球形，P/E=1.07(1.01～1.12)，赤道面观椭圆形，极面观三裂圆形，大小为27.3(25.3～28.8)μm×25.6(24.8～27.3)μm。具三沟，沟两侧较平滑。外壁两层，厚约 1.5μm，外层与内层厚度约相等，柱状层基柱不明显。外壁纹饰为模糊网状。

车轴草属 *Trifolium* L.

野火球 *Trifolium lupinaster* L.

图 3.166（标本号：CBS-267）

花粉粒近球形或长球形，P/E=1.10(0.99～1.21)，赤道面观椭圆形，极面观钝三圆形，大小为 33.7(30.5～36.3)μm×30.7(28.5～33.0)μm。具三孔沟，萌发孔位于角上，内孔大而明显，椭圆形，大小约 5.0μm×10.0μm。外壁两层，厚约 2.0μm，外层与内层厚度约相等，柱状层基柱不明显。外壁纹饰为细网状。

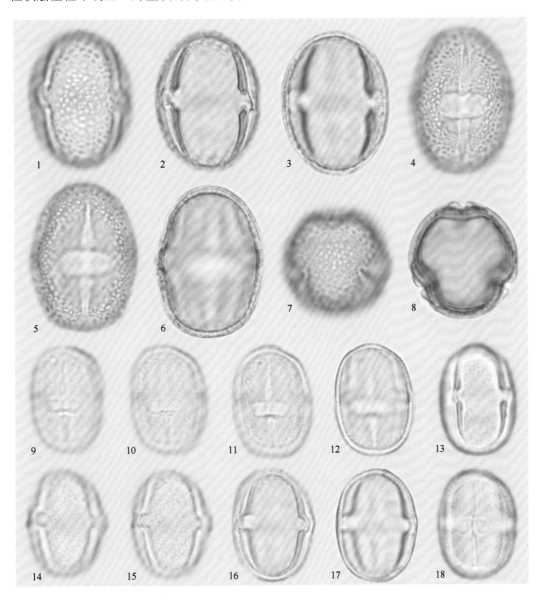

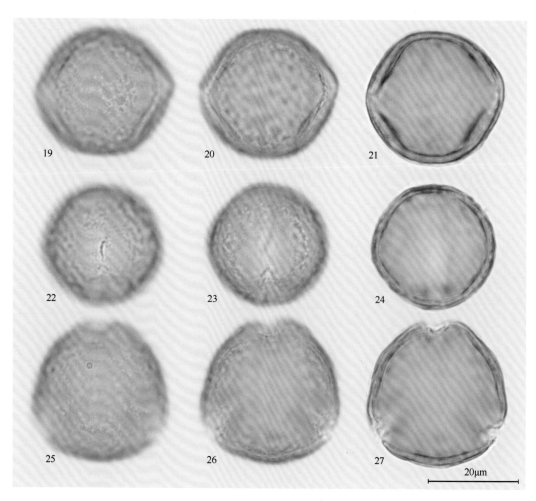

图 3.165　光学显微镜下长白棘豆（1～8）、蓝花棘豆（9～18）和香花槐（19～27）的花粉形态

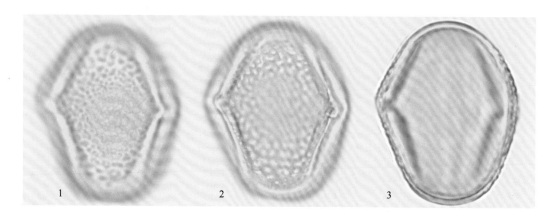

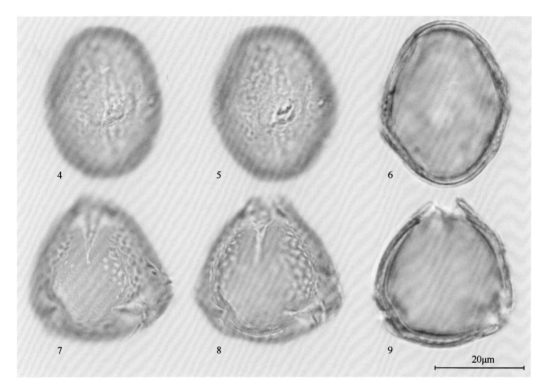

图 3.166　光学显微镜下野火球的花粉形态

野豌豆属 *Vicia* L.

黑龙江野豌豆 *Vicia amurensis* Oett.

图 3.167：1～8（标本号：CBS-172）

花粉粒长球形，P/E=1.33(1.20～1.47)，赤道面观椭圆形，极面观三裂圆形，大小为 35.2(28.0～41.5)μm×24.2(17.5～28.0)μm。具三孔沟，沟狭，几达两极，内孔长方形，横长，内孔大小约 6.0μm×5.0μm。外壁两层，厚约 2.0μm，外层与内层厚度约相等，柱状层基柱不明显。外壁纹饰为细网状。

广布野豌豆 *Vicia cracca* L.

图 3.167：9～16（标本号：CBS-254）

花粉粒长球形，P/E=1.37(1.29～1.51)，赤道面观呈矩形，极面观圆三角形，大小为 34.8(32.5～36.5)μm×24.0(17.5～25.3)μm。具三孔沟，沟狭，几达两极，内孔明显，横长，椭圆形，孔膜凸出，大小约 5.5μm×7.5μm。外壁两层，厚约 1.5μm，外层与内层厚度约相等，柱状层基柱不明显。外壁纹饰为细网状。

歪头菜 *Vicia unijuga* A. Br.

图 3.168：1～9（标本号：CBS-168）；图 3.168：10～13，图 3.169（标本号：TYS-184）

花粉粒长球形，P/E=1.41(1.25～1.73)，赤道面观椭圆形，极面观三裂圆形，大小为 42.8(34.5～45.8)μm×28.6(24.5～33.8)μm。具三孔沟，沟狭长，几达两极，内孔椭圆形，

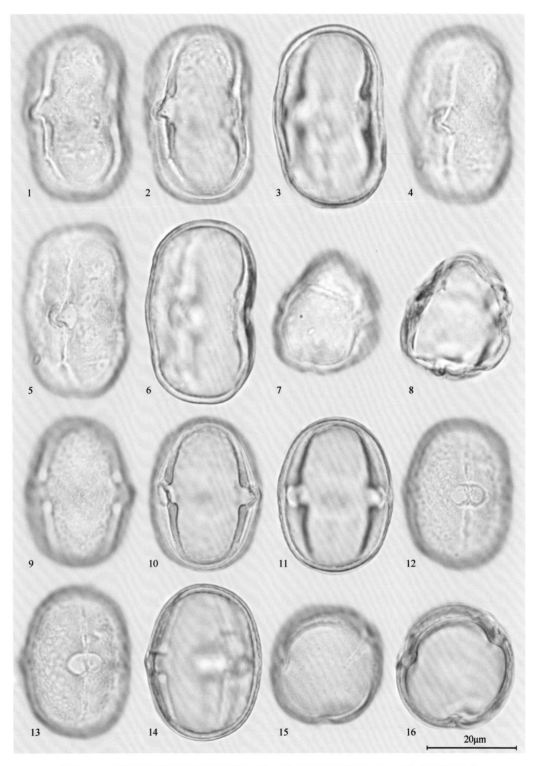

图 3.167　光学显微镜下黑龙江野豌豆（1～8）和广布野豌豆（9～16）的花粉形态

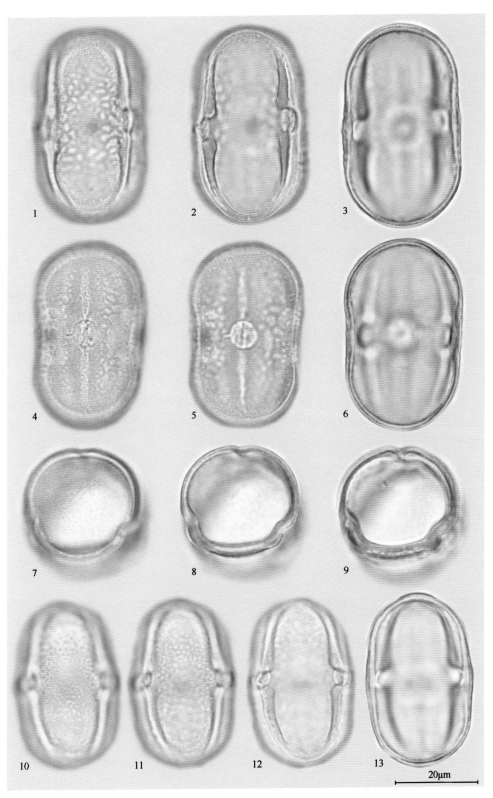

图 3.168　光学显微镜下歪头菜（长白山）（1～9）和歪头菜（太岳山）（10～13）的花粉形态

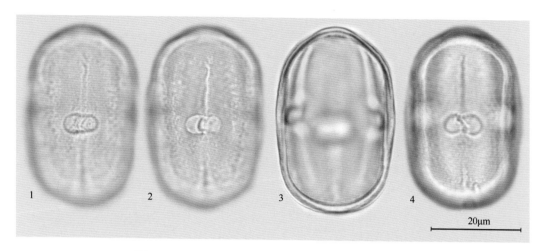

图 3.169　光学显微镜下歪头菜（太岳山）的花粉形态

长白山标本内孔大小约 5.0μm×6.0μm；太岳山标本内孔大小约 3.0μm×6.0μm。外壁两层，厚约 2.0μm，外层与内层厚度约相等，长白山标本柱状层基柱明显；太岳山标本柱状层基柱不明显。外壁纹饰为细网状。

1. 豆科花粉形态的区分

本研究共观察豆科 14 属 23 种植物的花粉形态，其特征具有一定的差异，但不具有典型的鉴别特征。由于实验材料中可用于统计的形态规则的豆科花粉较少，主要对黄耆属两种和锦鸡儿属三种分别建立分类回归模型。

2. 黄耆属 2 种花粉形态的鉴别

1）黄耆属 2 种花粉形态参数的筛选

对黄耆和湿地黄耆花粉形态参数的统计数据进行单因素方差分析，除孔长外，其他花粉定量形态特征与花粉种属的关系为显著（表 3.25）。

表 3.25　黄耆属 2 种花粉定量形态特征及方差分析结果

种名	极轴长/μm	赤道轴长/μm	P/E	外壁厚度/μm	沟宽/μm	孔长/μm	孔宽/μm
黄耆	33.1 (29.5~36.7)	26.4 (23.8~28.9)	1.26 (1.13~1.39)	1.90 (1.50~2.38)	1.35 (1.03~1.92)	9.45 (7.16~11.7)	5.33 (3.87~6.95)
湿地黄耆	35.1 (31.4~39.2)	27.1 (24.2~29.7)	1.29 (1.17~1.44)	2.08 (1.17~2.62)	1.57 (1.06~2.13)	9.36 (7.57~13.4)	5.06 (3.65~6.53)
组间方差	81.37***	19.91***	28.55***	43.25***	62.8***	0.499	9.626***

***表示 $p < 0.001$

2）黄耆属 2 种花粉的可区分性

将花粉形态参数数据进行判别分析，黄耆属两种花粉在一个判别函数下即可明确区分（图 3.170）。

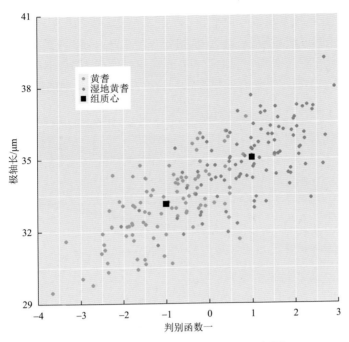

图 3.170　黄耆属 2 种花粉线性判别分析图

3）黄耆属 2 种花粉的鉴别模型

将花粉形态参数数据进行 CART 分析，结果如图 3.171 所示：黄耆属花粉的分类回归树模型采用两个形态变量进行区分，CART 模型将极轴长<34.4μm 且沟宽<1.5μm 的花粉鉴别为黄耆；将极轴长<34.4μm 且沟宽≥1.5μm 的花粉或者极轴长≥34.4μm 的花粉鉴别为湿地黄耆。

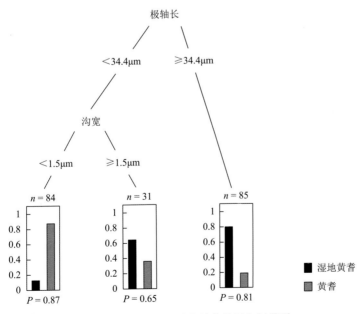

图 3.171　黄耆属 2 种花粉分类回归树模型

4）黄耆属 2 种花粉鉴别模型的检验

采用重复抽样的方法对模型进行 5 次检验（表 3.26），50 粒黄耆花粉中有 44 粒可以正确鉴别，另外有 6 粒被误判为湿地黄耆，正确鉴别的概率为 88%；50 粒湿地黄耆花粉中有 44 粒可以正确鉴别，另外有 6 粒被误判为黄耆，正确鉴别的概率为 88%。

表 3.26　黄耆属 2 种花粉分类回归树模型检验结果

种名	鉴别为黄耆/粒	鉴别为湿地黄耆/粒	正确鉴别的概率
黄耆	44	6	88%
湿地黄耆	6	44	88%

3. 锦鸡儿属 3 种花粉形态的鉴别

1）锦鸡儿属 3 种花粉形态参数的筛选

对鬼箭锦鸡儿、毛掌叶锦鸡儿和锦鸡儿花粉形态参数的统计数据进行单因素方差分析，判断出花粉定量形态特征与花粉种属的关系均为显著（表 3.27）。

表 3.27　锦鸡儿属 3 种花粉定量形态特征及方差分析结果

种名	极轴长/μm	赤道轴长/μm	P/E	外壁厚度/μm	沟宽/μm	孔长/μm
鬼箭锦鸡儿	19.9 (17.0~22.1)	21.2 (17.2~23.4)	0.94 (0.84~0.99)	1.24 (1.00~2.11)	2.10 (1.29~3.23)	6.48 (4.67~8.85)
毛掌叶锦鸡儿	22.9 (19.5~25.6)	20.6 (18.8~22.7)	1.11 (1.00~1.24)	1.36 (1.02~2.26)	2.18 (1.51~3.98)	7.04 (4.60~9.31)
锦鸡儿	23.7 (20.2~26.8)	22.0 (18.7~24.6)	1.08 (1.01~1.27)	1.61 (1.02~2.48)	2.40 (1.64~4.22)	6.20 (2.81~8.29)
组间方差	237.9***	28.31***	333.7***	35.8***	7.563***	16.3***

***表示 $p < 0.001$

2）锦鸡儿属 3 种花粉的可区分性

将花粉形态参数数据进行判别分析，锦鸡儿属 3 种花粉在两个判别函数下可以进行区分（图 3.172），第一判别函数和第二判别函数的贡献率分别为 85.50% 和 14.53%。

3）锦鸡儿属 3 种花粉的鉴别模型

将花粉形态参数数据进行 CART 分析，结果如图 3.173 所示：锦鸡儿属 3 种花粉的分类回归树模型采用 3 个形态变量进行区分，将 $P/E < 1.0$ 的花粉鉴别为鬼箭锦鸡儿；将 $P/E \geq 1.0$，赤道轴长 < 21.7μm 且孔径 ≥ 5.8μm 的花粉鉴别为毛掌叶锦鸡儿；将 $P/E \geq 1.0$，赤道轴长 < 21.7μm 且孔径 < 5.8μm 的花粉或者 $P/E \geq 1.0$，赤道轴长 ≥ 21.7μm 的花粉鉴别为锦鸡儿。

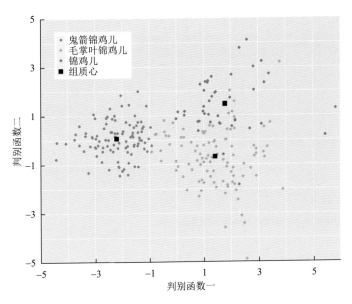

图 3.172　锦鸡儿属 3 种花粉线性判别分析图

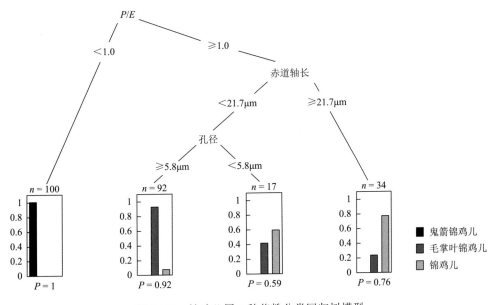

图 3.173　锦鸡儿属 3 种花粉分类回归树模型

4）锦鸡儿属 3 种花粉鉴别模型的检验

采用重复抽样的方法对模型进行 5 次检验，模型成功鉴别出 100% 的鬼箭锦鸡儿花粉；50 粒毛掌叶锦鸡儿花粉中有 43 粒可以正确鉴别，另外 7 粒被误判为锦鸡儿，正确鉴别的概率为 86%；50 粒锦鸡儿花粉中有 43 粒可以正确鉴别，另外 7 粒被误判为毛掌叶锦鸡儿，正确鉴别的概率为 86%（表 3.28）。

表 3.28　锦鸡儿属 3 种花粉分类回归树模型检验结果

种名	鉴别为鬼箭锦鸡儿/粒	鉴别为毛掌叶锦鸡儿/粒	鉴别为锦鸡儿/粒	正确鉴别的概率
鬼箭锦鸡儿	50	0	0	100%
毛掌叶锦鸡儿	0	43	7	86%
锦鸡儿	0	7	43	86%

3.32　壳斗科 Fagaceae Dumort.

栎属 *Quercus* L.

蒙古栎 *Quercus mongolica* Fisch. ex Ledeb.

图 3.174（标本号：CBS-043）

花粉粒近球形，P/E=1.04(1.00～1.20)，赤道面观椭圆形，极面观三裂圆形，大小为 34.3(28.7～39.2)μm×32.8(28.2～36.6)μm。具三沟，沟长，沟宽 1.69(1.09～2.47)μm。外壁两层，厚 1.36(1.02～1.74)μm，外层与内层厚度约相等，柱状层基柱明显。外壁纹饰为颗粒状。

辽东栎 *Quercus wutaishanica* Mayr

图 3.175（标本号：TYS-066）

花粉粒近球形或扁球形，P/E=0.95(0.83～1.03)，赤道面观近圆形，极面观为三裂圆形，大小为 28.9(25.6～32.3)μm×30.5(26.5～34.7)μm。具三沟，沟细，沟宽 0.93(0.67～1.72)μm。外壁两层，厚 1.92(1.53～2.24)μm，外层与内层厚度约相等，柱状层基柱明显。外壁纹饰为颗粒状。

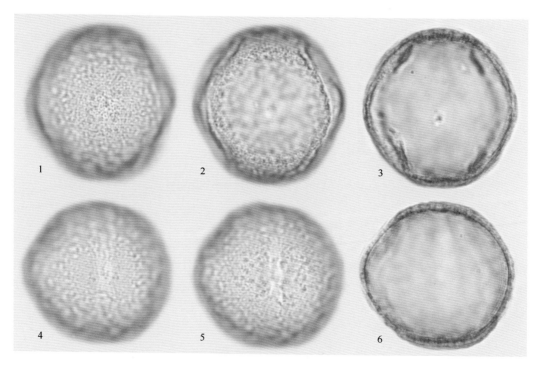

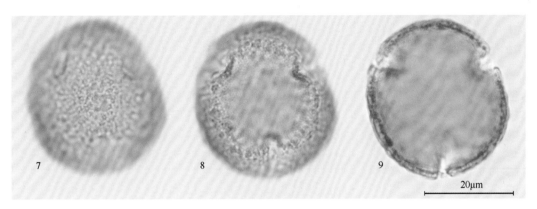

图 3.174　光学显微镜下蒙古栎的花粉形态

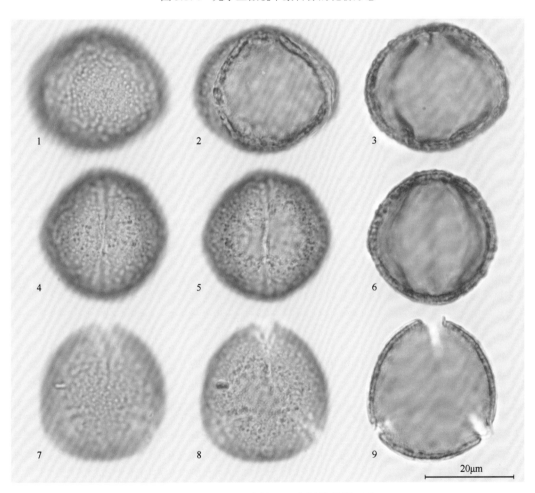

图 3.175　光学显微镜下辽东栎的花粉形态

栎属 2 种花粉形态的鉴别

1）栎属 2 种花粉形态参数的筛选

对栎属花粉形态参数的统计数据进行单因素方差分析，判断出花粉定量形态特征与花粉种属的关系均为显著（表 3.29），表明可以使用这些形态参数进行判别分析及 CART 模型构建。

表 3.29　栎属花粉定量形态特征及方差分析结果

种名	极轴长/μm	赤道轴长/μm	P/E	外壁厚度/μm	沟宽/μm
蒙古栎	34.3（28.7～39.2）	32.8（28.2～36.6）	1.04（1.00～1.20）	1.36（1.02～1.74）	1.69（1.09～2.47）
辽东栎	28.9（25.6～32.3）	30.5（26.5～34.7）	0.95（0.83～1.03）	1.92（1.53～2.24）	0.93（0.67～1.72）
组间方差	538.2***	100.5***	299***	560.1***	557.5***

***表示 $p < 0.001$

2）栎属 2 种花粉的可区分性

将花粉形态参数数据进行判别分析，栎属 2 种花粉在一个判别函数下即可明确区分（图 3.176）。

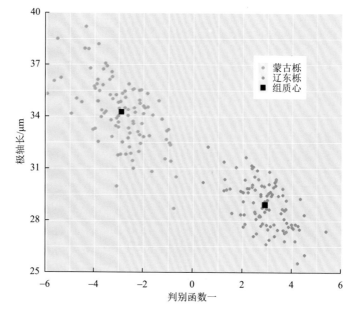

图 3.176　栎属 2 种花粉线性判别分析图

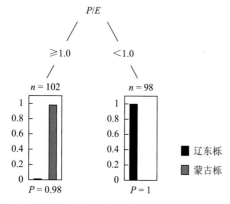

图 3.177　栎属 2 种花粉分类回归树模型

3）栎属 2 种花粉的鉴别模型

将花粉形态参数数据进行 CART 分析，结果如图 3.177 所示：栎属两种花粉由一个形态参数即可明确区分，将 $P/E \geqslant 1.0$ 的花粉鉴别为蒙古栎，将 $P/E < 1.0$ 的花粉鉴别为辽东栎。

4）栎属 2 种花粉鉴别模型的检验

采用重复抽样的方法对模型进行 5 次检验，模型成功鉴定出 100% 的蒙古栎花粉；50 粒辽东栎花粉中有 2 粒被误判为蒙古栎花粉，辽东栎花粉正确鉴别的概率为 96%（表 3.30）。

表 3.30　枥属 2 种花粉分类回归树模型检验结果

种名	鉴别为蒙古枥/粒	鉴别为辽东枥/粒	正确鉴别的概率
蒙古枥	50	0	100%
辽东枥	2	48	96%

3.33　龙胆科 Gentianaceae Juss.

龙胆属 *Gentiana* L.

长白山龙胆 *Gentiana jamesii* Hemsl.

图 3.178（标本号：CBS-114）

花粉粒长球形或近球形，P/E=1.16(0.93～1.38)，赤道面观椭圆形，极面观三裂圆形，大小为 31.8(28.0～35.0)μm×27.6(24.5～31.3)μm。具三孔沟，沟长，几达两极，内孔圆形，大小约 4.0μm，内孔两侧各具一裂缝。外壁两层，厚约 2.5μm，外层比内层略厚或内外层厚度约相等，柱状层基柱明显。外壁纹饰为细网状。

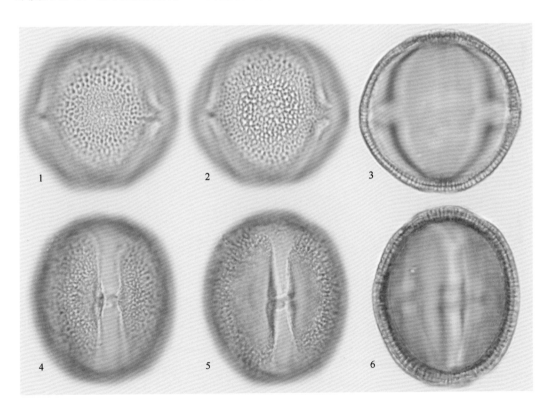

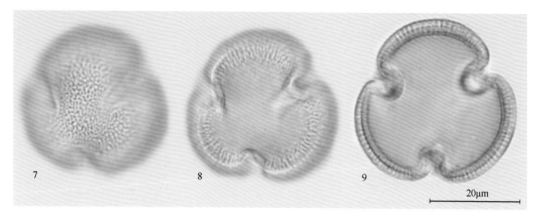

图 3.178　光学显微镜下长白山龙胆的花粉形态

3.34　牻牛儿苗科 Geraniaceae Juss.

老鹳草属 *Geranium* L.

粗根老鹳草 *Geranium dahuricum* DC.

图 3.179（标本号：TYS-123）

花粉球形，直径为 78.0(74.5～89.2)μm，赤道面观为圆形，极面观为三裂圆形，具三沟，沟短，中部宽。外壁两层，厚约 7.0μm，外层厚度约是内层的 3 倍，柱状层基柱明显。外壁纹饰为棒状。

毛蕊老鹳草 *Geranium platyanthum* Duthie

图 3.180，图 3.181（标本号：CBS-008）

花粉粒球形，赤道面观椭圆形，极面观三裂圆形，大小为 111.6(91.7～130.2)μm。具

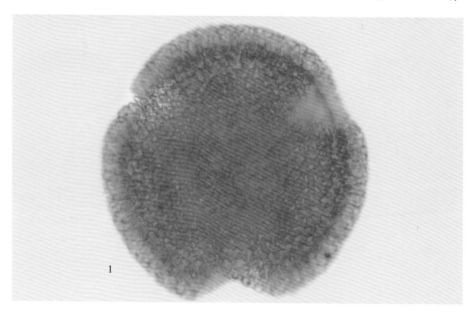

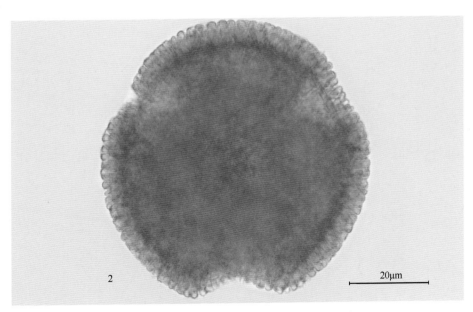

图 3.179 光学显微镜下粗根老鹳草的花粉形态

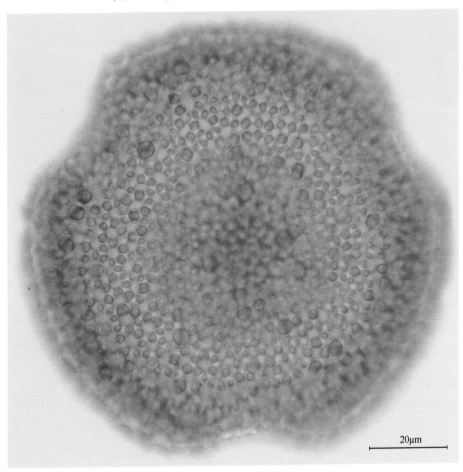

图 3.180 光学显微镜下毛蕊老鹳草的花粉形态（极面观）

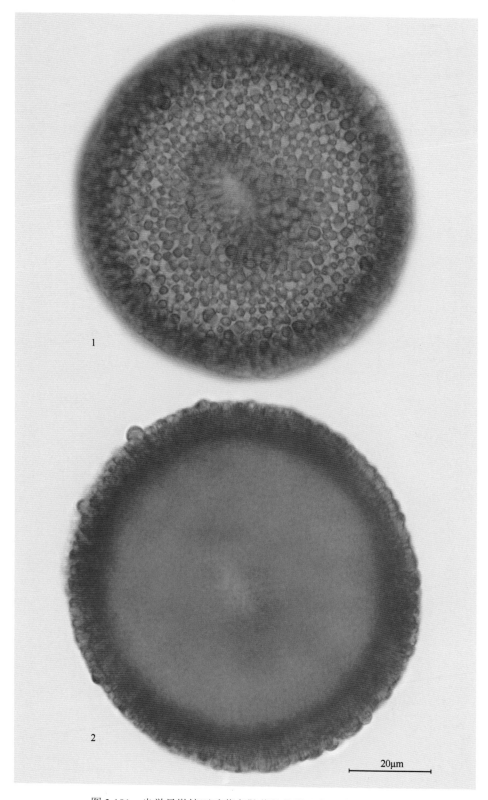

图 3.181 光学显微镜下毛蕊老鹳草的花粉形态（赤道面观）

三沟，沟短，中部宽，沟宽为 8.0～16.0μm。外壁两层，厚约 10.0μm，外层厚于内层，柱状层基柱明显。外壁纹饰为棒状。

3.35　绣球科 Hydrangeaceae Dumort.

溲疏属 *Deutzia* Thunb.

溲疏属在传统上属于虎耳草科，APG 系统将其列入绣球科。

光萼溲疏 *Deutzia glabrata* Kom.

图 3.182（标本号：CBS-030）

花粉粒近球形或长球形，*P/E*=1.14(1.01～1.39)，赤道面观椭圆形，极面观三裂圆形，大小为 18.4(16.2～21.0)μm×16.1(14.1～18.5)μm。具三孔沟，沟长，沟宽 1.22(0.66～1.78)μm，内孔不明显。外壁两层，厚 1.48(1.15～1.86)μm，外层与内层厚度约相等，柱状层基柱不明显。外壁纹饰为细网状。

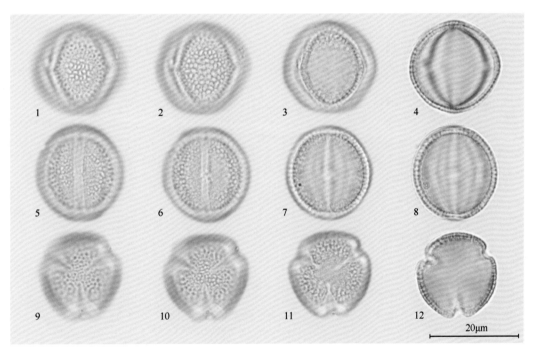

图 3.182　光学显微镜下光萼溲疏的花粉形态

大花溲疏 *Deutzia grandiflora* Bge.

图 3.183：1～12（标本号：TYS-032）

花粉粒近球形，*P/E*=0.90(0.79～1.00)，赤道面观扁圆形，极面观三裂圆形，大小为 17.5(15.7～19.8)μm×19.4(16.0～21.8)μm。具三孔沟，沟狭，达两极，沟宽为 2.56(1.42～3.94)。外壁两层，厚 1.39(1.09～1.71)μm，外层与内层厚度约相等，柱状层基柱明显。外壁纹饰为细网状。

小花溲疏 *Deutzia parviflora* Bge.

图 3.183：13～24（标本号：TYS-043）

花粉粒近球形，P/E=0.89(0.82～0.99)，赤道面观扁圆形，极面观三裂圆形，大小为
17.8(15.6～19.4)μm×20.0(18.1～21.9)μm。具三孔沟，沟狭，达两极，沟宽为 2.86(1.96～

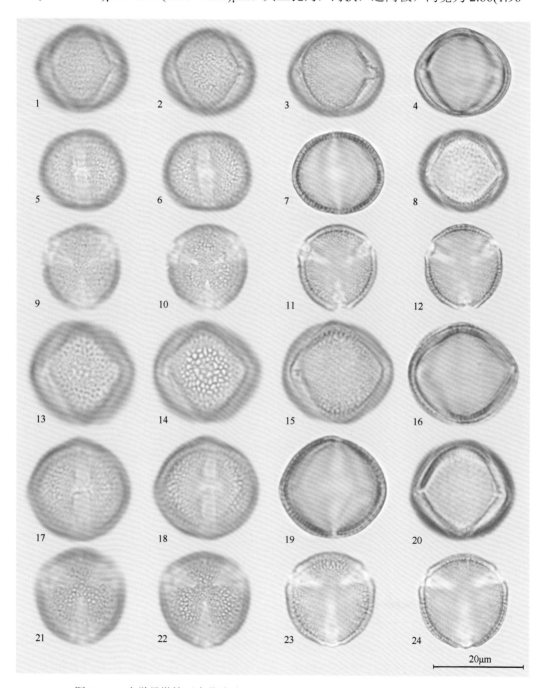

图 3.183 光学显微镜下大花溲疏（1～12）和小花溲疏（13～24）的花粉形态

4.14)μm。外壁两层，厚 1.53(1.05～1.96)μm，外层与内层厚度约相等，柱状层基柱明显。外壁纹饰为细网状。

山梅花属 *Philadelphus* L.

山梅花属在传统上属于虎耳草科，APG 系统将其列入绣球科。

东北山梅花 *Philadelphus schrenkii* Rupr.

图 3.184（标本号：CBS-017）

花粉粒长球形，P/E=1.35(1.25～1.54)，赤道面观椭圆形，极面观三裂圆形，大小为 22.3(20.0～25.0)μm×16.5(14.8～18.3)μm。具三孔沟，沟中部缢缩，沟宽约 3.5μm，内孔轮廓不明。外壁两层，厚约 1.4μm，柱状层基柱明显，外壁纹饰为细网状，网眼较均匀，大小约 0.8μm。

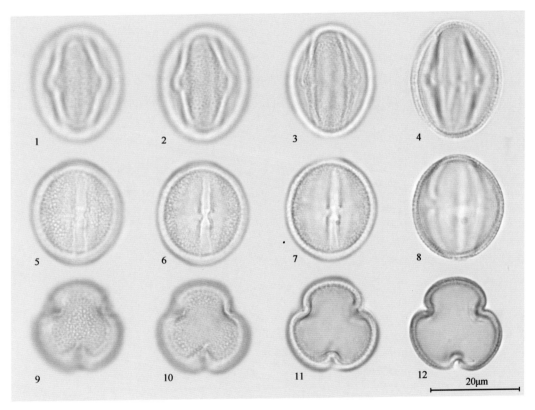

图 3.184　光学显微镜下东北山梅花的花粉形态

1. 绣球科花粉形态的区分

本研究共观察绣球科 2 属 4 种植物的花粉形态，其特征具有一定的差异，但不具有典型的鉴别特征。根据极轴长偏大的特征，可以将山梅花属东北山梅花与其他 3 种花粉区分开。

2. 溲疏属 3 种花粉形态的鉴别

1）溲疏属 3 种花粉形态参数的筛选

对光萼溲疏、大花溲疏和小花溲疏花粉形态参数的统计数据进行单因素方差分析，判断出花粉定量形态特征与花粉种属的关系均为显著（表 3.31）。

表 3.31 溲疏属 3 种花粉定量形态特征及方差分析结果

种名	极轴长/μm	赤道轴长/μm	P/E	外壁厚度/μm	沟宽/μm
光萼溲疏	18.4(16.2~21.0)	16.1(14.1~18.5)	1.14(1.01~1.39)	1.48(1.15~1.86)	1.22(0.66~1.78)
大花溲疏	17.5(15.7~19.8)	19.4(16.0~21.8)	0.90(0.79~1.00)	1.39(1.09~1.71)	2.56(1.42~3.94)
小花溲疏	17.8(15.6~19.4)	20.0(18.1~21.9)	0.89(0.82~0.99)	1.53(1.05~1.96)	2.86(1.96~4.14)
组间方差	23.37***	408.2***	638.4***	21.54***	529.2***

***表示 $p < 0.001$

2）溲疏属 3 种花粉的可区分性

将花粉形态参数数据进行判别分析，溲疏属 3 种花粉在两个判别函数下可以进行区分（图 3.185），第一判别函数和第二判别函数的贡献率分别为 97.03% 和 2.97%。

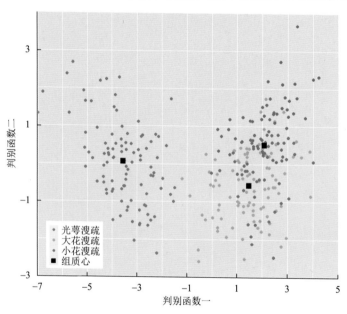

图 3.185 溲疏属 3 种花粉线性判别分析图

3）溲疏属 3 种花粉的鉴别模型

将花粉形态参数数据进行 CART 分析，结果如图 3.186 所示：溲疏属 3 种花粉的分类回归树模型采用 3 个形态变量进行区分，将 $P/E \geq 1.0$ 的花粉鉴别为光萼溲疏；将 $P/E < 1.0$，外壁厚度<1.6μm 且沟宽<2.9μm 的花粉或者 $P/E < 1.0$，外壁厚度<1.4μm 且沟宽≥2.9μm 的花粉鉴别为大花溲疏；将 $P/E < 1.0$，外壁厚度在 1.4~1.6μm 且沟宽≥2.9μm 的花粉或者 $P/E < 1.0$，外壁厚度≥1.6μm 的花粉鉴别为小花溲疏。

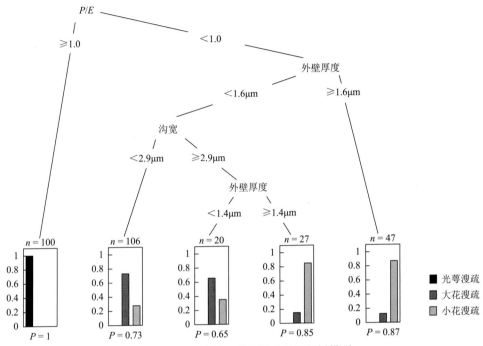

图 3.186 溲疏属 3 种花粉分类回归树模型

4）溲疏属 3 种花粉鉴别模型的检验

采用重复抽样的方法对模型进行 5 次检验（表 3.32），模型成功鉴定出 100%的光萼溲疏花粉；50 粒大花溲疏花粉中有 46 粒可以正确鉴别，另外有 4 粒被误判为小花溲疏，正确鉴别的概率为 92%；50 粒小花溲疏花粉中有 39 粒可以正确鉴别，另外有 11 粒被误判为大花溲疏，正确鉴别的概率为 78%。

表 3.32 溲疏属 3 种花粉分类回归树模型检验结果

种名	鉴别为光萼溲疏/粒	鉴别为大花溲疏/粒	鉴别为小花溲疏/粒	正确鉴别的概率
光萼溲疏	50	0	0	100%
大花溲疏	0	46	4	92%
小花溲疏	0	11	39	78%

3.36 金丝桃科 Hypericaceae Juss.

金丝桃属 *Hypericum* L.

金丝桃属在传统上属于藤黄科，APG 系统将其列入金丝桃科。

黄海棠 *Hypericum ascyron* L.

图 3.187：1～8（标本号：TYS-190）

花粉近球形或长球形，P/E=1.10(1.00～1.22)，赤道面观椭圆形，极面观圆三角形，大小为 25.0(23.0～27.0)μm×22.6(20.3～23.8)μm。具三孔沟，孔径约 2.0μm，沟中部缢缩并长达两极。外壁两层，厚约 2.0μm，外层与内层厚度约相等，柱状层基柱不明显。外壁纹饰为细网状。

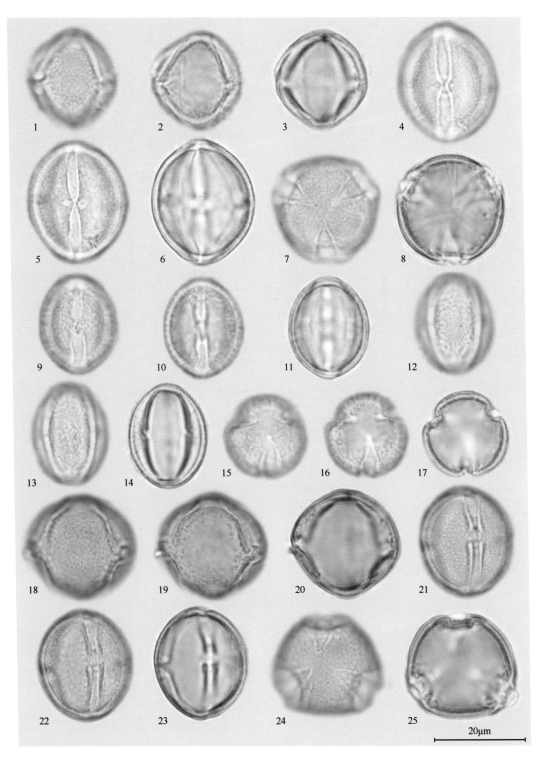

图 3.187 光学显微镜下黄海棠（1~8）、短柱金丝桃（9~17）和长柱金丝桃（18~25）的花粉形态

短柱金丝桃 *Hypericum hookerianum* Wight et Arn.

图 3.187：9～17（标本号：CBS-214）

花粉近球形或长球形，P/E=1.11(1.02～1.29)，赤道面观椭圆形，极面观圆形或椭圆形，大小为 21.7(20.0～24.5)μm×19.6(17.3～22.0)μm。具三孔沟，沟中部缢缩并长达两极，内孔不明显。外壁两层，厚约 2.0μm，外层与内层厚度约相等，柱状层基柱不明显。外壁纹饰为细网状。

长柱金丝桃 *Hypericum longistylum* Oliv.

图 3.187：18～25（标本号：CBS-266）

花粉近球形，P/E=1.06(1.00～1.14)，赤道面观椭圆形，极面观圆三角形，大小为 21.7(18.8～23.0)μm×20.5(16.5～21.8)μm。具三孔沟，沟中部缢缩并长达两极，内孔不明显。外壁两层，厚约 2.0μm。外壁纹饰为细网状。

本研究共观察金丝桃科金丝桃属 3 种植物的花粉形态，其特征具有一定的差异，但由于实验材料中可用于统计的形态规则的金丝桃科花粉较少，无法建立分类回归树模型，金丝桃科花粉形态鉴别工作仍需进一步开展。

3.37　胡桃科 Juglandaceae DC. ex Perleb

胡桃属 *Juglans* L.

胡桃楸 *Juglans mandshurica* Maxim.

图 3.188（标本号：CBS-031）

花粉粒扁球形或近球形，P/E=0.84(0.76～0.93)，赤道面观椭圆形，极面观多边形，大小为 35.4(30.9～40.5)μm×42.2(37.1～48.4)μm。孔 7～10 个，多为 8 个，孔圆形，孔径为 3.03(2.02～4.30)μm，孔环宽 2.98(2.10～4.23)μm。外壁层次不明显，厚 2.06(1.48～2.54)μm，柱状层基柱不明显。外壁纹饰为模糊的颗粒状。

胡桃 *Juglans regia* L.

图 3.189（标本号：TYS-088）

花粉粒扁球形或近球形，P/E=0.82(0.71～0.93)，赤道面观扁圆形，极面观多边形，大小为 31.8(27.8～35.2)μm×38.7(34.1～43.1)μm。孔 5～10 个，孔径为 3.12(2.12～4.06)μm，

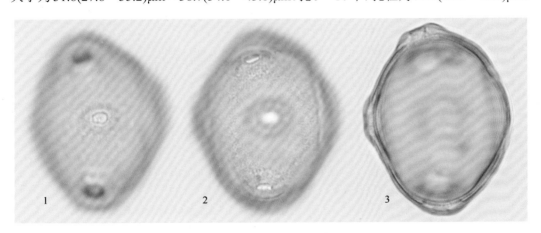

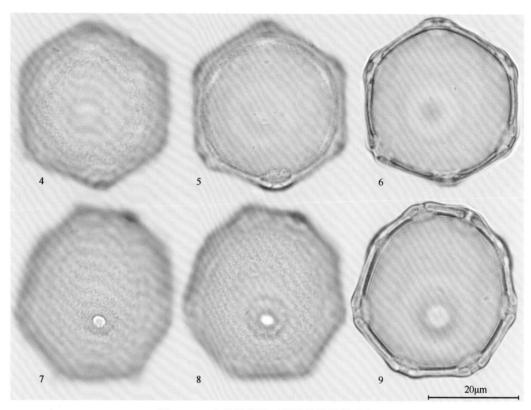

图 3.188　光学显微镜下胡桃楸的花粉形态

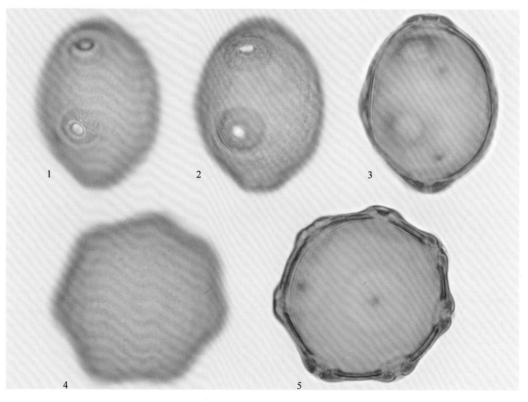

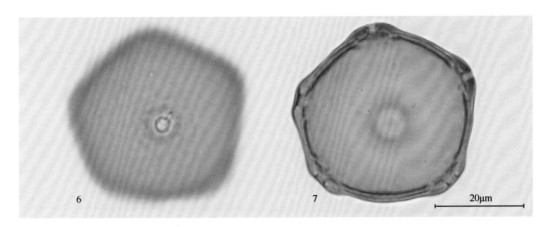

图 3.189 光学显微镜下胡桃的花粉形态

孔环宽 2.86(1.92～3.74)μm。外壁两层，厚度为 1.82(1.43～2.59)μm，外层与内层厚度约相等，柱状层基柱不明显。外壁纹饰为颗粒状。

胡桃属 2 种花粉形态的鉴别

1）胡桃属 2 种花粉形态参数的筛选

对胡桃楸和胡桃花粉形态参数的统计数据进行单因素方差分析，除了外壁厚度和孔环宽度外，其他花粉定量形态特征与花粉种属的关系为显著（表 3.33）。

表 3.33 胡桃属 2 种花粉定量形态特征及方差分析结果

种名	极轴长/μm	赤道轴长/μm	P/E	外壁厚度/μm	孔径/μm	孔环宽/μm
胡桃楸	35.4 (30.9～40.5)	42.2 (37.1～48.4)	0.84 (0.76～0.93)	2.06 (1.48～2.54)	3.03 (2.02～4.30)	2.98 (2.10～4.23)
胡桃	31.8 (27.8～35.2)	38.7 (34.1～43.1)	0.82 (0.71～0.93)	1.82 (1.43～2.59)	3.12 (2.12～4.06)	2.86 (1.92～3.74)
组间方差	218.5***	132.2***	9.875***	1.973	61.11***	1.371

***表示 $p < 0.001$

2）胡桃属 2 种花粉的可区分性

将花粉形态参数数据进行判别分析，胡桃属 2 种花粉在一个判别函数下可以进行区分（图 3.190）。

3）胡桃属 2 种花粉的鉴别模型

将花粉形态参数数据进行 CART 分析，结果如图 3.191 所示：胡桃属 2 种花粉的分类回归树模型采用两个形态变量进行区分，将极轴长≥33.9μm 的花粉或者极轴长在 32.8～33.9μm 且外壁厚度≥1.9μm 的花粉鉴别为胡桃楸；将极轴长在 32.8～33.9μm 且外壁厚度＜1.9μm 的花粉或极轴长＜32.8μm 的花粉鉴别为胡桃。

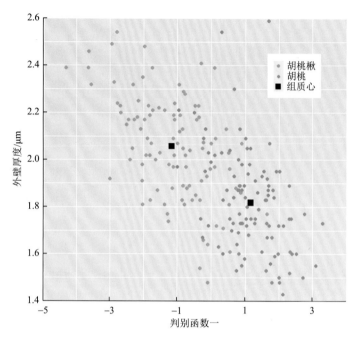

图 3.190　胡桃属 2 种花粉线性判别分析图

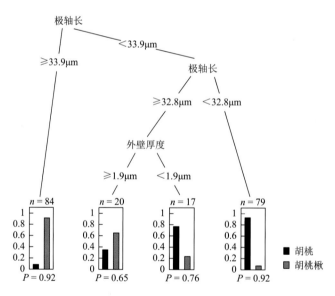

图 3.191　胡桃属 2 种花粉分类回归树模型

4）胡桃属 2 种花粉鉴别模型的检验

采用重复抽样的方法对模型进行 5 次检验，50 粒胡桃楸花粉中有 45 粒可以正确鉴别，另外 5 粒被误判为胡桃，正确鉴别的概率为 90%；50 粒胡桃花粉中有 47 粒可以正确鉴别，另外 3 粒被误判为胡桃楸，正确鉴别的概率为 94%（表 3.34）。

表 3.34 胡桃属 2 种花粉分类回归树模型检验结果

种名	鉴别为胡桃楸/粒	鉴别为胡桃/粒	正确鉴别的概率
胡桃楸	45	5	90%
胡桃	3	47	94%

3.38 唇形科 Lamiaceae Martinov

藿香属 *Agastache* Gronov.

藿香 *Agastache rugosa* (Fisch. et Mey.) O. Ktze.

图 3.192（标本号：CBS-250），图 3.193（标本号：TYS-131）

花粉粒近球形，部分为长球形或扁球形，P/E=1.10(0.87～1.53)，赤道面观椭圆形，极面观六裂圆形，大小为30.7(25.0～34.5)μm×28.2(21.5～35.0)μm。具六沟，沟长几达两极，沟边缘不平，长白山标本沟宽约 2.0μm；太岳山标本沟宽约 3.0μm。外壁两层，厚约 2.0μm，外层与内层厚度约相等，柱状层基柱明显。外壁纹饰为粗网状，网眼间具颗粒。

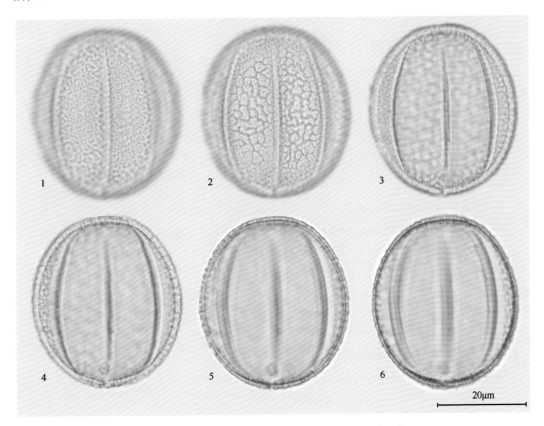

图 3.192 光学显微镜下藿香（长白山）的花粉形态

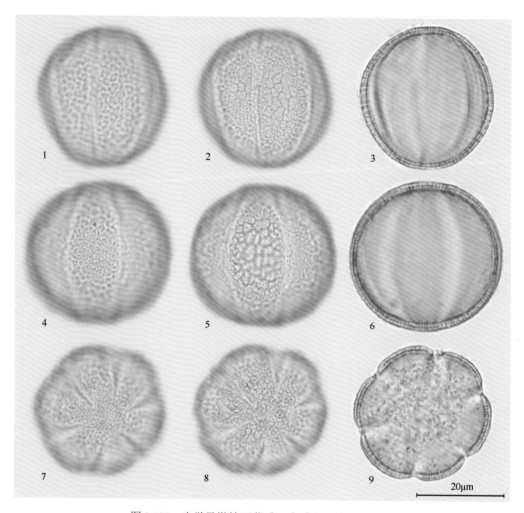

图 3.193　光学显微镜下藿香（太岳山）的花粉形态

风轮菜属 *Clinopodium* L.

风车草 *Clinopodium urticifolium* (Hance) C. Y. Wu et Hsuan

图 3.194：1～6（标本号：CBS-156），图 3.194：7～15（标本号：TYS-176）

花粉粒近球形或长球形，部分为扁球形，P/E=1.08(0.85～1.32)，赤道面观近圆形或椭圆形，极面观六裂圆形，大小为 33.1(27.5～36.3)μm×30.9(22.5～35.5)μm。具六沟，沟长。外壁两层，厚约 2.0μm，外壁层次清楚，外层与内层厚度约相等，柱状层基柱明显。外壁纹饰为网状。

青兰属 *Dracocephalum* L.

香青兰 *Dracocephalum moldavica* L.

图 3.195：1～7（标本号：TYS-142）

花粉粒近球形或长球形，P/E=1.13(0.95～1.31)，赤道面观椭圆形，极面观六裂圆形，大小为 36.7(32.8～42.5)μm×32.6(25.3～37.8)μm。具六沟，沟长，几达两极，宽约 3.0μm。外壁两层，厚约 2.0μm，外层与内层厚度约相等，柱状层基柱明显。外壁纹饰为细网状。

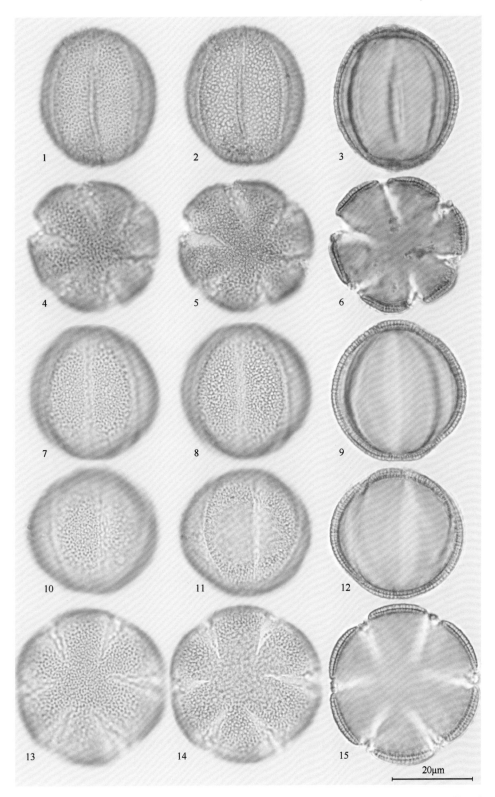

图 3.194　光学显微镜下风车草（长白山）（1～6）和风车草（太岳山）（7～15）的花粉形态

毛建草 *Dracocephalum rupestre* Hance

图 3.195：8～9，图 3.196：1～4（标本号：TYS-136）

花粉粒长球形，P/E=1.17(1.09～1.45)，赤道面观椭圆形，极面观六裂圆形，大小为 48.8(45.5～50.3)μm×41.5(34.3～44.8)μm。具六沟，沟长，几达两极。外壁两层，厚约 2.0μm，外层与内层厚度约相等，柱状层基柱明显。外壁纹饰为细网状。

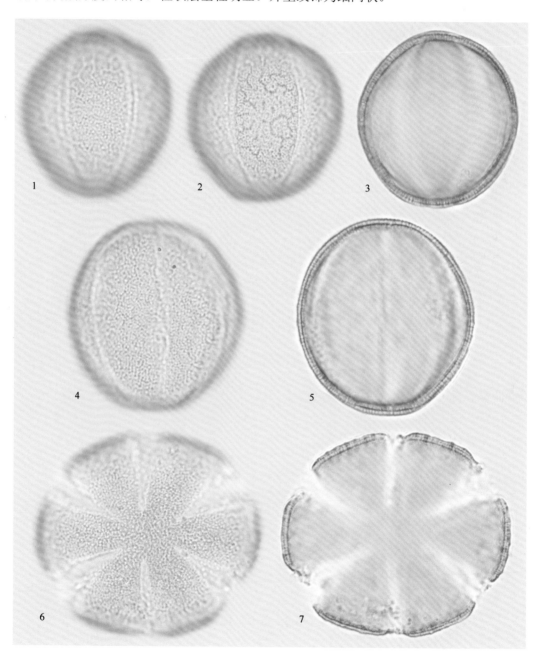

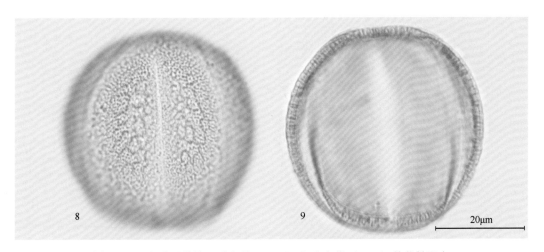

图 3.195　光学显微镜下香青兰 (1～7) 和毛建草 (8～9) 的花粉形态

香薷属 *Elsholtzia* Willd.

密花香薷 *Elsholtzia densa* Benth.

图 3.196：5～12 (标本号：TYS-121)

花粉粒近球形或扁球形，P/E=0.96(0.87～1.00)，赤道面观扁圆形，极面观为六裂圆形，大小为 19.7(18.5～20.0)μm×20.4(20.0～22.5)μm。具六沟。外壁两层，厚约 2.0μm，外层与内层厚度约相等，柱状层基柱明显。外壁纹饰为细网状。

活血丹属 *Glechoma* L.

活血丹 *Glechoma longituba* (Nakai) Kupr

图 3.197 (标本号：TYS-050)

花粉粒近球形，部分为长球形或扁球形，P/E=1.07(0.75～1.33)。赤道面观扁圆形或椭圆形，极面观为六裂圆形，大小为 38.8(29.8～44.5)μm×36.7(28.2～43.2)μm，具六沟，沟长，几达两极，沟宽 2.30(1.04～5.07)μm。外壁两层，厚 1.97(1.28～2.53)μm，外层与内层厚度约相等，柱状层基柱明显。外壁纹饰为细网状。

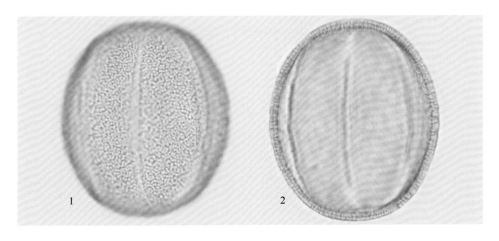

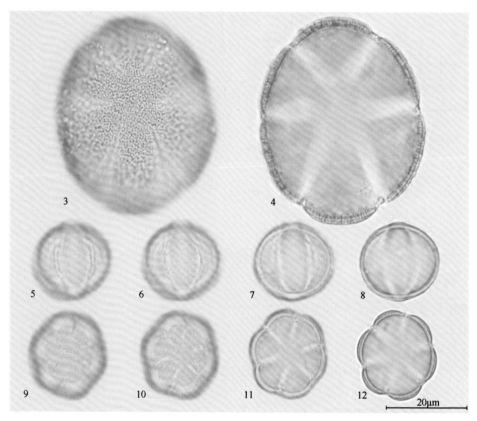

图 3.196　光学显微镜下毛建草（1～4）和密花香薷（5～12）的花粉形态

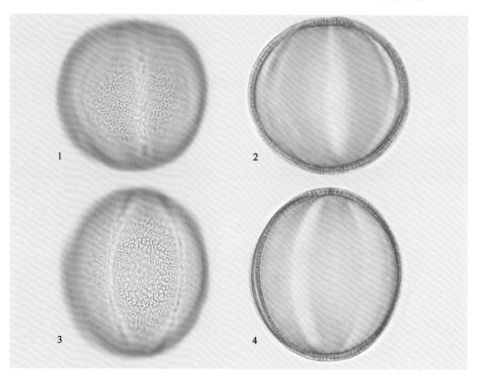

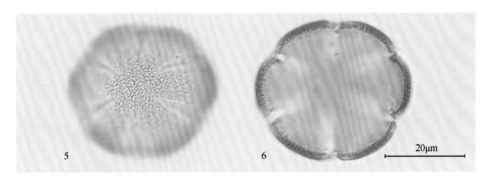

20μm

图 3.197　光学显微镜下活血丹的花粉形态

香茶菜属 *Isodon* (Benth.) Kudo

尾叶香茶菜 *Isodon excisus* (Maxim.) Kudo

图 3.198：1～9（标本号：CBS-197）

花粉粒长球形或近球形，P/E=1.26(1.10～1.55)，赤道面观椭圆形，极面观三裂圆形，大小为 28.6(26.3～34.5)μm×22.7(19.0～29.0)μm。具三沟，沟宽约 1.5μm，长几达两极。外壁两层，厚约 2.0μm，外层略厚于内层，柱状层基柱明显。外壁纹饰为粗网状。

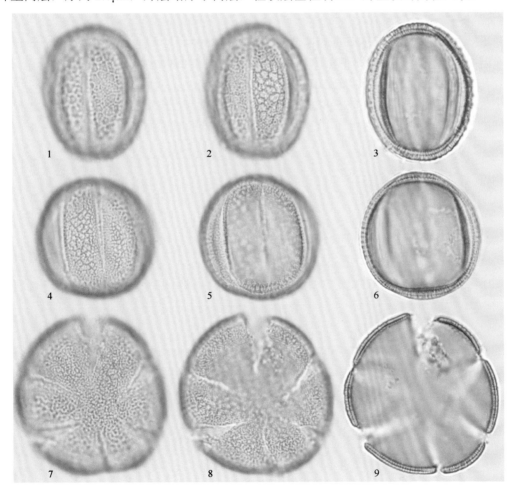

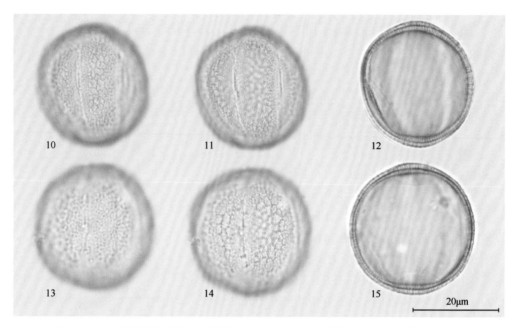

图 3.198 光学显微镜下尾叶香茶菜（1～9）和毛叶香茶菜（10～15）的花粉形态

毛叶香茶菜 *Isodon japonicus* (N. Burman) H. Hara

图 3.198：10～15，图 3.199：1～3（标本号：TYS-168）

花粉粒近球形或长球形，P/E=1.10(0.92～1.33)，赤道面观扁圆形，极面观六裂圆形，大小为 28.5(25.3～32.3)μm×25.9(20.0～30.0)μm。具六沟，长几达两极。外壁两层，厚约 2.0μm，外层与内层厚度约相等，柱状层基柱明显。外壁纹饰为粗网状。

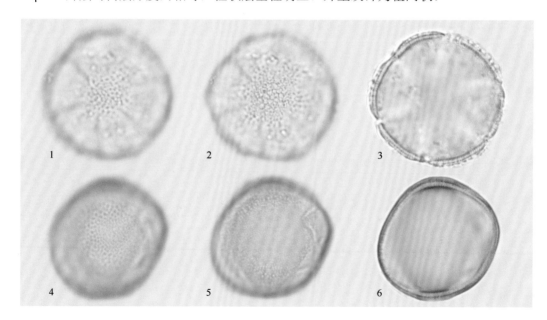

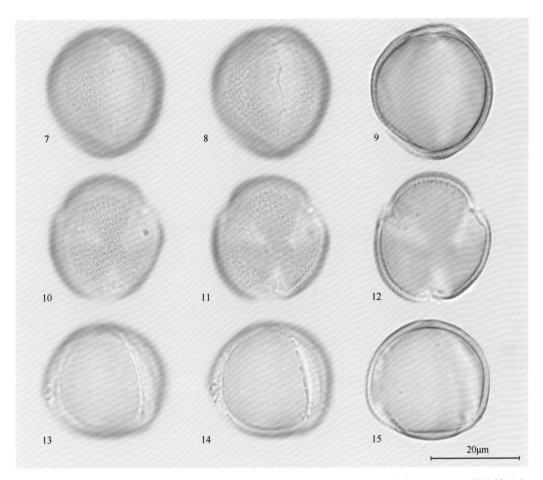

图 3.199　光学显微镜下毛叶香茶菜（1～3）、蓝萼香茶菜（4～12）和野芝麻（13～15）的花粉形态

蓝萼香茶菜 *Isodon japonicus* var. *glaucocalyx* (Maximowicz) H. W. Li

图 3.199：4～12（标本号：TYS-091）

花粉粒近球形，部分为长球形或扁球形，P/E=1.11(0.82～1.35)，赤道面观椭圆形，极面观三裂圆形，大小为 29.2(24.1～34.9)μm×26.5(22.0～32.2)μm。具三沟，沟长，沟宽 2.73(0.94～7.61)μm。外壁两层，厚 1.70(1.04～2.36)μm，柱状层基柱不明显，外壁纹饰为细网状。

野芝麻属 *Lamium* L.

野芝麻 *Lamium barbatum* Sieb. et Zucc.

图 3.199：13～15，图 3.200：1～6（标本号：CBS-024）

花粉粒近球形，部分为长球形或扁球形，P/E=1.13(0.80～1.40)，赤道面观椭圆形，极面观三裂圆形，大小为 30.1(24.1～36.6)μm×30.0(20.4～36.5)μm。具三沟，沟长，沟宽 3.03(0.98～7.51)μm。外壁层次模糊，厚 1.68(1.09～2.31)μm，柱状层基柱不明显，外壁纹饰近光滑。

益母草属 *Leonurus* L.

益母草 *Leonurus artemisia* (Laur.) S. Y. Hu

图 3.200：7～14（标本号：CBS-235），图 3.200：15～22（标本号：TYS-107）

花粉粒近球形，部分为扁球形和长球形，P/E=1.10(0.80～1.43)，赤道面观椭圆形，极面观三裂圆形，大小为 22.5(20.0～25.0)μm×21.1(17.0～25.0)μm。具三沟，沟长，几达两极。外壁两层，厚约 1.5μm，外层与内层厚度约相等，柱状层基柱不明显。长白山标本外壁纹饰为模糊的细网状；太岳山标本外壁纹饰为细网状。

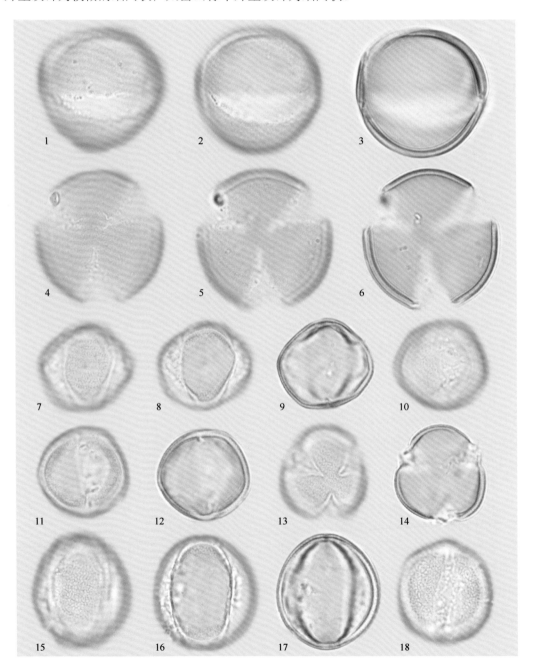

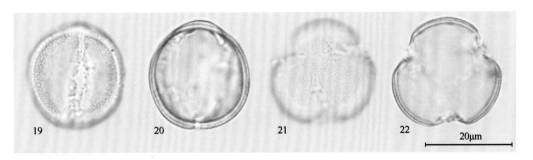

图 3.200　光学显微镜下野芝麻（1～6）、益母草（长白山）（7～14）和益母草（太岳山）（15～22）
的花粉形态

糙苏属 *Phlomis* L.

糙苏 *Phlomis umbrosa* Turcz.

图 3.201：1～12（标本号：TYS-140）

花粉粒近球形，P/E=1.07(0.98～1.24)。赤道面观椭圆形，极面观为三裂圆形，大小
为 20.0(19.5～20.3)μm×20.0(18.3～20.8)μm，具三沟，沟长，几达两极。外壁两层，厚约
1.0μm，外层与内层厚度约相等，柱状层基柱不明显。外壁纹饰为模糊的细网状。

鼠尾草属 *Salvia* L.

荫生鼠尾草 *Salvia umbratica* Hance

图 3.201：13～15（标本号：TYS-153）

花粉粒扁球形或近球形，P/E=0.88(0.77～0.99)，赤道面观扁圆形，极面观六裂椭圆
形，大小为 43.8(37.8～47.5)μm×50.0(47.8～52.5)μm。具六沟，沟长，几达两极，沟膜上
具颗粒，沟宽 4.0～5.0μm。外壁两层，厚约 2.0μm，外层与内层厚度约相等，柱状层基
柱明显。外壁纹饰为细网状。

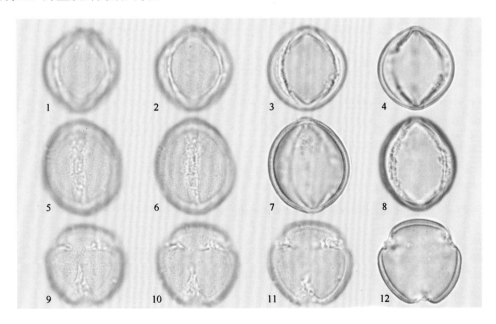

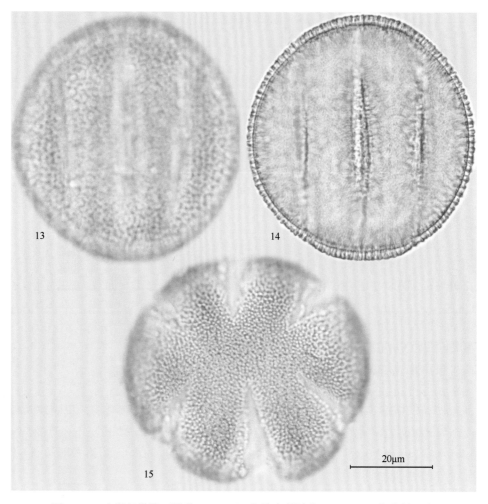

图 3.201　光学显微镜下糙苏（1～12）和荫生鼠尾草（13～15）的花粉形态

黄芩属 *Scutellaria* L.
并头黄芩 *Scutellaria scordifolia* Fisch. ex Schrank.
图 3.202：1～12（标本号：TYS-171）

花粉粒长球形或近球形，P/E=1.21(1.05～1.49)，赤道面观椭圆形，极面观为三裂圆形，大小为 22.9(19.8～25.0)μm×19.0(13.5～21.5)μm。具三沟。外壁两层，厚约 1.5μm，外层与内层厚度约相等，柱状层基柱明显。外壁纹饰为细网状。

水苏属 *Stachys* L.
毛水苏 *Stachys baicalensis* Fisch. ex Benth
图 3.202：13～21（标本号：CBS-192）

花粉粒近球形或长球形，P/E=1.13(1.03～1.34)，赤道面观椭圆形，极面观三裂圆形，大小为 26.5(24.5～29.5)μm×23.6(22.0～25.0)μm。具三沟，沟长，几达两极。外壁两层，厚约 2.0μm，外层与内层厚度约相等，柱状层基柱明显。外壁纹饰为细网状。

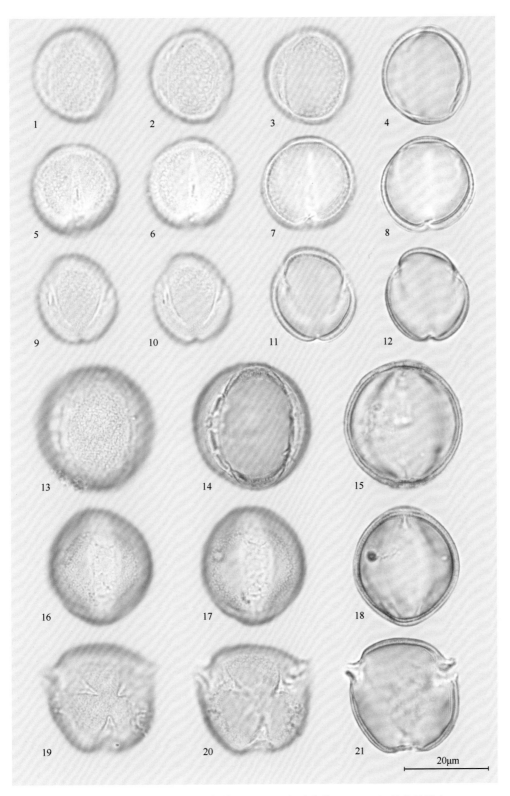

图 3.202　光学显微镜下并头黄芩（1～12）和毛水苏（13～21）的花粉形态

1. 唇形科花粉形态的区分

本研究共观察唇形科 12 属 15 种植物的花粉形态，其特征具有一定的差异，但不具有典型的鉴别特征。由于实验材料中可用于统计的形态规则的唇形科花粉较少，主要对活血丹、蓝萼香茶菜和野芝麻三种建立分类回归模型。在地层花粉鉴定中，唇形科花粉常常破裂、变形，根据现代的形态规则的花粉所建立的分类回归模型对于地层鉴定工作可能不具有参考性。

2. 唇形科 3 种花粉形态的鉴别

1）唇形科 3 种花粉形态参数的筛选

对活血丹、蓝萼香茶菜和野芝麻花粉形态参数的统计数据进行单因素方差分析，判断出花粉定量形态特征与花粉种属的关系均为显著（表 3.35）。

表 3.35　唇形科 3 种花粉定量形态特征及方差分析结果

种名	极轴长/μm	赤道轴长/μm	P/E	外壁厚度/μm	沟宽/μm
活血丹	38.8(29.8~44.5)	36.7(28.2~43.2)	1.07(0.75~1.33)	1.97(1.28~2.53)	2.30(1.04~5.07)
蓝萼香茶菜	29.2(24.1~34.9)	26.5(22.0~32.2)	1.11(0.82~1.35)	1.70(1.04~2.36)	2.73(0.94~7.61)
野芝麻	30.1(24.1~36.6)	30.0(20.4~36.5)	1.13(0.80~1.40)	1.68(1.09~2.31)	3.03(0.98~7.51)
组间方差	387.7***	459.5***	5.579***	51.22***	7.825***

***表示 $p < 0.001$

2）唇形科 3 种花粉的可区分性

将花粉形态参数数据进行判别分析，唇形科 3 种花粉在两个判别函数下可以进行区分（图 3.203），第一判别函数和第二判别函数的贡献率分别为 98.93% 和 1.07%。

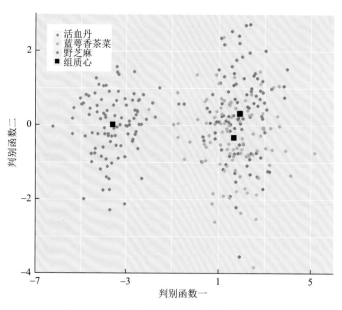

图 3.203　唇形科 3 种花粉线性判别分析图

3）唇形科 3 种花粉的鉴别模型

将花粉形态参数数据进行 CART 分析，结果如图 3.204 所示：唇形科 3 种花粉的分类回归树模型采用 3 个形态变量进行区分，将赤道轴长≥31.6μm 的花粉鉴别为活血丹；将赤道轴长<31.6μm、极轴长≥30.4μm 的花粉或赤道轴长<31.6μm、极轴长<30.4μm 且沟宽≥3.6μm 的花粉鉴别为蓝萼香茶菜；将赤道轴长<31.6μm、极轴长<30.4μm 且沟宽<3.6μm 的花粉鉴别为野芝麻。

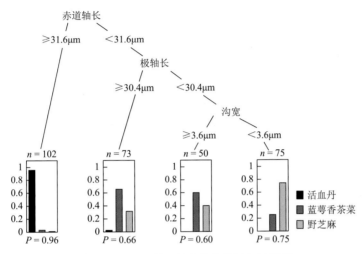

图 3.204　唇形科 3 种花粉分类回归树模型

4）唇形科 3 种花粉鉴别模型的检验

采用重复抽样的方法对模型进行 5 次检验，50 粒活血丹花粉中有 49 粒可以正确鉴别，另外 1 粒被误判为蓝萼香茶菜，正确鉴别的概率为 98%；50 粒蓝萼香茶菜花粉中有 40 粒可以正确鉴别，另外有 1 粒被误判为活血丹，有 9 粒被误判为野芝麻，正确鉴别的概率为 80%；50 粒野芝麻花粉中有 41 粒可以正确鉴别，另外有 2 粒被误判为活血丹，有 7 粒被误判为蓝萼香茶菜，正确鉴别的概率为 82%（表 3.36）。

表 3.36　唇形科 3 种花粉分类回归树模型检验结果

种名	鉴别为活血丹/粒	鉴别为蓝萼香茶菜/粒	鉴别为野芝麻/粒	正确鉴别的概率
活血丹	49	1	0	98%
蓝萼香茶菜	1	40	9	80%
野芝麻	2	7	41	82%

3.39　百合科 Liliaceae Juss.

猪牙花属 *Erythronium* L.
猪牙花 *Erythronium japonicum* Decne.
图 3.205（标本号：CBS-147）

花粉粒椭球形，大小为 103.8(76.3～120.0)μm×70.1(55.0～86.3)μm。具单沟，长几达两极，沟宽。外壁两层，厚约 2.0μm，外层与内层厚度约相等，柱状层基柱明显。外壁纹饰为粗网状，网脊宽约 0.5μm，网眼大小不一，形状不规则，大小为 1.0～3.0μm。

图 3.205　光学显微镜下猪牙花的花粉形态

百合属 *Lilium* L.
卷丹 *Lilium lancifolium* Thunb.

图 3.206（标本号：TYS-117）

花粉粒椭球体，大小为 117.5(98.0～130.0)μm×62.3(53.0～71.3)μm。具远极单沟。外壁两层，厚约 4.0μm，外层厚度约为内层的 4 倍，柱状层基柱明显。外壁纹饰为粗网状，网眼直径为 4.0～5.0μm。

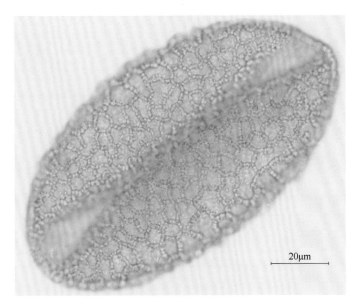

20μm

图 3.206　光学显微镜下卷丹的花粉形态

　　本研究共观察百合科 2 属 2 种植物的花粉形态，其特征具有一定的差异。远极单沟的花粉容易压皱、变形，形态不规则，采用分类回归模型鉴别花粉种属可能不具有参考性。

3.40　千屈菜科 Lythraceae J. St.-Hil.

千屈菜属 *Lythrum* L.
千屈菜 *Lythrum salicaria* L.

图 3.207（标本号：CBS-236）

花粉粒近球形或扁球形，P/E=0.94(0.83～1.00)，极面观六裂圆形，大小为 27.5(20.0～30.0)μm×29.3(26.3～32.0)μm。具三孔沟及三假沟，沟较宽，沟长几达两极（真沟），孔圆形，孔径为 4～5μm，三假沟较短，无内孔，真沟与假沟相间排列，沟具沟膜，沟膜上具颗粒。外壁两层，厚约 1.5μm，外层与内层厚度约相等，柱状层基柱明显。外壁纹饰为条纹状。

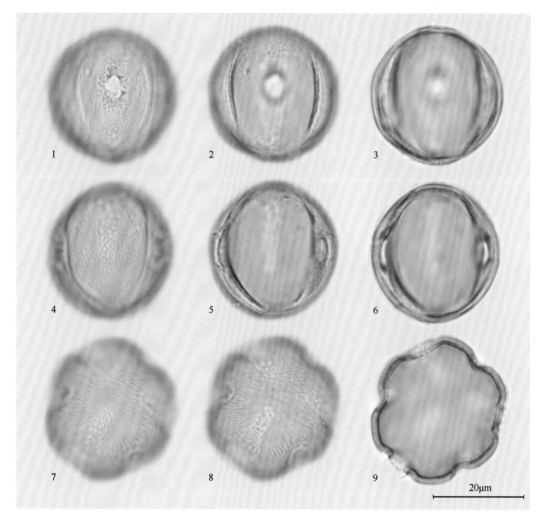

图 3.207　光学显微镜下千屈菜的花粉形态

3.41　锦葵科 Malvaceae Juss.

椴树属 *Tilia* L.

紫椴 *Tilia amurensis* Rupr.

图 3.208（标本号：CBS-101）

花粉扁球形，赤道面观椭圆形，极面观三裂圆形，花粉多处于极面位置，极面大小为 40.3(35.5～45.4)μm。具三孔沟，沟细而短，内孔椭圆形，孔径宽度为 2.28(1.52～4.70)μm，孔深 6.95(4.09～8.50)μm，孔基部宽度为 15.8(12.3～26.6)μm。外壁两层，厚 2.75(2.05～3.29)μm，外层厚度与内层约相等，柱状层基柱较明显。外壁纹饰为细网状。花粉轮廓线不平。

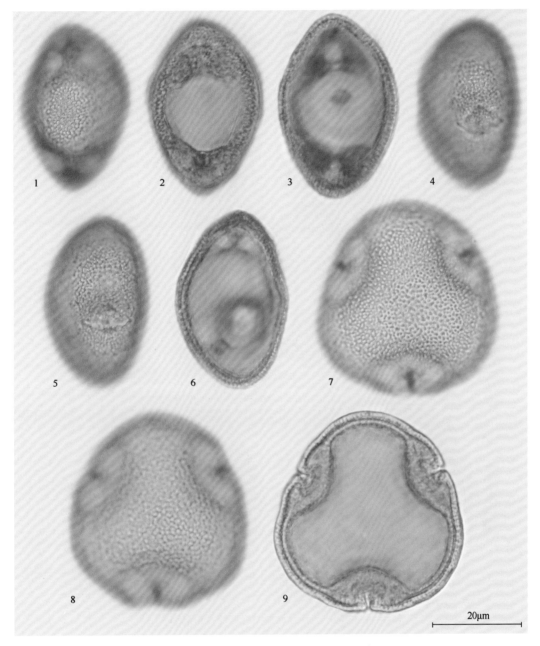

图 3.208　光学显微镜下紫椴的花粉形态

辽椴 *Tilia mandshurica* Rupr. et Maxim.

图 3.209（标本号：CBS-137）

花粉扁球形，赤道面观椭圆形，极面观三裂圆形，花粉多处于极面位置，极面大小为 41.4(33.0～49.8)μm。具三孔沟，沟细而短，内孔椭圆形，孔径宽度为 2.21(1.52～3.11)μm，孔深 6.75(3.71～9.18)μm，孔基部宽度为 13.6(10.6～17.1)μm。外壁两层，厚 2.33(1.81～2.93)μm，外层略厚于内层，柱状层基柱较明显。外壁纹饰为细网状。花粉轮廓线不平。

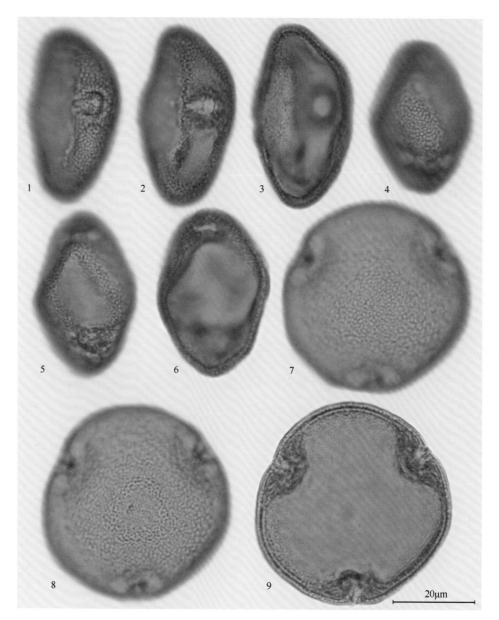

图 3.209　光学显微镜下辽椴的花粉形态

椴树属 2 种花粉形态的鉴别

1）椴树属 2 种花粉形态参数的筛选

对紫椴和辽椴花粉形态参数的统计数据进行单因素方差分析，判断出除了孔径宽度和孔深外，其他花粉定量形态特征与花粉种属的关系均为显著（表 3.37）。

2）椴树属 2 种花粉的可区分性

将花粉形态参数数据进行判别分析，椴树属 2 种花粉在一个判别函数下可以进行区分（图 3.210）。

表 3.37　椴树属 2 种花粉定量形态特征及方差分析结果

种名	粒径/μm	外壁厚度/μm	孔径宽度/μm	孔深/μm	孔基部宽度/μm
紫椴	40.3(35.5～45.4)	2.75(2.05～3.29)	2.28(1.52～4.70)	6.95(4.09～8.50)	15.8(12.3～26.6)
辽椴	41.4(33.0～49.8)	2.33(1.81～2.93)	2.21(1.52～3.11)	6.75(3.71～9.18)	13.6(10.6～17.1)
组间方差	10.63***	148.5***	1.72	2.243	86.8***

***表示 $p < 0.001$

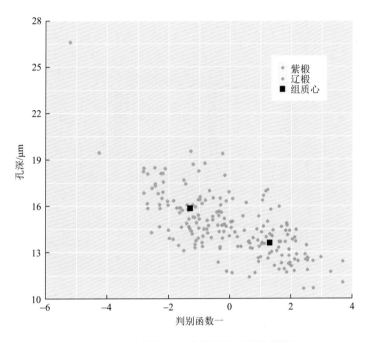

图 3.210　椴树属 2 种花粉线性判别分析图

3）椴树属 2 种花粉的鉴别模型

将花粉形态参数数据进行 CART 分析，结果如图 3.211 所示：椴树属花粉的分类回归树模型采用两个形态变量进行区分，将外壁厚度≥2.6μm 且孔基部宽度≥13.4μm 的花粉鉴别为紫椴；将外壁厚度≥2.6μm 且孔基部宽度<13.4μm 的花粉或者外壁厚度<2.6μm 的花粉鉴别为辽椴。

4）椴树属 2 种花粉鉴别模型的检验

采用重复抽样的方法对模型进行 5 次检验（表 3.38），50 粒紫椴花粉中有 46 粒可以正确鉴别，另外 4 粒被误判为辽椴，正确鉴别的概率为 92%；50 粒辽椴花粉中，有 45 粒可以正确鉴别，另外 5 粒被误判为紫椴，正确鉴别的概率为 90%。

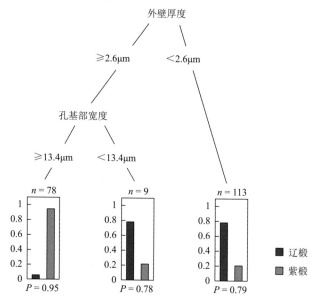

图 3.211　椴树属 2 种花粉分类回归树模型

表 3.38　椴树属 2 种花粉分类回归树模型检验结果

种名	鉴别为紫椴/粒	鉴别为辽椴/粒	正确鉴别的概率
紫椴	46	4	92%
辽椴	5	45	90%

3.42　藜芦科 Melanthiaceae Batsch ex Borkh.

重楼属 *Paris* L.

重楼属在传统上被置于较广义的百合科中，APG 系统将其列入藜芦科。

北重楼 *Paris verticillata* M. Bieb.

图 3.212（标本号：CBS-020）；图 3.213（标本号：TYS-069）

花粉粒椭球形，大小为 44.2(30.6～55.2)μm×26.0(21.3～43.2)μm。具远极单沟，长白山标本沟宽 3.5～7.0μm。外壁两层，厚约 1.5μm，外层与内层厚度约相等，柱状层基柱不明显。外壁纹饰为清楚的网状，网眼不均匀，网至沟边变细。

藜芦属 *Veratrum* L.

藜芦属在传统上被置于较广义的百合科中，APG 系统将其列入藜芦科。

毛穗藜芦 *Veratrum maackii* Regel

图 3.214（标本号：CBS-204）

花粉粒椭球形，大小为 30.6(25.0～35.0)μm×19.5(17.5～22.8)μm。具单沟，长几达两极，沟宽约 4.0μm。外壁两层，厚约 2.5μm，外层略厚于内层，柱状层基柱明显。外壁纹饰为粗网状，网脊宽约 0.5μm，网眼大小不一，直径为 0.5～1.5μm。

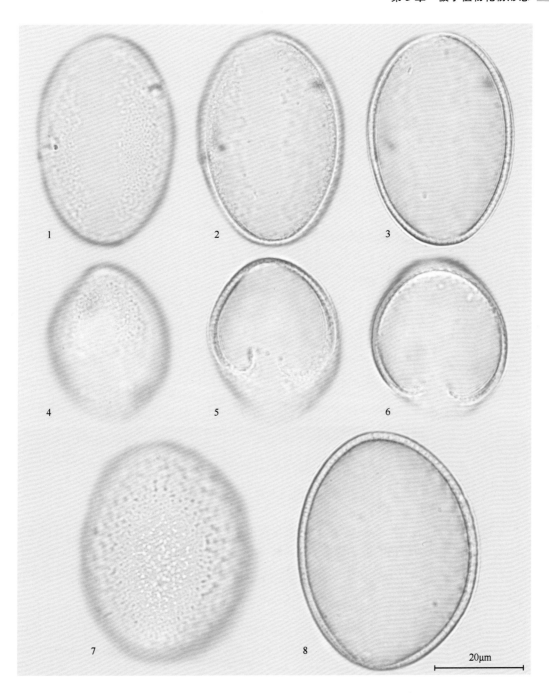

图 3.212　光学显微镜下北重楼（长白山）的花粉形态

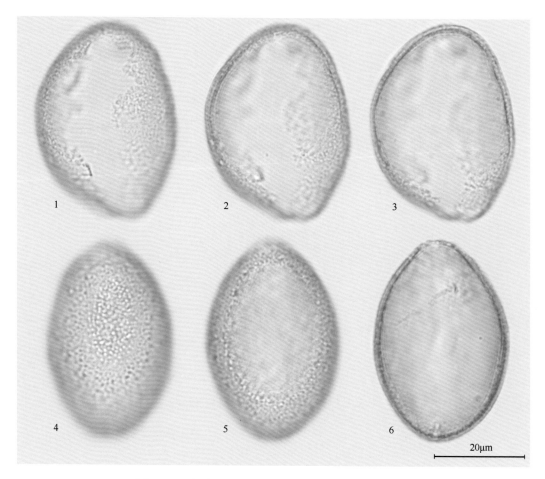

图 3.213　光学显微镜下北重楼（太岳山）的花粉形态

　　本研究共观察藜芦科 2 属 2 种植物的花粉形态，其特征具有一定的差异。远极单沟的花粉（本研究主要包括石蒜科、天门冬科、阿福花科、秋水仙科、鸭跖草科、薯蓣科、百合科、藜芦科）容易压皱、变形，形态不规则，采用分类回归模型鉴别花粉种属可能不具有参考性。

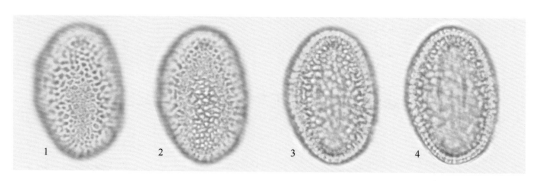

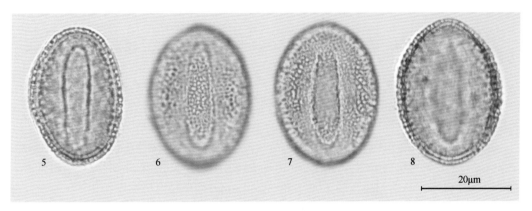

图 3.214 光学显微镜下毛穗藜芦的花粉形态

3.43 防己科 Menispermaceae Juss.

蝙蝠葛属 *Menispermum* L.

蝙蝠葛 *Menispermum dauricum* DC.

图 3.215（标本号：CBS-115）

花粉粒长球形或近球形，P/E=1.17(1.05～1.25)，赤道面观椭圆形，极面观圆三角形，大小为 23.2(21.0～25.0)μm×19.8(18.5～20.5)μm。具三沟，沟宽为 1.5μm，长几达两极。外壁两层，厚约 2.0μm，外层厚度约是内层的 1.5 倍，柱状层基柱明显。外壁纹饰为显著的细网状。

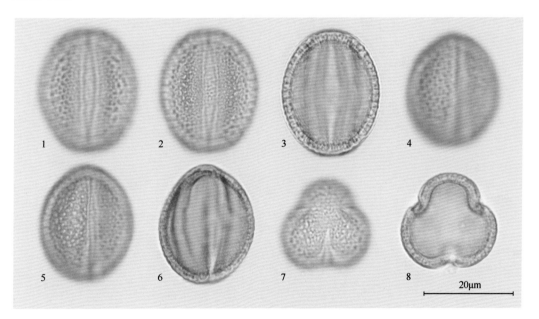

图 3.215 光学显微镜下蝙蝠葛的花粉形态

3.44 木犀科 Oleaceae Hoffmanns. & Link

连翘属 *Forsythia* Vahl

连翘 *Forsythia suspensa* (Thunb.) Vahl

图 3.216：1～9（标本号：TYS-008）

花粉粒扁球形或近球形，*P/E*=0.85(0.77～0.96)，赤道面观椭圆形，极面观三裂圆形，大小为 23.4(20.7～26.7)μm×27.4(23.0～30.4)μm。具三孔沟，沟宽 4.34(2.66～6.85)μm，柱状层基柱明显。外壁两层，厚 2.02(1.58～2.44)μm，外层与内层厚度约相等，柱状层基柱明显。外壁纹饰为清楚的网状，网眼不均匀，网至沟边变细，大小为 0.5～2.5μm。

梣属 *Fraxinus* L.

白蜡树 *Fraxinus chinensis* Roxb.

图 3.216：10～21（标本号：TYS-073）

花粉粒近球形或扁球形，*P/E*=0.92(0.80～1.02)，赤道面观椭圆形，极面观三裂圆形，大小为 22.1(19.0～24.7)μm×23.9(21.5～27.9)μm。具三沟，沟宽 1.51(1.03～2.55)μm。外壁两层，厚 1.72(1.40～2.14)μm，外层与内层厚度约相等，柱状层基柱明显。外壁纹饰为细网状。

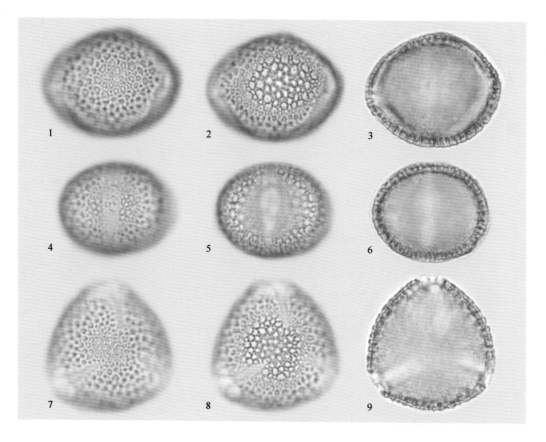

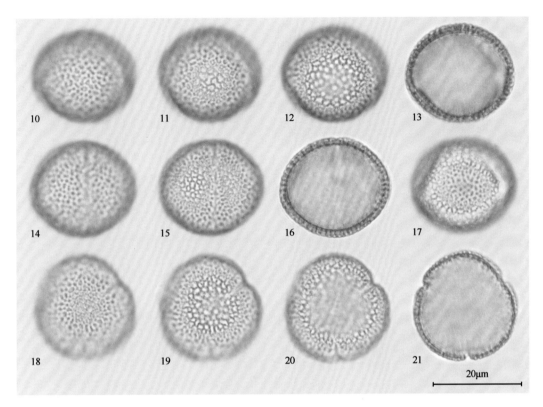

图 3.216 光学显微镜下连翘（1~9）和白蜡树（10~21）的花粉形态

女贞属 *Ligustrum* L.

女贞 *Ligustrum lucidum* Ait.

图 3.217：1~9（标本号：TYS-098）

花粉粒近球形或扁球形，P/E=0.88(0.75~0.99)，赤道面观椭圆形，极面观三裂圆形，大小为 27.0(21.6~30.3)μm×30.6(24.9~33.1)μm。具三孔沟，内孔不明显，沟宽 3.67(1.51~5.63)μm。外壁两层，厚 3.38(2.43~4.07)μm，外层厚度约是内层的 2 倍，柱状层基柱明显。外壁纹饰为粗网状。

丁香属 *Syringa* L.

朝鲜丁香 *Syringa dilatata* Nakai

图 3.217：10~15，图 3.218：1~3（标本号：CBS-131）

花粉粒近球形或扁球形，P/E=0.96(0.86~1.05)，赤道面观椭圆形，极面观三裂圆形，大小为 31.6(28.0~37.9)μm×32.7(28.1~37.8)μm。具三孔沟，沟宽 3.21(2.06~4.40)μm，内孔轮廓不明。外壁两层，厚 2.46(1.83~3.06)μm，外层厚于内层，柱状层基柱明显。外壁纹饰为清楚的网状，网至沟边变细，大小为 1.0~3.5μm，当镜筒下降时，网脊成为单行圆颗粒。

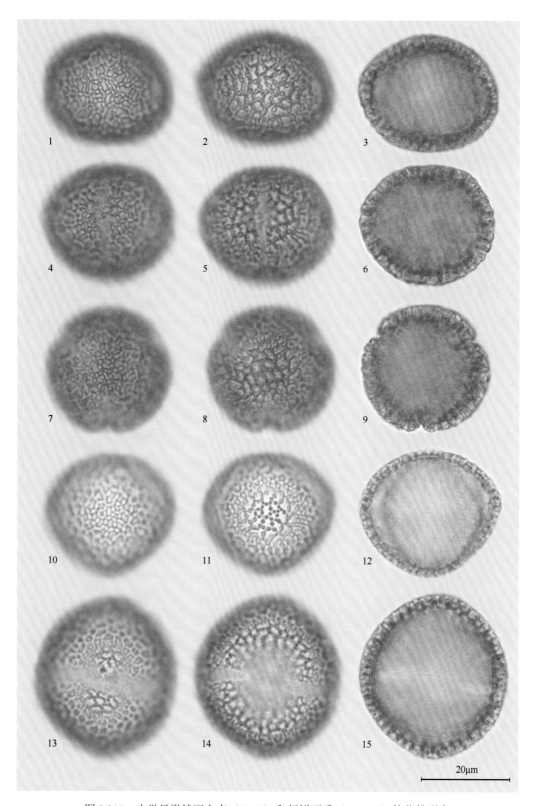

图 3.217　光学显微镜下女贞（1～9）和朝鲜丁香（10～15）的花粉形态

紫丁香 *Syringa oblata* Lindl.

图 3.218：4~12（标本号：TYS-011）

花粉粒近球形或扁球形，*P/E*=0.96(0.87~1.06)，赤道面观椭圆形，极面观三裂圆形，大小为 30.0(26.6~32.7)μm×31.1(28.2~34.8)μm。具三孔沟，沟宽 2.91(2.09~3.77)μm，内孔横长，长约 4.7μm。外壁两层，厚 2.53(2.11~3.26)μm，外层厚于内层，柱状层基柱明显。外壁纹饰为清楚的网状，网至沟边变细，大小为 1.0~3.5μm，当镜筒下降时，网脊成为单行圆颗粒。

小叶巧玲花 *Syringa pubescens* Turcz. subsp. *microphylla* (Diels) M. C. Chang et X. L. Chen

图 3.219：1~9（标本号：CBS-006）；图 3.219：10~18（标本号：TYS-048）

花粉粒近球形或扁球形，*P/E*=0.95(0.71~1.12)，赤道面观椭圆形，极面观三裂圆形，大小为 28.8(24.1~36.6)μm×30.3(24.6~35.5)μm。长白山标本具三（拟）孔沟，沟宽 3.21(2.08~4.32)μm，内孔不明显；太岳山标本具三孔沟，沟宽 2.1~4.3μm，内孔横长，大小约 5μm。外壁两层，厚 2.41(2.02~3.40)μm，外层厚于内层，柱状层基柱明显。外壁纹饰为清楚的网状，网眼不均匀，当镜筒下降时，网脊成为单行圆颗粒，长白山标本网眼大小为 3.0~4.0μm；太岳山标本网眼大小为 2.0~3.5μm。

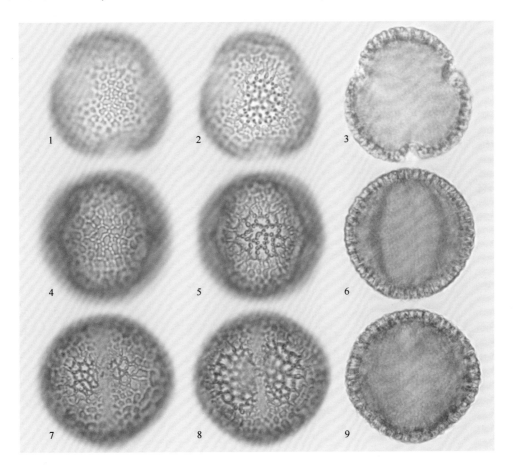

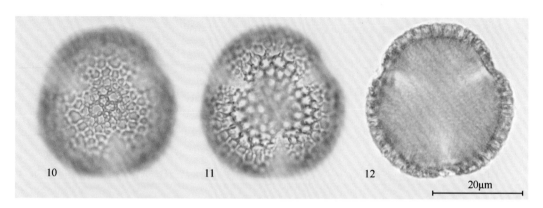

图 3.218 光学显微镜下朝鲜丁香（1～3）和紫丁香（4～12）的花粉形态

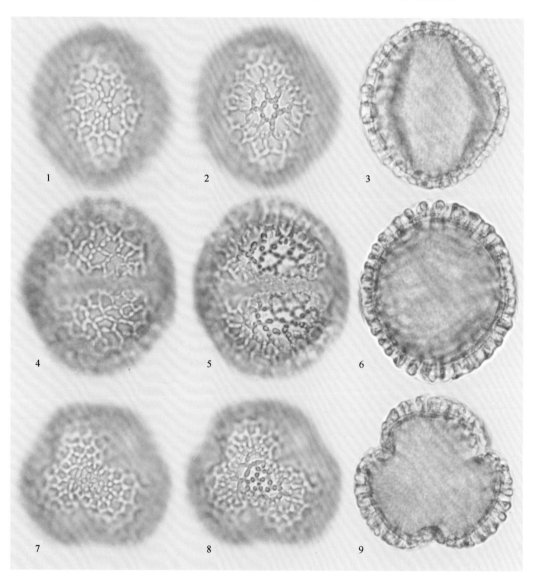

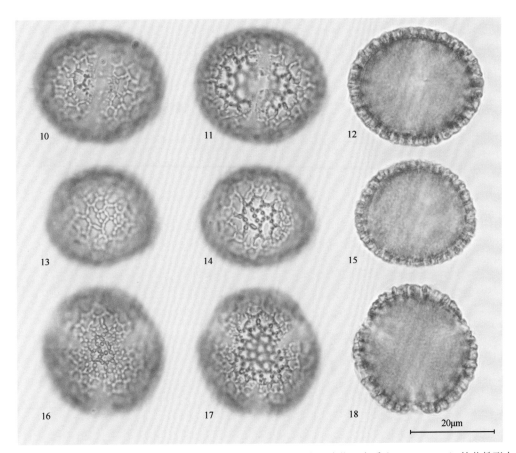

图 3.219　光学显微镜下小叶巧玲花（长白山）（1～9）和小叶巧玲花（太岳山）（10～18）的花粉形态

暴马丁香 *Syringa reticulata* (Blume) Hara var. *amurensis* (Rupr.) Pringle

图 3.220（标本号：CBS-050）

花粉粒近球形或扁球形，P/E=0.92(0.86～0.99)，赤道面观椭圆形，极面观三裂圆形，大小为 34.8(38.5～31.3)μm×38.0(34.9～40.7)μm。具三沟，沟宽 2.97(2.13～3.87)μm。外壁两层，厚 2.98(2.09～3.64)μm，外层厚于内层，柱状层基柱明显。外壁纹饰为清楚的网状，网眼大小不均匀，当镜筒下降时，网脊成为单行圆颗粒。

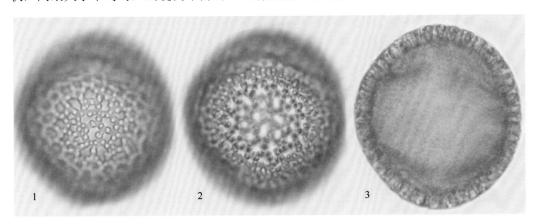

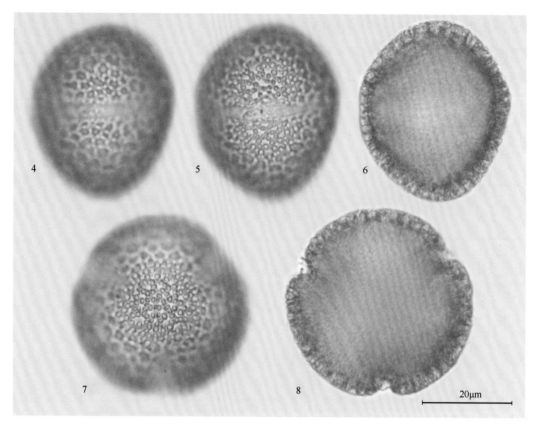

图 3.220　光学显微镜下暴马丁香的花粉形态

1. 木犀科花粉形态的区分

本研究共观察木犀科 4 属 7 种植物的花粉形态，花粉形态属间差异不大，其特征具有一定的差异，但不具有典型的鉴别特征，对木犀科 7 种植物花粉建立分类回归模型。

2. 木犀科 7 种花粉形态的鉴别

1）木犀科 7 种花粉形态参数的筛选

对木犀科 7 种花粉形态参数的统计数据进行单因素方差分析，判断出花粉定量形态特征与花粉种属的关系均为显著（表 3.39）。

表 3.39　木犀科 7 种花粉定量形态特征及方差分析结果

种名	极轴长/μm	赤道轴长/μm	P/E	外壁厚度/μm	沟宽/μm
连翘	23.4(20.7~26.7)	27.4(23.0~30.4)	0.85(0.77~0.96)	2.02(1.58~2.44)	4.34(2.66~6.85)
白蜡树	22.1(19.0~24.7)	23.9(21.5~27.9)	0.92(0.80~1.02)	1.72(1.40~2.14)	1.51(1.03~2.55)
女贞	27.0(21.6~30.3)	30.6(24.9~33.1)	0.88(0.75~0.99)	3.38(2.43~4.07)	3.67(1.51~5.63)
朝鲜丁香	31.6(28.0~37.9)	32.7(28.1~37.8)	0.96(0.86~1.05)	2.46(1.83~3.06)	3.21(2.06~4.40)
紫丁香	30.0(26.6~32.7)	31.1(28.2~34.8)	0.96(0.87~1.06)	2.53(2.11~3.26)	2.91(2.09~3.77)

续表

种名	极轴长/μm	赤道轴长/μm	P/E	外壁厚度/μm	沟宽/μm
小叶巧玲花 （太岳山）	26.0(24.1～28.1)	29.1(26.1～33.8)	0.89(0.71～0.99)	2.41(2.02～3.40)	3.21(2.08～4.32)
暴马丁香	34.8(38.5～31.3)	38.0(34.9～40.7)	0.92(0.86～0.99)	2.98(2.09～3.64)	2.97(2.13～3.87)
组间方差	1181***	987.9***	121.6***	674.9***	341.6***

***表示 $p < 0.001$

2）木犀科 7 种花粉的可区分性

将花粉形态参数数据进行判别分析，第一判别函数和第二判别函数的贡献率分别为 64.17% 和 20.19%。由图 3.221 我们可以看出，朝鲜丁香和紫丁香的花粉部分相似，可能在鉴别上有一定的困难。

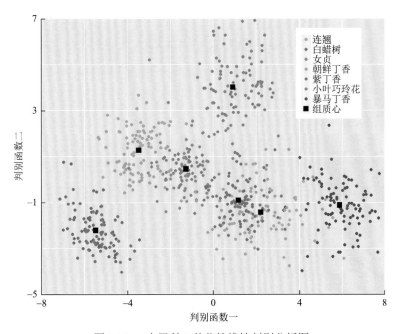

图 3.221　木犀科 7 种花粉线性判别分析图

3）木犀科 7 种花粉的可区分性

将花粉形态参数数据进行 CART 分析，结果如图 3.222 所示：木犀科花粉的分类回归树模型采用 4 个形态变量进行区分，CART 模型将赤道轴长<34.8μm，沟宽<2.3μm 的花粉鉴别为白蜡树；将赤道轴长<34.8μm，沟宽≥2.3μm 且外壁厚度≥3.0μm 的花粉鉴别为女贞；将赤道轴长<34.8μm，沟宽≥2.3μm，外壁厚度<3.0μm 且极轴长<24.8μm 的花粉鉴别为连翘；将赤道轴长<34.8μm，沟宽≥2.3μm，外壁厚度<3.0μm 且极轴长在 24.8～27.5μm 的花粉鉴别为小叶巧玲花；将赤道轴长<34.8μm，沟宽≥3.3μm，外壁厚度<3.0μm 且极轴长≥27.5μm 的花粉鉴别为朝鲜丁香；将赤道轴长<34.8μm，沟宽在 2.3～3.3μm，外壁厚度<3.0μm 且极轴长≥27.5μm 的花粉鉴别为紫丁香；最后，将赤道轴长≥34.8μm 的花粉鉴别为暴马丁香。

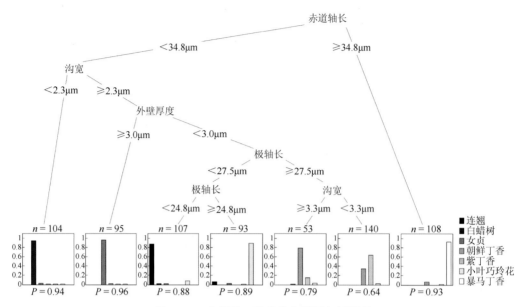

图 3.222 木犀科 7 种花粉分类回归树模型

4）木犀科 7 种花粉鉴别模型的检验

采用重复抽样的方法对模型进行 5 次检验（表 3.40），50 粒连翘花粉中有 46 粒可以正确鉴别，另外 4 粒被误判为小叶巧玲花，正确鉴别的概率为 92%；50 粒白蜡树花粉中有 48 粒可以正确鉴别，另外 2 粒被误判为连翘，正确鉴别的概率为 96%；50 粒女贞花粉中有 44 粒可以正确鉴别，另外有 3 粒被误判为白蜡树，有 3 粒被误判为小叶巧玲花，正确鉴别的概率为 88%；50 粒朝鲜丁香花粉中有 37 粒可以正确鉴别，另外有 10 粒被误判为紫丁香，有 3 粒被误判为暴马丁香，正确鉴别的概率为 74%；50 粒紫丁香花粉中有 39 粒可以正确鉴别，另外有 10 粒被误判为朝鲜丁香，有 1 粒被误判为女贞，正确鉴别的概率为 78%；50 粒小叶巧玲花花粉中有 44 粒可以正确鉴别，另外有 1 粒被误判为白蜡树，有 2 粒被误判为女贞，有 2 粒被误判为朝鲜丁香，有 1 粒被误判为暴马丁香，正确鉴别的概率为 88%；全部的暴马丁香花粉都可以正确鉴别，正确鉴别的概率为 100%。

表 3.40 木犀科 7 种花粉分类回归树模型检验结果

种名	鉴别为连翘/粒	鉴别为白蜡树/粒	鉴别为女贞/粒	鉴别为朝鲜丁香/粒	鉴别为紫丁香/粒	鉴别为小叶巧玲花/粒	鉴别为暴马丁香/粒	正确鉴别的概率
连翘	46	0	0	0	0	4	0	92%
白蜡树	2	48	0	0	0	0	0	96%
女贞	0	3	44	0	0	3	0	88%
朝鲜丁香	0	0	0	37	10	0	3	74%
紫丁香	0	0	1	10	39	0	0	78%
小叶巧玲花	0	1	2	2	0	44	1	88%
暴马丁香	0	0	0	0	0	0	50	100%

3.45　柳叶菜科 Onagraceae Juss.

露珠草属 *Circaea* Tourn. ex L.

高山露珠草 *Circaea alpina* L.

图 3.223：1～4（标本号：TYS-147）

花粉粒为扁球形，*P/E*=0.71(0.66～0.79)，外观轮廓为圆形，极面观为三（一四）角形，大小为 29.0(26.3～34.3)μm×40.9(39.0～43.3)μm。具三（一四）孔，孔大而圆，孔处外壁显著突出，孔径约 9.0μm。外壁两层，厚约 2.0μm，外层与内层厚度约相等，柱状层基柱不明显。外壁纹饰为细网状。花粉粒外壁上具长黏丝。

露珠草 *Circaea cordata* Royle

图 3.223：5～6（标本号：CBS-205）

花粉粒为扁球形，外观轮廓为圆形，极面观为钝三角形，萌发孔位于角上。极面观大小为 49.8(45.0～57.5)μm×55.6(50.0～60.5)μm。具三孔，孔大而圆，孔处外壁显著突出，孔径为 14.0μm。外壁两层，厚约 2.5μm，外层略厚于内层，柱状层基柱明显。外壁纹饰为细网状。花粉粒外壁上具长黏丝。

柳叶菜属 *Epilobium* L.

柳兰 *Epilobium angustifolium* L.

图 3.224（标本号：CBS-092）

花粉粒扁球形，*P/E*=0.82(0.61～0.92)，极面观圆三角形。大小为 70.9(50.0～97.5)μm×86.3(62.5～115.0)μm。具三孔，孔大而圆，明显外凸，孔径为 20.0～22.0μm。外壁两层，厚约 3.0μm，外层厚度约是内层的 2 倍，外壁柱状层基柱明显，孔处外壁显著突出。外壁纹饰为细网状。有些花粉粒外壁上具长黏丝。

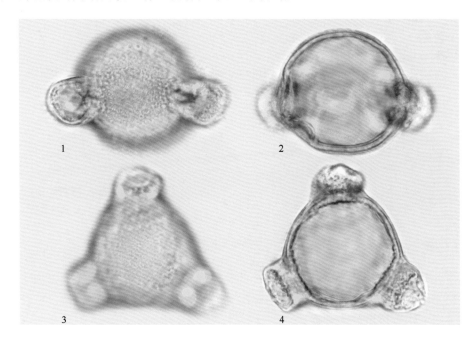

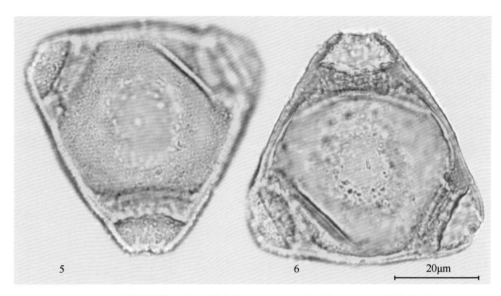

图 3.223　光学显微镜下高山露珠草（1～4）和露珠草（5～6）的花粉形态

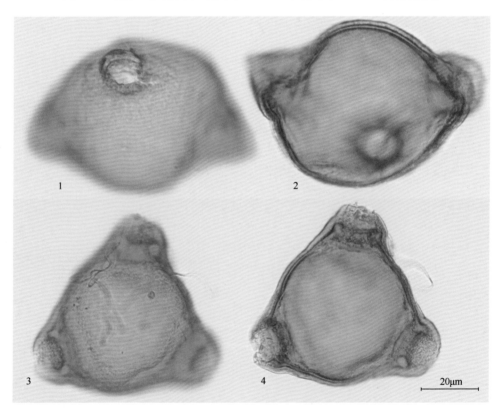

图 3.224　光学显微镜下柳兰的花粉形态

　　本研究共观察柳叶菜科 2 属 3 种植物的花粉形态，花粉形态差异不大。由于实验材料中可用于统计形态规则的柳叶菜科花粉较少，无法建立分类回归树模型，柳叶菜科花粉形态鉴别工作有待进一步开展。

3.46　列当科 Orobanchaceae Vent.

山罗花属 *Melampyrum* L.

山罗花属在传统上属于玄参科，APG 系统将其列入列当科。

山罗花 *Melampyrum roseum* Maxim.

图 3.225：1~6（标本号：CBS-275）

花粉粒近球形或长球形，*P/E*=1.11(1.05~1.21)，赤道面观矩圆形，极面观钝三角形，角孔型萌发孔，大小为 15.2(13.8~16.0)μm×13.7(12.5~14.8)μm。具三孔沟，极面观萌发孔在角上。外壁两层，厚约 1.0μm，外层与内层厚度约相等，柱状层基柱不明显。外壁纹饰为细网状。

阴行草属 *Siphonostegia* Benth.

阴行草属在传统上属于玄参科，APG 系统将其列入列当科。

阴行草 *Siphonostegia chinensis* Benth.

图 3.225：7~15（标本号：TYS-178）

花粉粒近球形或扁球形，*P/E*=0.91(0.85~0.99)，赤道面观椭圆形，极面观三裂圆形，大小为 22.2(20.3~22.8)×24.4(23.0~25.0)μm，具三沟。外壁两层，厚约 2.0μm，外层与内层厚度约相等，柱状层基柱明显。外壁纹饰为颗粒状。

本研究共观察列当科 2 属 2 种植物的花粉形态，其特征具有一定的差异。山罗花花粉粒径较小，外壁纹饰为细网状；阴行草花粉粒径较大，外壁纹饰为颗粒状。

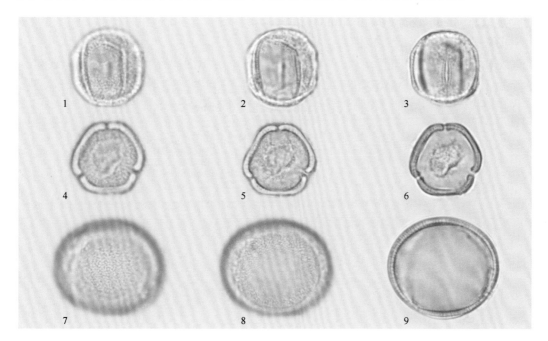

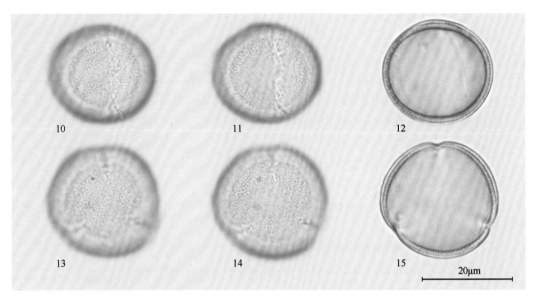

图 3.225　光学显微镜下山罗花（1～6）和阴行草（7～15）的花粉形态

3.47　芍药科 Paeoniaceae Raf.

芍药属 *Paeonia* L.

芍药属在传统上属于毛茛科，APG 系统将其单列于芍药科，芍药属为芍药科的唯一属。

草芍药 *Paeonia obovata* Maxim.

图 3.226（标本号：CBS-077）

花粉粒近球形或长球形，P/E=1.07(0.89～1.51)，赤道面观近圆形，极面观三裂圆形，大小为 30.6(27.5～33.5)μm×29.4(19.5～34.5)μm。具三沟。外壁两层，厚约 2.0μm，外层与内层厚度约相等，柱状层基柱明显。外壁纹饰为细网状。

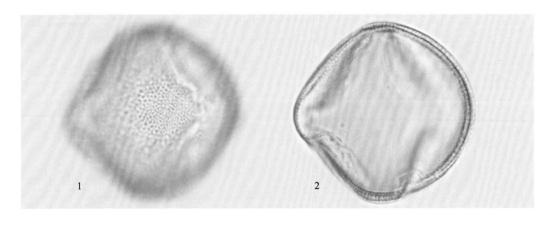

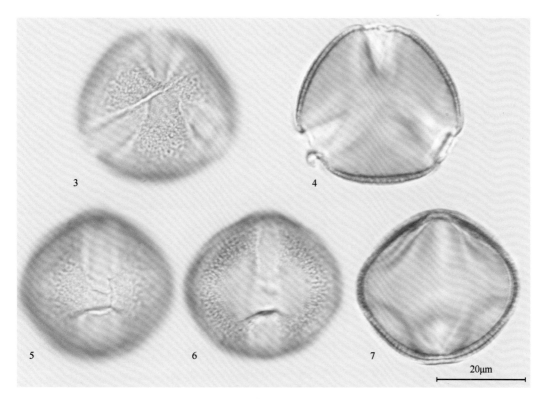

图 3.226　光学显微镜下草芍药的花粉形态

3.48　罂粟科 Papaveraceae Juss.

白屈菜属 *Chelidonium* L.

白屈菜 *Chelidonium majus* L.

图 3.227：1～8（标本号：CBS-159），图 3.227：9～16（标本号：TYS-192）

花粉粒近球形或长球形，P/E=1.08(0.97～1.25)，赤道面观为椭圆形，极面观为三裂圆形，大小为 22.4(17.5～29.5)μm×20.6(17.3～26.0)μm。具三沟，沟膜上具颗粒。外壁两层，柱状层基柱明显，长白山标本外壁厚约 2.5μm；太岳山标本外壁厚约 2.3μm。外壁纹饰为细网状。

紫堇属 *Corydalis* DC.

黄紫堇 *Corydalis ochotensis* Turcz.

图 3.227：17～25（标本号：CBS-276）

花粉粒近球形，P/E=1.08(1.00～1.12)，极面观为三裂圆形，赤道面观为近圆形。大小为 33.7(32.0～36.3)μm×32.1(29.0～34.0)μm。具三沟，沟膜上具有颗粒。外壁两层，厚约 2.5μm，外层略厚于内层或内外层近等厚，柱状层基柱明显。外壁纹饰为细网状。

黄堇 *Corydalis pallida* (Thunb.) Pers.

图 3.228：1～6（标本号：CBS-078）

花粉粒近球形，P/E=1.01(0.95～1.07)，赤道面观为近圆形，极面观为三裂圆形。大小为 36.6(32.8～42.3)μm×36.3(32.4～41.4)μm。具三（一四）沟，沟宽 3.15(2.14～4.80)μm，沟膜上具颗粒。外壁两层，厚 1.86(1.35～2.40)μm，外层厚度约为内层的 2 倍，柱状层基柱明显。外壁纹饰为细网状。

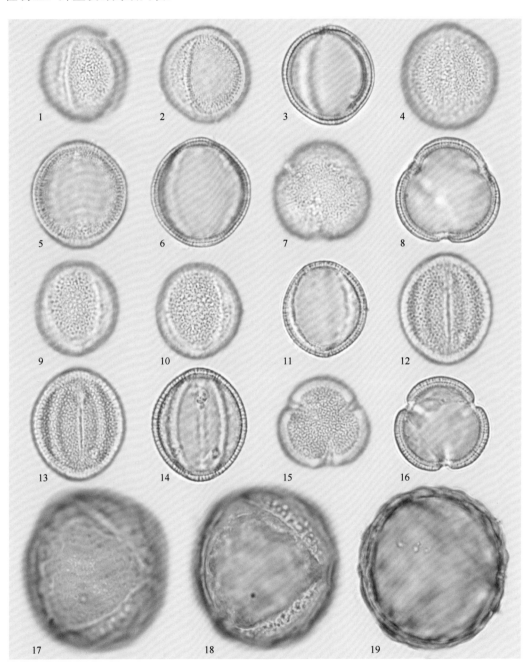

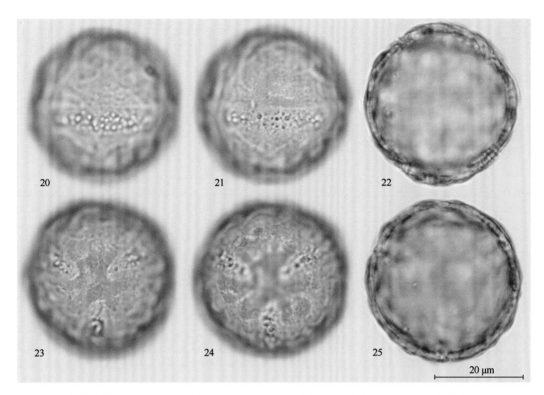

图 3.227 光学显微镜下白屈菜（长白山）（1～8）、白屈菜（太岳山）（9～16）和黄紫堇（17～25）的花粉形态

小黄紫堇 *Corydalis raddeana* Regel

图 3.228：7～9，图 3.229（标本号：TYS-175）

花粉粒球形，大小为 33.9(32.5～36.8)μm。具三一六散沟，沟较宽，沟膜上具颗粒。外壁两层，厚约 2.0μm，外层与内层厚度约相等，柱状层基柱明显。外壁纹饰为颗粒状。

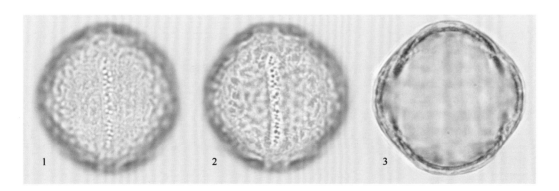

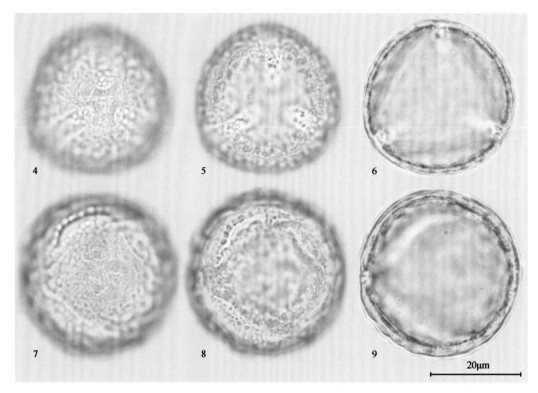

图 3.228　光学显微镜下黄堇（1～6）和小黄紫堇（7～9）的花粉形态

荷青花属 *Hylomecon* Maxim.

荷青花 *Hylomecon japonica* (Thunb.) Prantl

图 3.230（标本号：CBS-036）

花粉粒近球形，*P/E*=0.95(0.84～1.10)，极面观为三裂圆形，赤道面观为近圆形，大小为 32.2(28.0～35.2)μm×34.0(28.9～38.4)μm。具三沟，沟宽 6.23(3.77～8.64)μm。外壁两层，厚 1.92(1.47～2.45)μm，外层与内层厚度约相等，柱状层基柱明显。外壁纹饰为颗粒状。

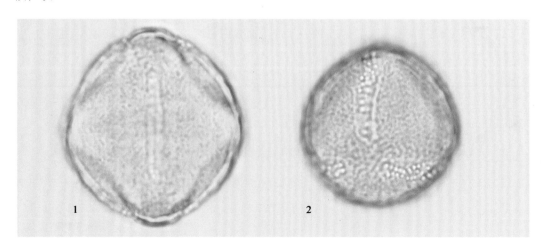

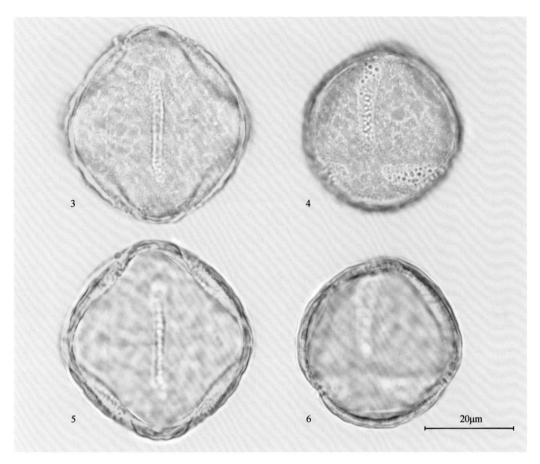

图 3.229　光学显微镜下小黄紫堇的花粉形态

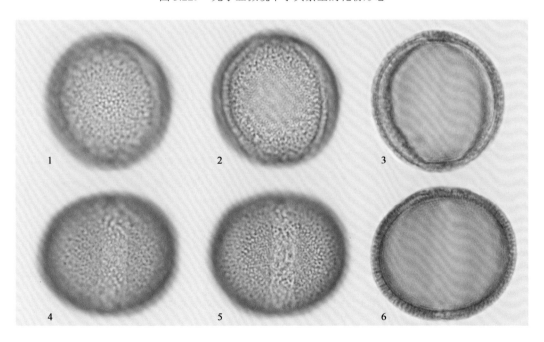

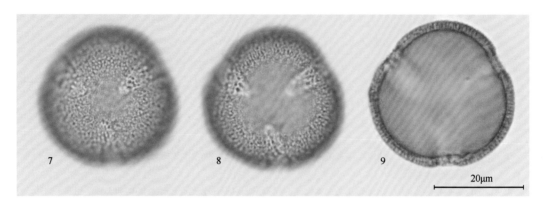

图 3.230　光学显微镜下荷青花的花粉形态

罂粟属 *Papaver* L.
野罂粟 *Papaver nudicaule* L.

图 3.231（标本号：TYS-106）

花粉粒长球形，P/E=1.26(1.11～1.45)，赤道面观为椭圆形，极面观为三裂圆形。大小为 22.3(17.8～25.0)μm×17.9(15.2～22.5)μm。具三沟，沟膜上具颗粒。外壁两层，厚约1.5μm，外层与内层厚度约相等，柱状层基柱明显。外壁纹饰为颗粒状。

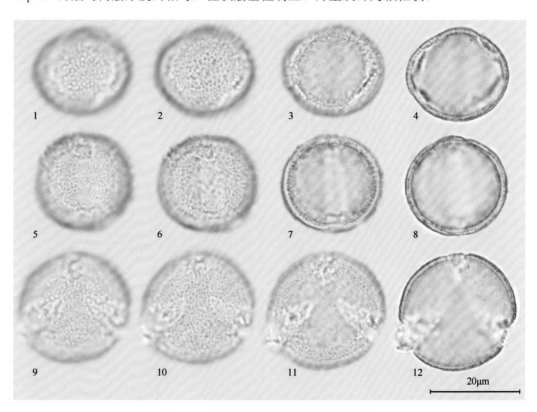

图 3.231　光学显微镜下野罂粟的花粉形态

1. 罂粟科花粉形态的区分

本研究共观察罂粟科 4 属 6 种植物的花粉形态，其特征具有一定的差异，但不具有典型的鉴别特征。纹饰为网状的花粉为白屈菜花粉；粒径偏小的花粉为野罂粟花粉；花粉粒径偏大，纹饰为细颗粒的花粉为荷青花花粉；花粉粒径偏大，纹饰为粗颗粒的花粉为紫堇属花粉。

2. 罂粟科 2 种花粉形态的鉴别

1）罂粟科 2 种花粉形态参数的筛选

对黄堇和荷青花形态参数的统计数据进行单因素方差分析，判断出花粉定量形态特征与花粉种属的关系均为显著（表 3.41），表明可以使用这些形态参数进行判别分析及 CART 模型构建。

表 3.41　罂粟科 2 种定量形态特征及方差分析结果

种名	极轴长/μm	赤道轴长/μm	P/E	外壁厚度/μm	沟宽/μm
黄堇	36.6(32.8～42.3)	36.3(32.4～41.4)	1.01(0.95～1.07)	1.86(1.35～2.40)	3.15(2.14～4.80)
荷青花	32.2(28.0～35.2)	34.0(28.9～38.4)	0.95(0.84～1.10)	1.92(1.47～2.45)	6.23(3.77～8.64)
组间方差	334.5***	72.25***	142***	4.927***	596.6***

***表示 $p < 0.001$

2）罂粟科 2 种花粉的可区分性

将花粉形态参数数据进行判别分析，黄堇和荷青花花粉在一个判别函数下可以进行区分（图 2.232）。

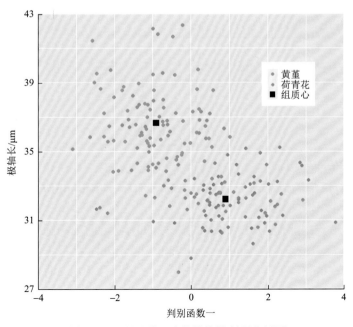

图 3.232　罂粟科 2 种花粉线性判别分析图

3）罂粟科 2 种花粉的鉴别模型

将花粉形态参数数据进行 CART 分析，结果如图 2.233 所示：罂粟科花粉的分类回归树模型采用两个形态变量进行区分，CART 模型将外壁厚度＜4.9μm 且粒径≥33.5μm 的花粉鉴别为黄堇；将外壁厚度＜4.9μm 且粒径＜33.5μm 的花粉或者外壁厚度≥4.9μm 的花粉鉴别为荷青花。

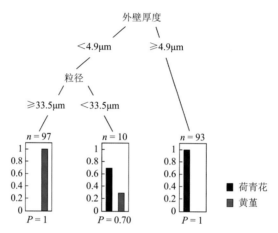

图 3.233　罂粟科 2 种花粉分类回归树模型

4）罂粟科 2 种花粉鉴别模型的检验

采用重复抽样的方法对模型进行 5 次检验，模型成功鉴定出 100%的荷青花花粉；50 粒黄堇花粉中有 3 粒被误判为荷青花花粉，黄花堇粉正确鉴别的概率为 94%（表 3.42）。

表 3.42　罂粟科 2 种花粉分类回归树模型检验结果

种名	鉴别为黄堇/粒	鉴别为荷青花/粒	正确鉴别的概率
黄堇	47	3	94%
荷青花	0	50	100%

3.49　透骨草科 Phrymaceae Schauer

透骨草属 *Phryma* L.

透骨草 *Phryma leptostachya* L. subsp. *asiatica* (Hara) Kitamura

图 3.234（标本号：CBS-082）

花粉粒近球形或扁球形，P/E=0.90(0.83～1.11)，赤道面观椭圆形，极面观三（一四）裂圆形，大小为 27.3(22.5～27.5)μm×27.9(22.5～32.5)μm。具三（一四）沟，沟末端尖。外壁两层，厚约 2.0μm，外层厚度约是内层的 1.5 倍，柱状层基柱明显。外壁纹饰为细网状。

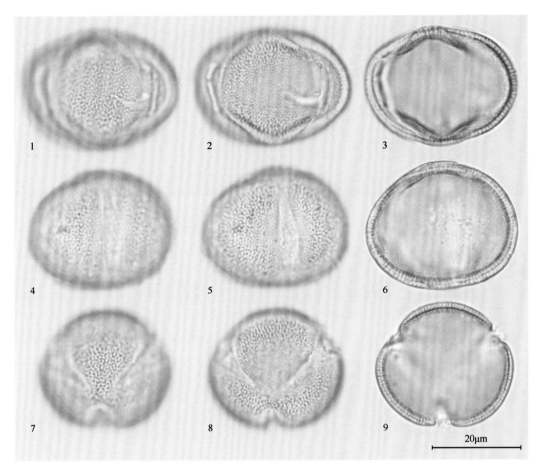

图 3.234　光学显微镜下透骨草的花粉形态

3.50　车前科 Plantaginaceae Juss.

车前属 *Plantago* L.
大车前 *Plantago major* L.

图 3.235（标本号：CBS-173）

花粉粒球形或近球形，大小为 23.5(20.0~28.0)μm。具散孔，孔约 9 个，孔分布不均匀，孔轮廓不平，界限不清楚，孔径约 4.0μm。外壁两层，厚约 2.0μm，外层与内层厚度约相等。外壁纹饰为颗粒状。

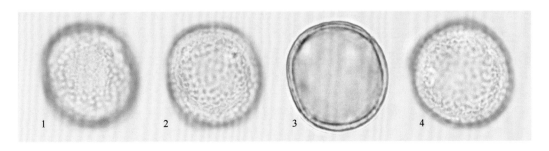

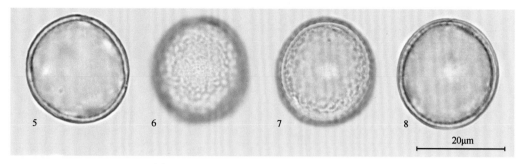

图 3.235　光学显微镜下大车前的花粉形态

婆婆纳属 *Veronica* L.

婆婆纳属在传统上属于玄参科中，APG 系统将其列入车前科。

水蔓菁 *Veronica linariifolia* Pall. ex Link subsp. *dilatata* (Nakai et Kitagawa) D. Y. Hong

图 3.236（标本号：TYS-150）

花粉粒近球形，P/E=0.98(0.90～1.04)，赤道面观圆形，极面观三裂圆形，大小为 18.6(17.3～20.5)μm×19.0(17.3～20.3)μm。具三孔沟，沟宽约 2.0μm，几达两极。外壁两层，厚约 2.0μm，外层与内层厚度约相等，柱状层基柱明显。外壁纹饰为细网状。

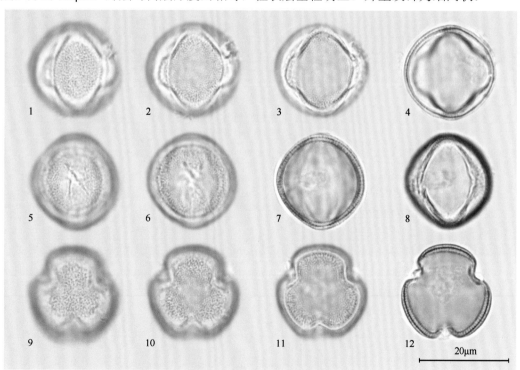

图 3.236　光学显微镜下水蔓菁的花粉形态

　　本研究共观察车前科 2 属 2 种植物的花粉形态，其特征具有一定的差异，具有典型的鉴别特征。车前属大车前花粉为散孔；婆婆纳属水蔓菁花粉为三孔沟。

3.51　禾本科 Poaceae Barnhart

看麦娘属 *Alopecurus* L.

看麦娘 *Alopecurus aequalis* Sobol.

图 3.237（标本号：CBS-004）

花粉粒球形，大小为 33.6(23.1～47.7)μm。具远极单孔，孔圆形，孔径为 2.63(1.38～5.04)μm，萌发孔环带直径为 6.13(3.78～9.41)μm。外壁两层不明显，厚 1.49(1.00～2.46)μm，柱状层基柱不明显。外壁纹饰为模糊的网状。

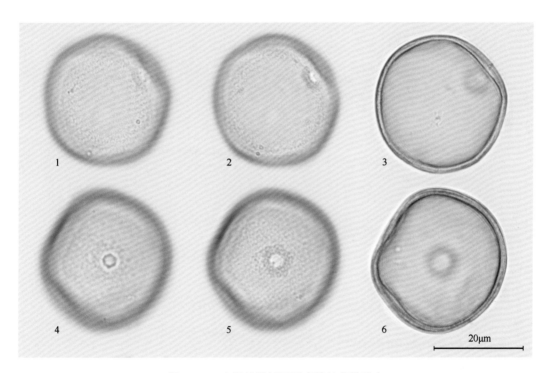

图 3.237　光学显微镜下看麦娘的花粉形态

披碱草属 *Elymus* L.

肥披碱草 *Elymus excelsus* Turcz.

图 3.238（标本号：CBS-076）

花粉近球形，P/E=1.82(1.04～2.64)，赤道面观近圆形，极面观为圆形。大小为 46.8(34.8～57.3)μm。具远极单孔，孔圆，稍向外凸，孔径为 4.29(2.62～6.33)μm，萌发孔环带直径为 9.62(6.62～14.1)μm。外壁两层不明显，厚 1.82(1.04～2.64)μm。外壁纹饰为模糊的细网状。

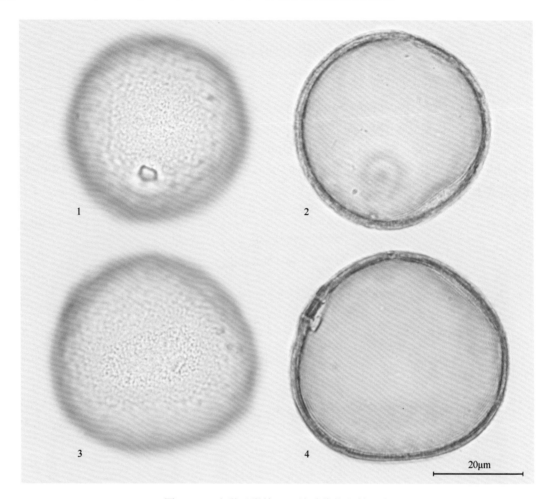

图 3.238　光学显微镜下肥披碱草的花粉形态

老芒麦 *Elymus sibiricus* L.

图 3.239：1~4（标本号：CBS-138）

花粉粒近球形，赤道面观近圆形，极面观为圆形，大小为 53.6(44.3~65.9)μm。具远极单孔，孔圆，稍向外凸，孔周围加厚，孔径为 5.27(2.95~7.78)μm，萌发孔环带直径为 10.6(7.33~14.1)μm。外壁两层，厚 1.88(1.05~3.05)μm，外层略厚于内层，外壁纹饰为模糊的细网状。

吉林鹅观草 *Elymus nakaii* (Kitagawa) S. L. Chen

图 3.239：5~6，图 3.240（标本号：CBS-111）

花粉近球形，P/E=1.05(1.01~1.11)，赤道面观近圆形，极面观为圆形，大小为 42.0(39.0~45.0)μm。具远极单孔，孔圆，稍向外凸，孔周围加厚，孔径为 4.0~5.0μm。外壁两层不明显，厚约 2.0μm。外壁纹饰为模糊的细网状。

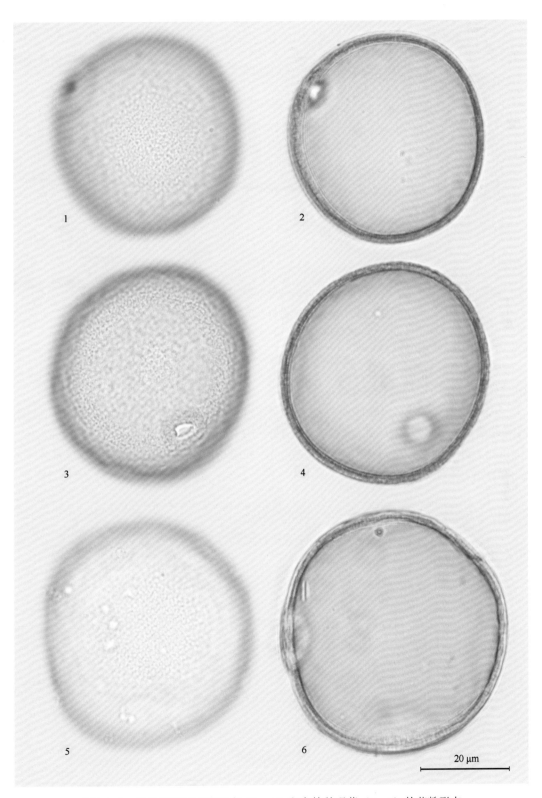

图 3.239　光学显微镜下老芒麦（1～4）和吉林鹅观草（5～6）的花粉形态

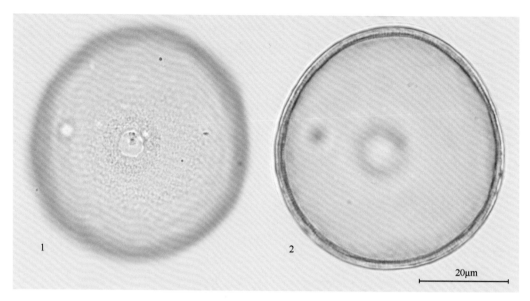

图 3.240　光学显微镜下吉林鹅观草的花粉形态

早熟禾属 *Poa* L.

早熟禾 *Poa annua* L.

图 3.241（标本号：TYS-090）

花粉近球形，$P/E=1.05(0.98\sim1.11)$，大小为 28.4(23.1～34.3)μm。具远极单孔，孔圆，稍向外凸，孔周围加厚，孔径为 3.29(2.15～5.18)μm，萌发孔环带直径为 7.08(4.35～10.0)μm。外壁两层，厚 1.35(0.96～1.92)μm，外层与内层厚度约相等，柱状层基柱不明显。外壁纹饰为模糊的细网状。

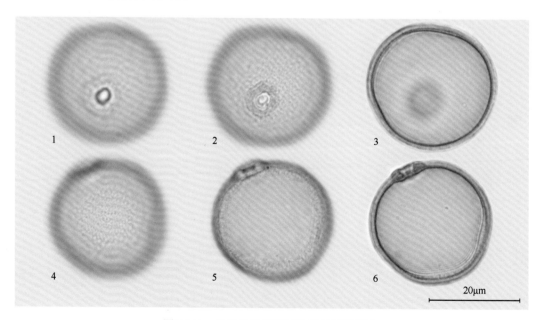

图 3.241　光学显微镜下早熟禾的花粉形态

1. 禾本科花粉形态的区分

本研究共观察禾本科 3 属 5 种植物的花粉形态，其特征具有一定的差异，主要对看麦娘、肥披碱草、老芒麦和早熟禾花粉建立分类回归模型。

2. 禾本科 4 种花粉形态的鉴别

1）禾本科 4 种花粉形态参数的筛选

对看麦娘、肥披碱草、老芒麦和早熟禾花粉形态参数的统计数据进行单因素方差分析，判断出花粉定量形态特征与花粉种属的关系均为显著（表 3.43），表明可以使用这些形态参数进行判别分析及 CART 模型构建。

表 3.43　禾本科 4 种花粉定量形态特征及方差分析结果

种名	粒径/μm	外壁厚度/μm	孔径/μm	萌发孔环带直径/μm
看麦娘	33.6(23.1～47.7)	1.49(1.00～2.46)	2.63(1.38～5.04)	6.13(3.78～9.41)
肥披碱草	46.8(34.8～57.3)	1.82(1.04～2.64)	4.29(2.62～6.33)	9.62(6.62～14.1)
老芒麦	53.6(44.3～65.9)	1.88(1.05～3.05)	5.27(2.95～7.78)	10.6(7.33～14.1)
早熟禾	28.4(23.1～34.3)	1.35(0.96～1.92)	3.29(2.15～5.18)	7.08(4.35～10.0)
组间方差	938.6***	72.37***	268.2***	269.7***

***表示 $p < 0.001$

2）禾本科 4 种花粉的可区分性

将花粉形态参数数据进行判别分析，禾本科 4 种花粉在三个判别函数下可以进行区分（图 3.242），第一判别函数和第二判别函数的贡献率分别为 94.43% 和 4.53%。

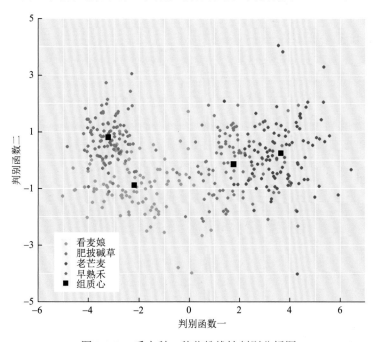

图 3.242　禾本科 4 种花粉线性判别分析图

3）禾本科 4 种花粉的鉴别模型

将花粉形态参数数据进行 CART 分析，结果如图 3.243 所示：禾本科 4 种花粉的分类回归树模型采用两个形态变量进行区分，将粒径在 41.4～49.4μm 的花粉鉴别为肥披碱草；将粒径≥49.4μm 的花粉鉴别为老芒麦；将粒径在 31.3～41.4μm 的花粉或者粒径＜31.3μm 且萌发孔环带直径＜5.7μm 的花粉鉴别为看麦娘；将粒径＜31.3μm 且萌发孔环带直径≥5.7μm 的花粉鉴别为早熟禾。

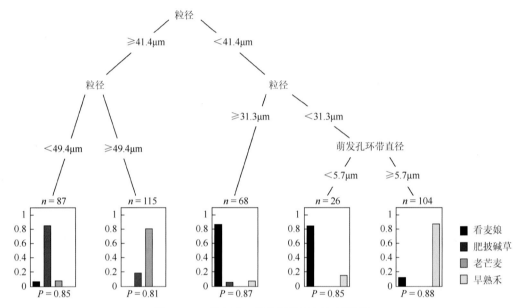

图 3.243　禾本科 4 种花粉分类回归树模型

4）禾本科 4 种花粉鉴别模型的检验

采用重复抽样的方法对模型进行 5 次检验，50 粒看麦娘花粉中有 45 粒可以正确鉴别，另外有 1 粒被误判为肥披碱草、4 粒被误判为早熟禾，正确鉴别的概率为 90%；50 粒肥披碱草花粉中有 41 粒可以正确鉴别，另外有 3 粒被误判为看麦娘、6 粒被误判为老芒麦，正确鉴别的概率为 82%；50 粒老芒麦花粉中有 45 粒可以正确鉴别，另外有 5 粒被误判为肥披碱草，正确鉴别的概率为 90%；50 粒早熟禾花粉中有 45 粒可以正确鉴别，另外有 5 粒被误判为看麦娘，正确鉴别的概率为 90%（表 3.44）。

表 3.44　禾本科 4 种花粉分类回归树模型检验结果

种名	鉴别为看麦娘/粒	鉴别为肥披碱草/粒	鉴别为老芒麦/粒	鉴别为早熟禾/粒	正确鉴别的概率
看麦娘	45	1	0	4	90%
肥披碱草	3	41	6	0	82%
老芒麦	0	5	45	0	90%
早熟禾	5	0	0	45	90%

3.52 花葱科 Polemoniaceae Juss.

花葱属 *Polemonium* L.

花葱 *Polemonium coeruleum* L.

图 3.244（标本号：CBS-011）

花粉粒球形，大小为 48.9(41.6～54.6)μm。具散孔，孔圆形，为 40～60 个，大小为 2.0～3.0μm。外壁两层，厚约 4.0μm，外层厚于内层，柱状层基柱明显。外壁纹饰为明显的条纹状。

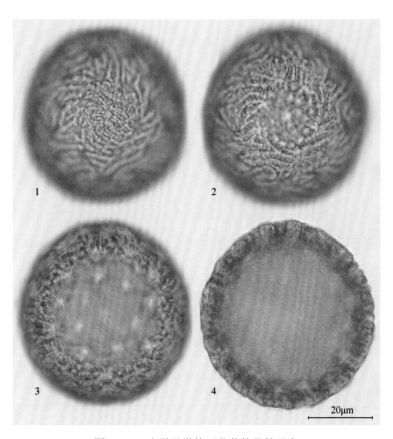

图 3.244 光学显微镜下花葱的花粉形态

3.53 远志科 Polygalaceae Hoffmanns. & Link

远志属 *Polygala* L.

远志 *Polygala tenuifolia* Willd.

图 3.245（标本号：TYS-193）

花粉粒近球形，P/E=1.06(1.02～1.10)，赤道面观椭圆形，极面观 16(～19)裂圆形，大小为 31.1(27.8～34.8)μm×29.3(27.3～31.3)μm。具 16～19 孔沟，内孔往往连接，在赤

道上形成孔环，孔径约 4.0μm。外壁两层，厚约 2.5μm，外层厚度是内层的 2 倍，柱状层基柱不明显。外壁纹饰近光滑。

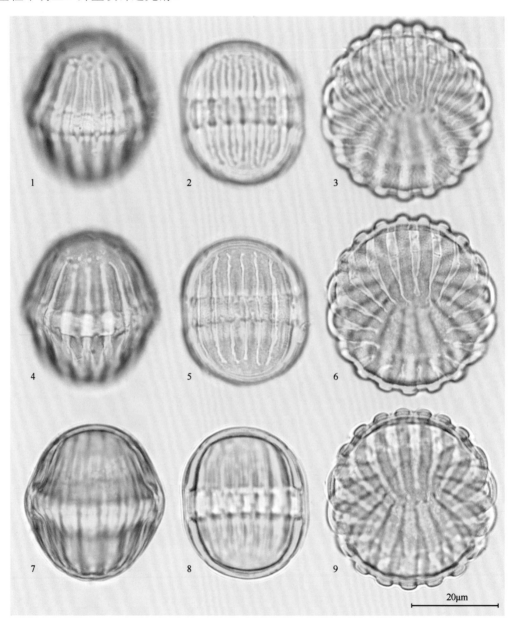

图 3.245　光学显微镜下远志的花粉形态

3.54　蓼科 Polygonaceae Juss.

何首乌属 *Fallopia* Adans.
木藤蓼 *Fallopia aubertii* (L. Henry) Holub
图 3.246（标本号：TYS-137）

花粉粒长球形，P/E=1.21(1.01～1.48)，赤道面观椭圆形，极面观三裂圆形，大小为 21.9(19.8～25.0)μm×18.1(15.3～20.0)μm。具三孔沟，沟狭长，几达两极，内孔横长，环带状。外壁两层，厚约 2.0μm，外层与内层厚度约相等，柱状层基柱明显。外壁纹饰为细网状。

篱蓼 *Fallopia dumetorum* (L.) Holub

图 3.247（标本号：CBS-223）

花粉粒长球形或近球形，P/E=1.17(1.05～1.29)，赤道面观椭圆形，极面观三裂圆形，大小为 22.5(26.5～19.5)μm×19.2(16.0～22.0)μm。具三孔沟，内孔横长，环带状。外壁两层，厚度不一致，两极处外壁较厚，厚约 3.0μm，赤道处外壁略薄，约 2.0μm；两极处外壁外层厚度是内层的 1.5 倍，赤道处外壁外层与内层厚度约相等，外壁柱状层基柱明显。外壁纹饰为细网状。

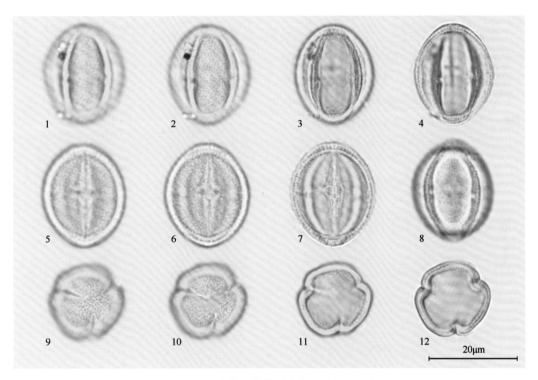

图 3.246　光学显微镜下木藤蓼的花粉形态

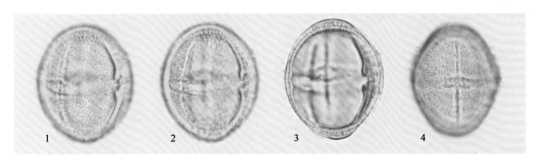

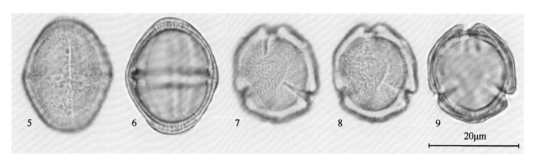

图 3.247　光学显微镜下篦蓼的花粉形态

蓼属 *Polygonum* L.

酸模叶蓼 *Polygonum lapathifolium* L.

图 3.248（标本号：TYS-162）

花粉粒球形，粒径为 37.8(34.0～40.3)μm。具散孔，孔圆形，位于单个网眼中。外壁两层，厚约 4.0μm，外层厚度约为内层的 3 倍，柱状层基柱明显。外壁纹饰为粗网状，具孔的网眼无颗粒，不具孔的网眼内具颗粒。

春蓼 *Polygonum persicaria* L.

图 3.249（标本号：CBS-178）

花粉粒球形，粒径为 42.8(40.0～45.5)μm。具散孔，孔圆形，位于单个网眼中。外壁两层，厚约 5.0μm，外层厚度约为内层的 4 倍，柱状层基柱明显。外壁纹饰为粗网状，网径约 3.0μm，具孔的网眼无颗粒，不具孔的网眼内具颗粒。

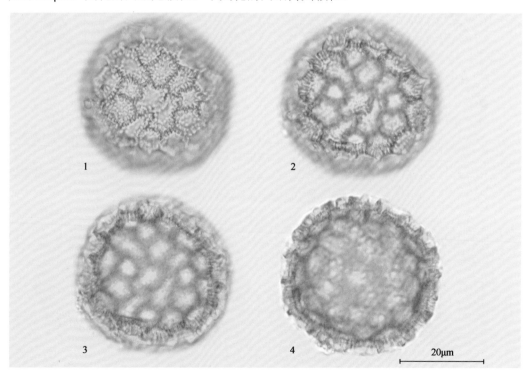

图 3.248　光学显微镜下酸模叶蓼的花粉形态

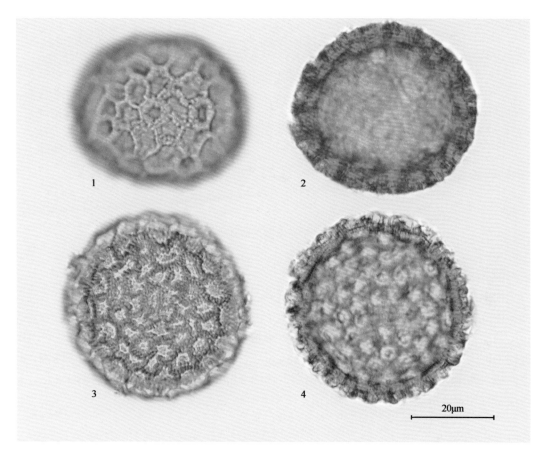

图 3.249　光学显微镜下春蓼的花粉形态

粘蓼 *Polygonum viscoferum* Mak.

图 3.250（标本号：CBS-252）

花粉粒球形，粒径为 35.3(32.0～40.5)μm。具散孔，孔圆形，位于单个网眼中。外壁两层，厚约 4.0μm，外层厚度约为内层的 3 倍，柱状层基柱明显。外壁纹饰为粗网状，网径为 3.0～5.0μm，具孔的网眼内无颗粒，其周围具 5～6 个不具孔的网眼，不具孔的网眼内具颗粒。

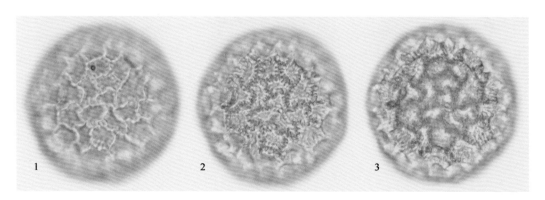

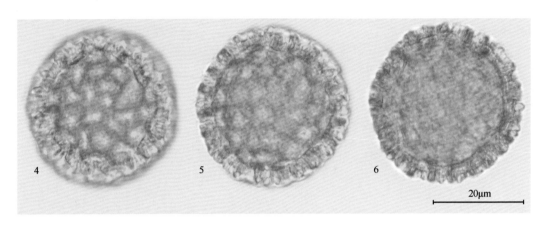

图 3.250　光学显微镜下粘蓼的花粉形态

酸模属 *Rumex* L.
巴天酸模 *Rumex patientia* L.

图 3.251（标本号：TYS-138）

花粉粒近球形，P/E=0.93(0.88～1.07)，赤道面观近圆形、稍扁，极面观为三（一四）裂圆形，大小为 28.5(25.5～30.0)μm×30.8(26.3～32.8)μm。具三（一四）孔沟，沟细，几达两极，两端尖锐，内孔圆形。外壁两层，厚约 2.5μm，外层厚度约为内层的 1.5 倍，柱状层基柱明显。外壁纹饰为细网状。

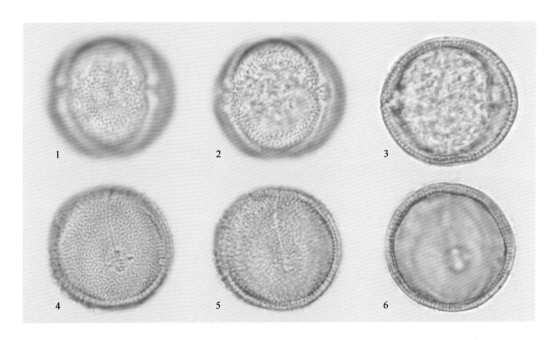

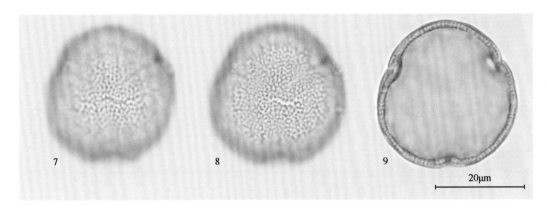

图 3.251　光学显微镜下巴天酸模的花粉形态

　　本研究共观察蓼科 3 属 6 种植物的花粉形态，其特征具有一定的差异，具有可以用于鉴别的典型特征。何首乌属的木藤蓼和篱蓼花粉多为长球形，内孔横长，环带状；蓼属的酸模叶蓼、春蓼和粘蓼花粉为球形，具散孔，外壁纹饰为粗网状；酸模属花粉近球形，沟细，内孔圆形。

3.55　报春花科 Primulaceae Batsch ex Borkh.

点地梅属 *Androsace* L.
点地梅 *Androsace umbellata* (Lour.) Merr.
图 3.252（标本号：CBS-022）

　　花粉粒近球形或长球形，*P/E*=1.17(1.06～1.34)，赤道面观椭圆形，极面观三裂圆形，大小为 15.1(13.0～17.0)μm×12.8(12.0～14.3)μm。具三孔沟，沟细长，沟宽约 1.5μm，内孔横长，不明显。外壁两层，厚约 1.1μm，柱状层基柱不明显。外壁纹饰为模糊的网状。

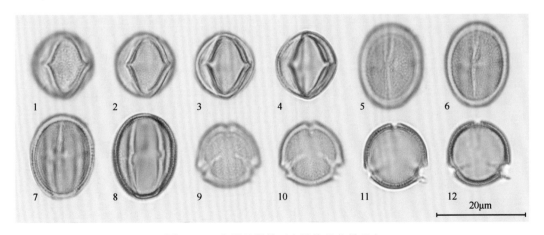

图 3.252　光学显微镜下点地梅的花粉形态

珍珠菜属 *Lysimachia* L.

狼尾花 *Lysimachia barystachys* Bunge

图 3.253：1～9（标本号：CBS-211）

花粉粒长球形，*P/E*=1.49(1.33～1.65)，赤道面观椭圆形，极面观三裂圆形，大小为 31.5(28.0～35.0)μm×21.2(20.0～22.5)μm。具三孔沟，沟狭长几达两极，内孔横长，环带状，孔径约 2.5μm。外壁两层，厚约 2.0μm，外层与内层厚度约相等，柱状层基柱明显。外壁纹饰为模糊网状。

黄连花 *Lysimachia davurica* Ledeb.

图 3.253：10～17（标本号：CBS-222）

花粉粒长球形，*P/E*=1.37(1.19～1.45)，赤道面观椭圆形，极面观三裂圆形，大小为 28.4(25.0～30.5)μm×20.5(19.0～22.0)μm。具三孔沟，沟狭长几达两极，沟宽约 4.0μm，内孔横长，孔径约 3.0μm。外壁两层，厚约 1.5μm，外层比内层略厚，柱状层基柱明显。外壁纹饰为网状。

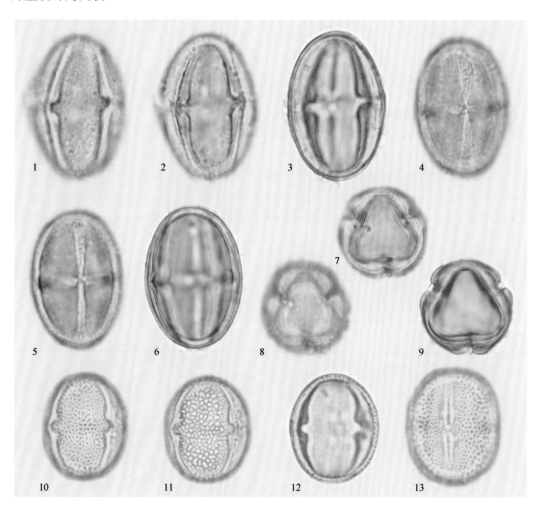

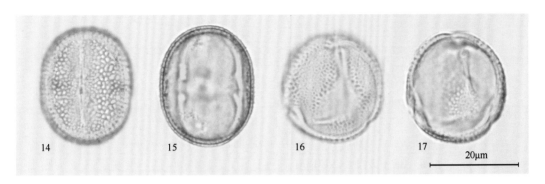

图 3.253　光学显微镜下狼尾花（1～9）和黄连花（10～17）的花粉形态

报春花属 *Primula* L.

樱草 *Primula sieboldii* E. Morren

图 3.254（标本号：CBS-060）

花粉粒长球形，P/E=1.48(1.24～1.75)，赤道面观椭圆形，极面观三裂圆形，大小为 19.7(17.0～23.5)μm×13.4(11.3～15.5)μm。具三孔沟，沟狭长达两极，在极处形成拟合沟（副合沟）。外壁两层，厚约 1.5μm，外层与内层厚度约相等，柱状层基柱明显。外壁纹饰为细网状。

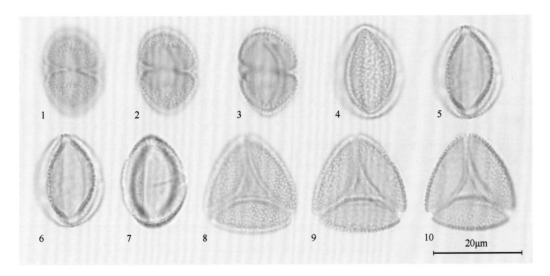

图 3.254　光学显微镜下樱草的花粉形态

本研究共观察报春花科 3 属 4 种植物的花粉形态，其特征具有一定的差异，具有可以用于鉴别的典型特征。点地梅花粉粒偏小，内孔横长，不明显；珍珠菜属狼尾花和黄连花花粉粒径偏大，长球形，内孔横长，呈环带状；报春花属樱草花粉具三孔沟，在极处形成拟合沟（副合沟）。

3.56　毛茛科 Ranunculaceae Juss.

乌头属 *Aconitum* L.

两色乌头 *Aconitum alboviolaceum* Kom.

图 3.255：1～8（标本号：CBS-239）

花粉粒近球形，P/E=1.02(1.00～1.09)，赤道面观近圆形，极面观三裂圆形，大小为 23.6(22.5～25.5)μm×23.1(21.8～25.0)μm。具三沟，沟相对较宽，两端变狭，沟膜上具颗粒，沟膜的颗粒比外壁颗粒粗，沟宽约 4.0μm。外壁两层，厚度不均匀，两极处厚约 2.5μm，赤道处厚约 1.7μm，外层与内层厚度约相等，柱状层基柱明显。外壁纹饰为模糊的颗粒状。

西伯利亚乌头 *Aconitum barbatum* Pers. var. *hispidum* (DC.) Seringe

图 3.255：9～17（标本号：TYS-167）

花粉粒近球形，P/E=0.99(0.87～1.09)，赤道面观近圆形，极面观三裂圆形，大小为 25.7(23.8～27.3)μm×25.9(23.0～28.8)μm。具三沟，沟长几达两极，沟膜上具粗颗粒，沟膜的颗粒比外壁颗粒粗。外壁两层，厚约 2.0μm，外层与内层厚度约相等，柱状层基柱不明显。外壁纹饰为颗粒状。

鸭绿乌头 *Aconitum jaluense* Kom.

图 3.255：18～21，图 3.256：1～4（标本号：CBS-271）

花粉粒长球形或近球形，P/E=1.16(1.02～1.32)，赤道面观椭圆形，极面观三裂圆形，大小为 23.0(21.5～24.0)μm×20.6(17.3～23.0)μm。具三沟，沟长几达两极，沟较宽，沟宽约 3.0μm，沟膜上具明显的颗粒，沟膜的颗粒比外壁颗粒粗。外壁两层，厚约 2.0μm，两极部分较其他地方略厚，外层与内层厚度约相等，柱状层基柱不明显。外壁纹饰为模糊的颗粒状。

北乌头 *Aconitum kusnezoffii* Reichb.

图 3.256：5～12（标本号：TYS-166）

花粉粒长球形或近球形，P/E=1.19(0.98～1.48)，赤道面观椭圆形，极面观三裂圆形，大小为 28.4(23.8～33.0)μm×23.8(22.3～25.3)μm。具三沟，沟狭长，沟膜上具明显的颗粒，沟膜的颗粒比外壁颗粒粗。外壁两层，厚约 2.0μm，两极较其他部分厚，内层厚度约为外层的 1.5 倍，柱状层基柱不明显。外壁纹饰为颗粒状。

长白乌头 *Aconitum tschangbaischanense* S. H. Li et Y. H. Huang

图 3.256：13～23（标本号：CBS-279）

花粉粒长球形或近球形，P/E=1.27(1.08～1.51)，赤道面观椭圆形，极面观三裂圆形，大小为 28.7(25.3～32.5)μm×22.5(20.3～24.5)μm。具三沟，沟长几达两极，沟相对较宽，宽约 3.0μm，沟膜上具明显的颗粒。外壁两层，厚约 2.0μm，两极较其他部分厚，内层厚度约为外层的 1.5 倍，柱状层基柱不明显。外壁纹饰为模糊的颗粒状。

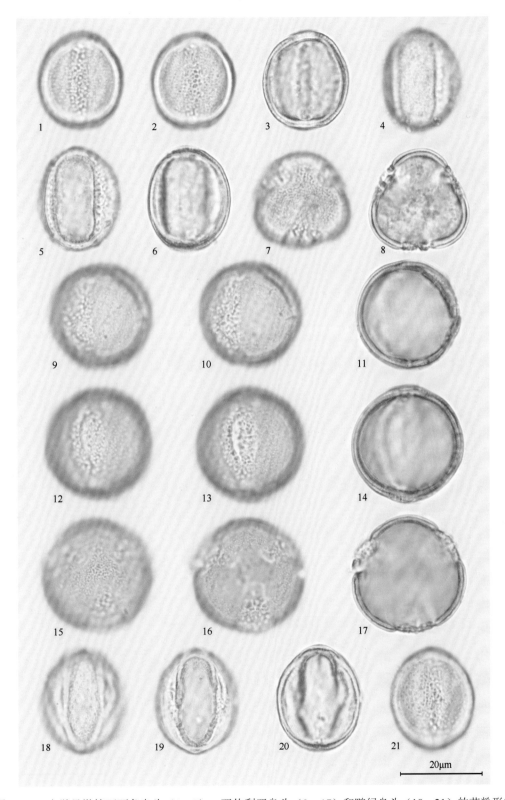

图 3.255　光学显微镜下两色乌头（1～8）、西伯利亚乌头（9～17）和鸭绿乌头（18～21）的花粉形态

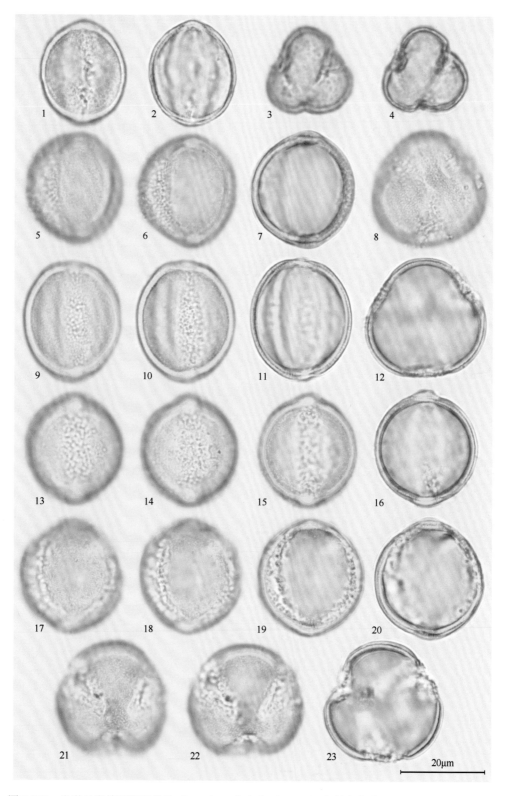

图 3.256　光学显微镜下鸭绿乌头（1～4）、北乌头（5～12）和长白乌头（13～23）的花粉形态

侧金盏花属 *Adonis* L.

侧金盏花 *Adonis amurensis* Regel et Radde

图 3.257：1～9（标本号：CBS-118）

花粉近球形或长球形，*P/E*=1.04(0.97～1.15)，赤道面观椭圆形，极面观三裂圆形，大小为 27.8(23.0～31.5)μm×26.8(22.0～29.0)μm。具三沟，沟宽，轮廓不显著，沟膜上具颗粒。外壁两层，厚约 2.0μm，外层略厚于内层，柱状层基柱明显。外壁纹饰为颗粒状，具小刺。

银莲花属 *Anemone* L.

黑水银莲花 *Anemone amurensis* (Korsh.) Kom.

图 3.257：10～15，图 3.258：1～3（标本号：CBS-057）

花粉粒近球形或扁球形，*P/E*=0.97(0.81～1.11)，赤道面观近圆形，极面观三裂圆形或四裂圆形，大小为 28.8(25.0～34.6)μm×29.7(25.1～35.0)μm。具三（一四）沟，沟宽 2.91(1.98～4.54)μm。外壁两层，厚 2.45(1.57～3.02)μm，外层与内层厚度约相等，柱状层基柱明显。外壁纹饰为清楚的颗粒，具小刺。

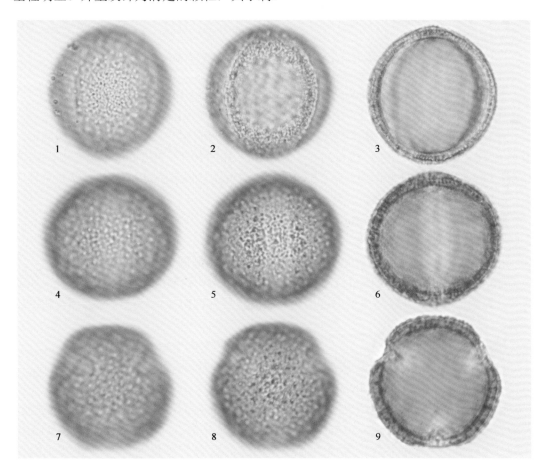

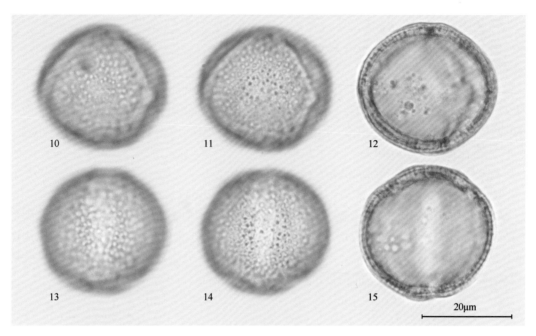

图 3.257　光学显微镜下侧金盏花（1～9）和黑水银莲花（10～15）的花粉形态

长毛银莲花 *Anemone narcissiflora* L. var. *crinita* (Juz.) Tamura

图 3.258：4～12（标本号：CBS-128）

花粉粒近球形，部分为扁球形或长球形，P/E=0.99(0.74～1.20)，赤道面观椭圆形，极面观三裂圆形，大小为 29.8(23.0～35.5)μm×30.3(20.4～36.7)μm。具三沟，沟宽 3.65(1.49～5.55)μm。外壁两层，厚 2.53(1.74～3.27)μm，外层比内层略厚，柱状层基柱明显。外壁纹饰为清楚的颗粒状，具小刺。

野棉花 *Anemone vitifolia* Buch.-Ham.

图 3.258：13～20（标本号：TYS-174）

花粉粒近球形，P/E=1.10(0.97～1.16)，赤道面观为椭圆形，极面观为三裂圆形，大小为 20.7(18.8～25.8)μm×18.8(17.5～22.5)μm。具三沟，沟狭长，沟膜上具颗粒。外壁两层，厚约 2.0μm，外层与内层厚度约相等，柱状层基柱明显。外壁纹饰为颗粒状，具小刺。

耧斗菜属 *Aquilegia* L.

白山耧斗菜 *Aquilegia japonica* Nakai et Hara

图 3.259（标本号：CBS-095）

花粉粒近球形或长球形，P/E=1.03(0.89～1.29)，赤道面观近圆形，极面观三裂圆形，大小为 21.1(18.1～24.1)μm×20.5(16.7～23.0)μm。具三沟，沟长几达两极，沟宽 3.14 (1.98～4.68)μm，沟膜上具较表面大而分布稀疏的颗粒。外壁两层，厚 1.75(1.24～2.24)μm，外层与内层厚度约相等，柱状层基柱不明显。外壁纹饰为清楚的颗粒状，具微弱的小刺。

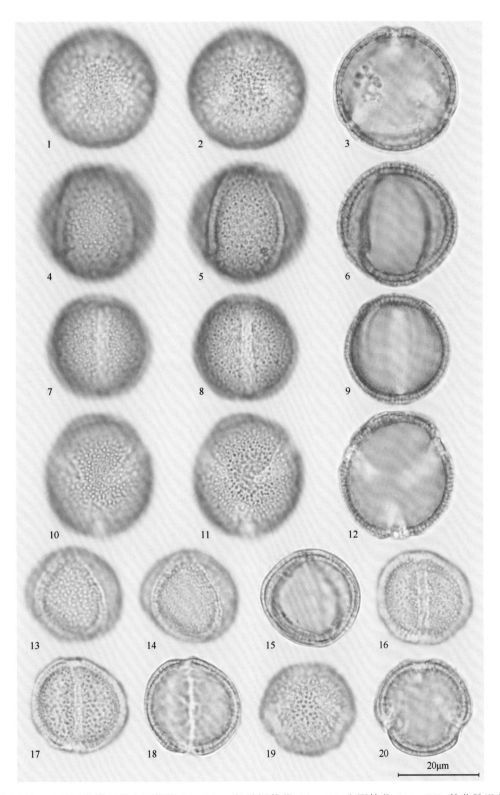

图 3.258　光学显微镜下黑水银莲花（1～3）、长毛银莲花（4～12）和野棉花（13～20）的花粉形态

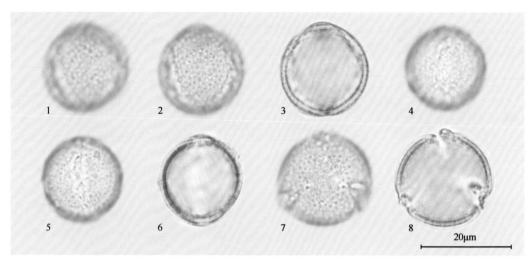

图 3.259　光学显微镜下白山耧斗菜的花粉形态

尖萼耧斗菜 *Aquilegia oxysepala* Trautv. et Mey.

图 3.260：1～8（标本号：CBS-010）

花粉粒长球形或近球形，*P/E*=1.32(1.02～1.54)，赤道面观近圆形，极面观三裂圆形，大小为 27.9(22.3～32.7)μm×21.2(17.8～27.4)μm。具三沟，沟宽 2.30(1.11～4.18)μm，沟膜上具大而分布稀疏的颗粒。外壁两层，厚 2.07(1.28～2.86)μm，外层与内层厚度约相等，柱状层基柱明显。外壁纹饰为清楚的颗粒状，具微弱的小刺。

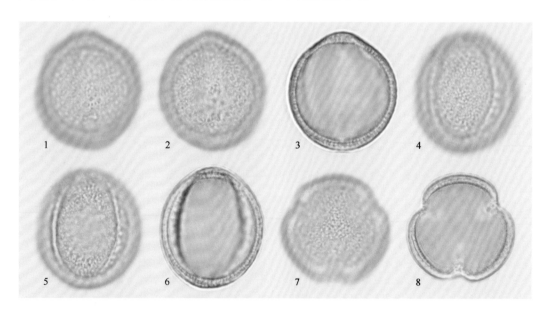

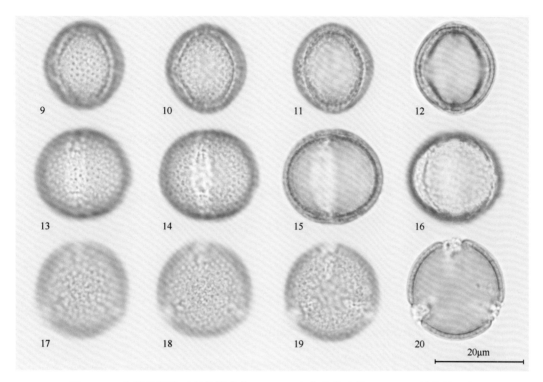

图 3.260　光学显微镜下尖萼耧斗菜（1～8）和华北耧斗菜（9～20）的花粉形态

华北耧斗菜 *Aquilegia yabeana* Kitag.

图 3.260：9～20（标本号：TYS-037）

花粉粒近球形或长球形，*P/E*=1.10(0.90～1.45)，赤道面观椭圆形，极面观三裂圆形，大小为 22.5(19.5～31.5)μm×20.9(15.8～25.4)μm。具三沟，沟宽 3.65(1.46～5.56)μm，沟膜上具大而分布稀疏的颗粒。外壁两层不明显，厚 2.18(1.34～3.14)μm，柱状层基柱不明显。外壁纹饰为清楚的颗粒状，具微弱的小刺。

升麻属 *Cimicifuga* Wernisch.

兴安升麻 *Cimicifuga dahurica* (Turcz.) Maxim.

图 3.261（标本号：TYS-135）

花粉近球形，*P/E*=0.93(0.90～0.97)，赤道面观近圆形，极面观三裂圆形，大小为 21.8(20.3～23.0)μm×23.4(21.3～25.3)μm，具三沟，沟狭长。外壁两层，厚约 2.0μm，外层与内层厚度约相等，柱状层基柱明显。外壁纹饰为颗粒状，具微弱的小刺。

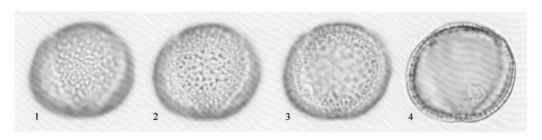

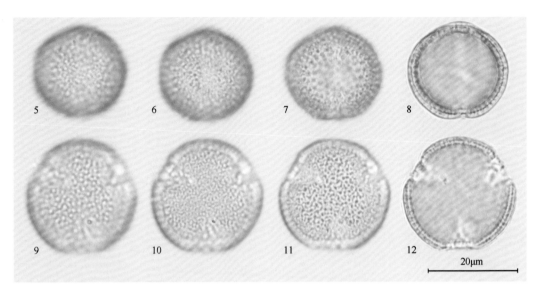

图 3.261　光学显微镜下兴安升麻的花粉形态

大三叶升麻 *Cimicifuga heracleifolia* Kom.

图 3.262：1～9（标本号：CBS-229）

花粉粒近球形或扁球形，P/E=0.95(0.81～1.06)，赤道面观椭圆形，极面观三裂圆形，大小为 21.3(17.8～23.5)μm×22.3(20.0～24.5)μm。具三沟，沟狭长，几达两极，沟膜上具颗粒，沟宽 0.5～1.0μm。外壁两层，厚约 2.0μm，外层与内层厚度约相等，柱状层基柱明显。外壁纹饰为颗粒状，具微弱的小刺。

单穗升麻 *Cimicifuga simplex* Wormsk.

图 3.262：10～18（标本号：CBS-084）

花粉粒近球形，P/E=0.95(0.88～1.04)，赤道面观椭圆形，极面观三裂圆形，大小为 29.6(25.4～32.8)μm×31.0(27.0～34.8)μm。具三沟，沟宽 2.4～4.3μm。外壁两层，厚约 2.5μm，外层厚于内层，柱状层基柱明显。外壁纹饰为清楚的粗颗粒状，表面具小刺。

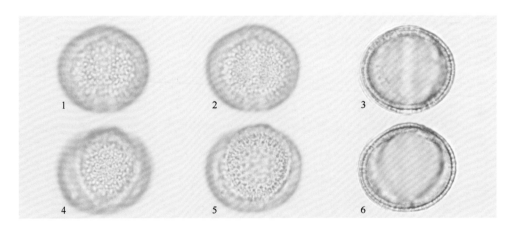

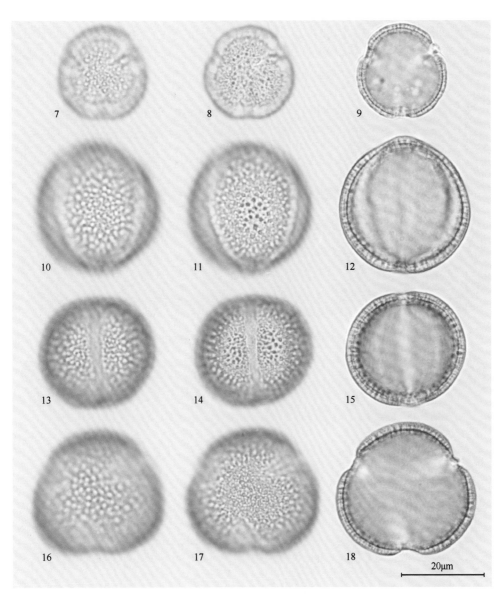

图 3.262　光学显微镜下大三叶升麻（1~9）和单穗升麻（10~18）的花粉形态

铁线莲属 *Clematis* L.

芹叶铁线莲 *Clematis aethusifolia* Turcz.

图 3.263：1~12（标本号：TYS-156）

花粉近球形或长球形，*P*/*E*=1.08(0.99~1.29)，赤道面观近圆形，极面观三裂圆形，大小为 21.6(20.0~22.8)μm×20.0(17.3~21.8)μm。具三沟，沟狭长，几达两极。外壁两层，厚约 2.0μm，外层与内层厚度约相等，柱状层基柱明显。外壁纹饰为颗粒状。

粉绿铁线莲 *Clematis glauca* Willd.

图 3.263：13~21（标本号：TYS-122）

花粉粒近球形或长球形，*P*/*E*=1.02(0.90~1.27)，赤道面观椭圆形，极面观三裂圆形，大小为 26.9(22.5～31.3)μm×26.5(17.8～29.8)μm。具三沟，沟较长，沟膜上具颗粒。外壁两层，厚约 2.0μm，外层与内层厚度约相等，柱状层基柱明显。外壁纹饰为颗粒状。

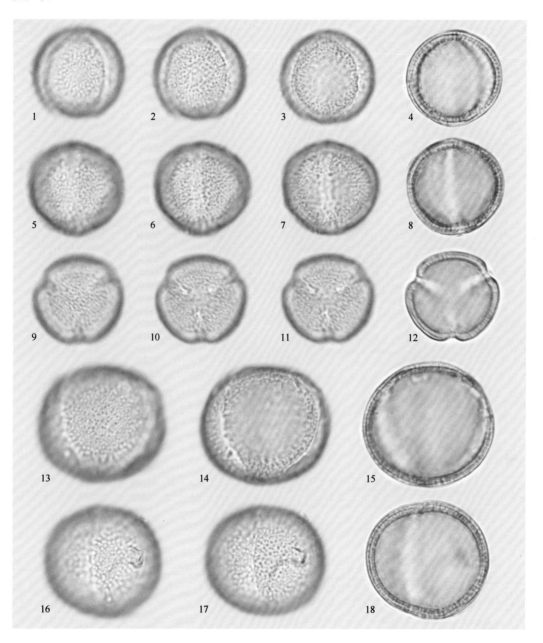

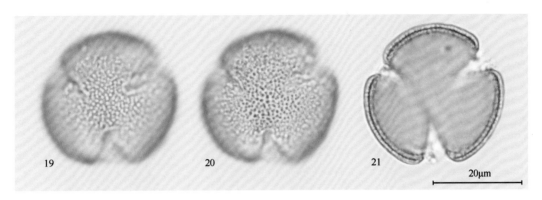

图 3.263　光学显微镜下芹叶铁线莲（1～12）和粉绿铁线莲（13～21）的花粉形态

朝鲜铁线莲 *Clematis koreana* Kom.

图 3.264：1～9（标本号：CBS-002）

花粉粒近球形，P/E=1.00(0.88～1.12)，赤道面观椭圆形，极面观三裂圆形，大小为 25.2(22.1～27.6)μm×25.1(22.2～27.7)μm。具三沟，沟宽约 2.8μm，沟膜上具颗粒。外壁两层，厚约 1.6μm，外层与内层厚度约相等，两极外壁稍厚，柱状层基柱明显。外壁纹饰为颗粒状。

翠雀属 *Delphinium* L.

翠雀 *Delphinium grandiflorum* L.

图 3.264：10～18（标本号：TYS-154）

花粉粒长球形或近球形，P/E=1.20(1.06～1.41)，赤道面观椭圆形，极面观锐三角形，萌发孔位于边上，大小为 23.7(21.5～25.0)μm×19.7(17.8～22.0)μm。具三沟，沟较宽，两端变狭。外壁两层，厚约 2.0μm，外层与内层厚度约相等，两极部分较其他部分稍厚，柱状层基柱不明显。外壁纹饰为颗粒状。

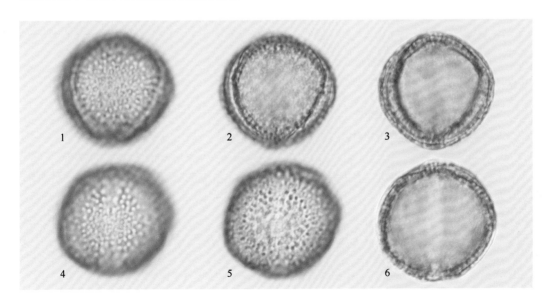

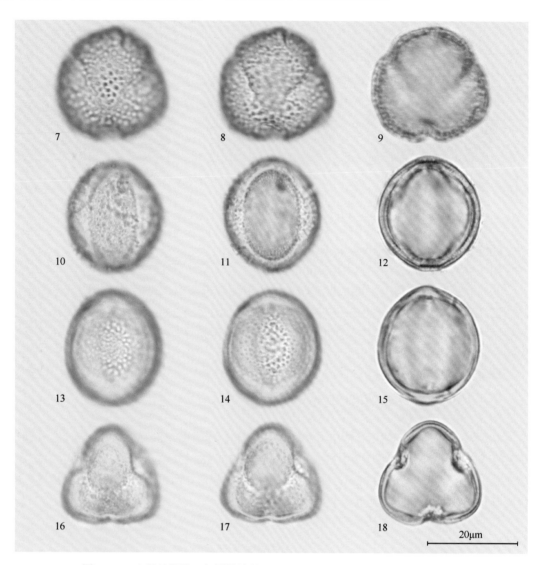

图 3.264　光学显微镜下朝鲜铁线莲（1～9）和翠雀（10～18）的花粉形态

菟葵属 *Eranthis* Salisb.
菟葵 *Eranthis stellata* Maxim.
图 3.265（标本号：CBS-120）

花粉粒长球形或近球形，P/E=1.22(1.10～1.36)，赤道面观椭圆形，极面观三裂圆形，大小为 40.1(33.5～45.0)μm×32.9(29.0～35.5)μm。具三沟，几达两极，沟膜上有颗粒。外壁两层，厚约 2.5μm，外层厚度约为内层的 1.5 倍，柱状层基柱明显。外壁纹饰为颗粒状。

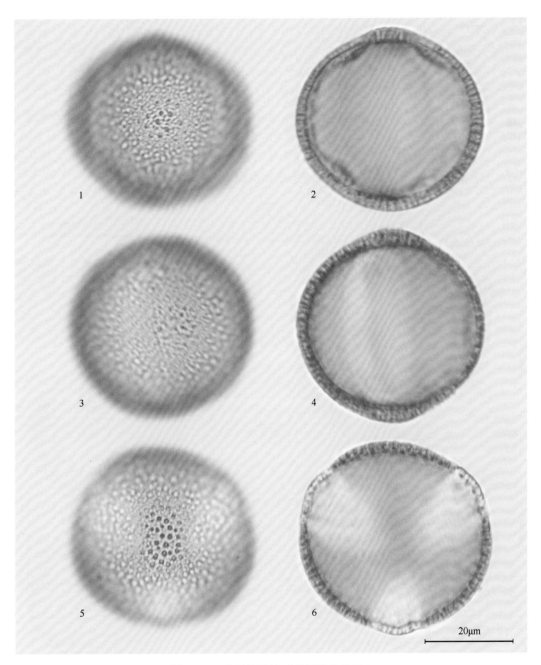

图 3.265 光学显微镜下菟葵的花粉形态

白头翁属 *Pulsatilla* Mill.

白头翁 *Pulsatilla chinensis* (Bunge) Regel

图 3.266：1~9（标本号：TYS-006）

花粉近球形或长球形，P/E=1.08(0.95~1.24)，赤道面观近圆形，极面观三裂圆形，大小为 34.3(30.0~37.3)μm×31.6(30.0~35.0)μm。具三沟，沟膜上具与外壁同样的小刺。

外壁两层，厚约 3.0μm，外层与内层厚度约相等，柱状层基柱明显。外壁具明显而大小不一致的小刺状纹饰。

兴安白头翁 *Pulsatilla dahurica* (Fisch.) Spreng.

图 3.266：10～15，图 3.267：1～3（标本号：CBS-062）

花粉近球形或长球形，P/E=1.13(1.06～1.21)，赤道面观椭圆形，极面观三裂圆形，大小为 35.8(34.0～37.5)μm×31.6(30.0～33.0)μm。具三沟，沟膜上具与外壁同样的小刺。外壁两层，厚约 2.0μm，两极处外壁加厚，厚约 4.0μm，外层与内层厚度约相等，柱状层基柱明显。外壁具明显而大小不一致的小刺状纹饰。

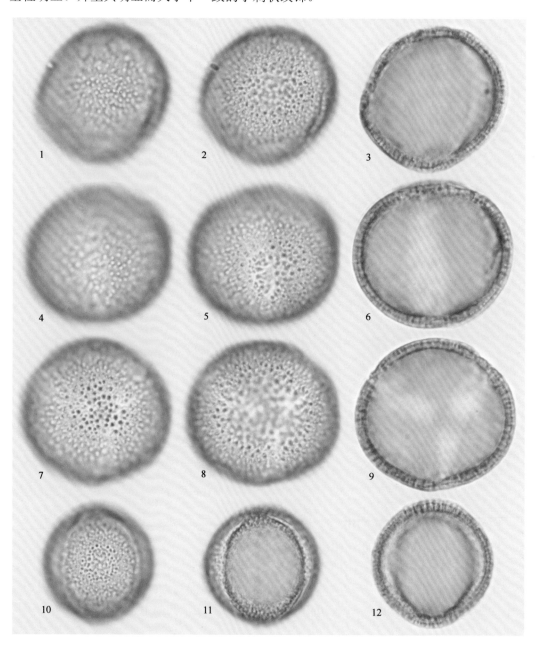

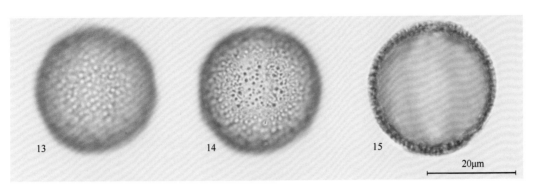

图 3.266　光学显微镜下白头翁（1~9）和兴安白头翁（10~15）的花粉形态

毛茛属 *Ranunculus* L.

深山毛茛 *Ranunculus franchetii* de Boiss.

图 3.267：4~12（标本号：CBS-117）

花粉粒近球形，P/E=0.98(0.87~1.08)，赤道面观椭圆形，极面观三裂圆形，大小为 29.6(25.0~38.3)μm×30.0(26.2~37.2)μm。具三沟，几达两极，沟宽为 4.59(2.59~6.88)μm。外壁两层，厚 2.48(1.81~3.41)μm，外层略厚于内层或外层与内层厚度约相等，柱状层基柱明显。外壁纹饰为颗粒状。

毛茛 *Ranunculus japonicus* Thunb.

图 3.267：13~18（标本号：TYS-161）

花粉粒近球形，P/E=1.05(1.00~1.10)，赤道面观椭圆形，极面观近圆形，大小为 32.4(30.3~35.3)μm×30.8(27.5~32.8)μm。具三沟。外壁两层，厚约 2.5μm，外层与内层厚度约相等，柱状层基柱明显。外壁纹饰为颗粒状。

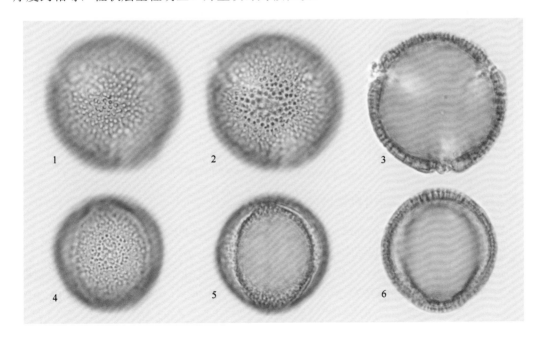

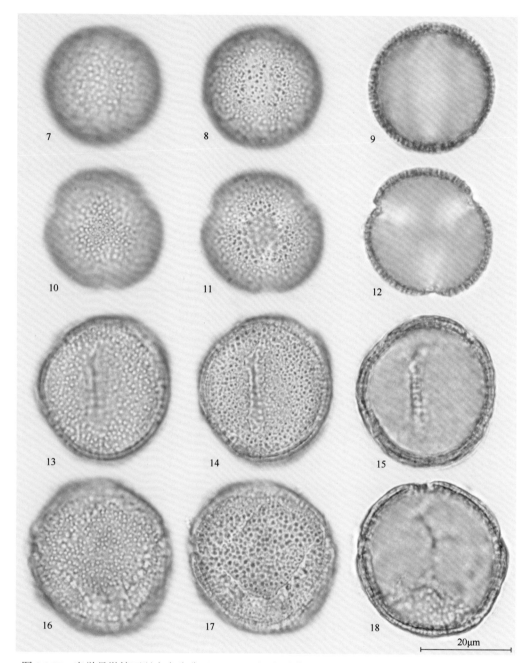

图 3.267　光学显微镜下兴安白头翁（1～3）、深山毛茛（4～12）和毛茛（13～18）的花粉形态

白山毛茛 *Ranunculus japonicus* Thunb. var. *monticola* Kitag.

图 3.268（标本号：CBS-116）

花粉粒长球形或近球形，*P/E*=1.09(0.90～1.40)，赤道面观椭圆形，极面观三裂圆形，大小为 25.4(19.6～34.0)μm×23.5(17.3～32.6)μm。具三沟，几达两极，沟宽 1.96(1.01～

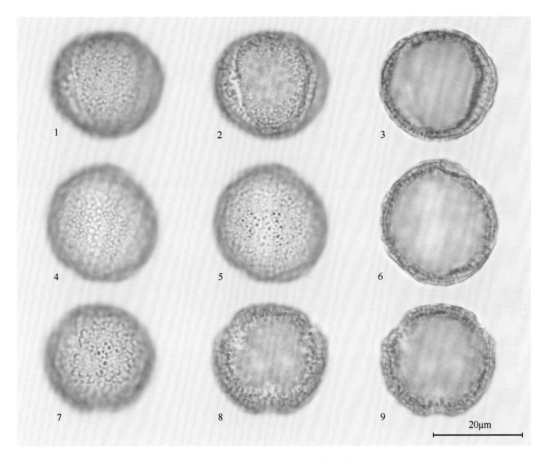

图 3.268　光学显微镜下白山毛茛的花粉形态

4.00)μm。外壁两层，厚 1.84(1.20～2.78)μm，外层与内层厚度约相等，柱状层基柱不明显。外壁纹饰为微刺状。

唐松草属 *Thalictrum* Tourn. ex L.

唐松草 *Thalictrum aquilegifolium* L. var. *sibiricum* Regel et Tiling

图 3.269：1～8（标本号：CBS-119）

花粉粒球形，直径为 16.3(14.5～18.5)μm，具散孔，孔数为 8～14 个，孔界限不明显，孔膜上具大的颗粒。外壁两层，厚约 1.5μm，外层与内层厚度约相等，柱状层基柱不明显。外壁纹饰为颗粒状。

瓣蕊唐松草 *Thalictrum petaloideum* L.

图 3.269：9～16（标本号：TYS-146）

花粉粒球形，直径为 18.1(16.3～19.8)μm。具散孔，孔数为 6～8 个，孔径约 4.0μm。外壁两层，厚约 2.0μm，外层与内层厚度约相等，柱状层基柱明显。外壁纹饰为微刺状。

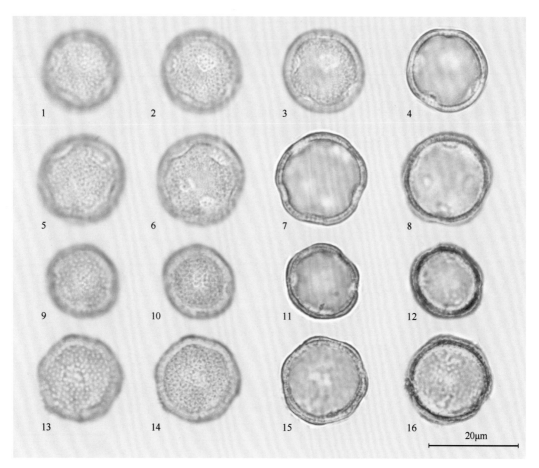

图 3.269　光学显微镜下唐松草（1～8）和瓣蕊唐松草（9～16）的花粉形态

金莲花属 *Trollius* L.

长白金莲花 *Trollius japonicus* Miq.

图 3.270（标本号：CBS-068）

花粉粒长球形或近球形，P/E=1.14(1.03～1.47)，赤道面观椭圆形或近圆形，极面观三裂圆形，大小为 20.3(17.5～25.0)μm×17.9(15.5～19.5)μm。具三沟，沟细长，末端尖。外壁两层，厚约 1.5μm，外层与内层厚度约相等，柱状层基柱明显。外壁纹饰为细网状。

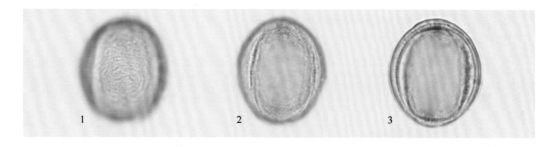

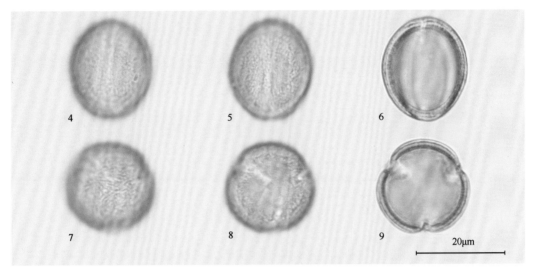

图 3.270　光学显微镜下长白金莲花的花粉形态

1. 毛茛科花粉形态的区分

本研究共观察毛茛科 12 属 28 种植物的花粉形态，部分属种具有典型的鉴别特征。乌头属花粉沟膜上具粗颗粒，沟膜的颗粒比外壁颗粒粗；翠雀属花粉极面观孔在边上；唐松草属花粉为散孔。其余属种鉴别特征不明显，较难分辨。

2. 银莲花属花粉形态的区分

1）银莲花属 2 种花粉形态参数的筛选

对黑水银莲花和长毛银莲花花粉形态参数的统计数据进行单因素方差分析，除赤道轴长、P/E 和外壁厚度外，其他花粉定量形态特征与花粉种属的关系为显著（表 3.45）。

表 3.45　银莲花属 2 种花粉定量形态特征及方差分析结果

种名	极轴长/μm	赤道轴长/μm	P/E	外壁厚度/μm	沟宽/μm
黑水银莲花	28.8(25.0～34.6)	29.7(25.1～35.0)	0.97(0.81～1.11)	2.45(1.57～3.02)	2.91(1.98～4.54)
长毛银莲花	29.8(23.0～35.5)	30.3(20.4～36.7)	0.99(0.74～1.20)	2.53(1.74～3.27)	3.65(1.49～5.55)
组间方差	7.861***	2.195	2.774	2.977	50.66***

***表示 $p < 0.001$

2）银莲花属 2 种花粉的可区分性

将花粉形态参数数据进行判别分析，银莲花属 2 种花粉在一个判别函数下即可明确区分（图 3.271）。

3）银莲花属 2 种花粉的鉴别模型

将花粉形态参数数据进行 CART 分析，结果如图 3.272 所示：银莲花属 2 种花粉的分类回归树模型采用 3 个形态变量进行区分，CART 模型将沟宽<3.8μm，极轴长<30.8μm 鉴别为黑水银莲花；将沟宽<3.8μm，极轴长≥30.8μm 的花粉或沟宽≥3.8μm 的花粉鉴别为长毛银莲花。

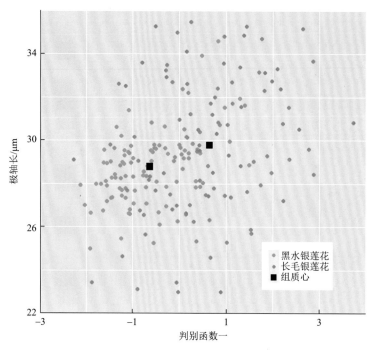

图 3.271　银莲花属 2 种花粉线性判别分析图

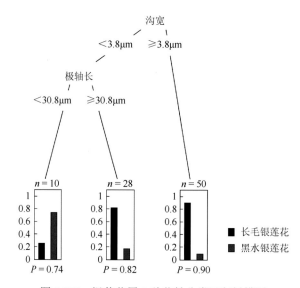

图 3.272　银莲花属 2 种花粉分类回归树模型

4）银莲花属 2 种花粉鉴别模型的检验

采用重复抽样的方法对模型进行 5 次检验，50 粒黑水银莲花花粉中有 45 粒可以正确鉴别，另外 5 粒被误判为长毛银莲花，正确鉴别的概率为 90%；50 粒长毛银莲花花粉中有 43 粒可以正确鉴别，另外 7 粒被误判为黑水银莲花，正确鉴别的概率为 86%（表 3.46）。

表 3.46　银莲花属 2 种花粉分类回归树模型检验结果

种名	鉴别为黑水银莲花/粒	鉴别为长毛银莲花/粒	正确鉴别的概率
黑水银莲花	45	5	90%
长毛银莲花	7	43	86%

3. 耧斗菜属花粉形态的区分

1）耧斗菜属 3 种花粉形态参数的筛选

对白山耧斗菜、尖萼耧斗菜和华北耧斗菜花粉形态参数的统计数据进行单因素方差分析，判断除了赤道轴长外，其他花粉定量形态特征与花粉种属的关系均为显著（表 3.47）。

表 3.47　耧斗菜属 3 种花粉定量形态特征及方差分析结果

种名	极轴长/μm	赤道轴长/μm	P/E	外壁厚度/μm	沟宽/μm
白山耧斗菜	21.1(18.1~24.1)	20.5(16.7~23.0)	1.03(0.89~1.29)	1.75(1.24~2.24)	3.14(1.98~4.68)
尖萼耧斗菜	27.9(22.3~32.7)	21.2(17.8~27.4)	1.32(1.02~1.54)	2.07(1.28~2.86)	2.30(1.11~4.18)
华北耧斗菜	22.5(19.5~31.5)	20.9(15.8~25.4)	1.10(0.90~1.45)	2.18(1.34~3.14)	3.65(1.46~5.56)
组间方差	505.4***	2.899	165.2***	64.59***	113.5***

***表示 $p < 0.001$

2）耧斗菜属 3 种花粉的可区分性

将花粉形态参数数据进行判别分析，耧斗菜属 3 种花粉在两个判别函数下可以进行区分（图 3.273），第一判别函数和第二判别函数的贡献率分别为 82.65% 和 17.35%。

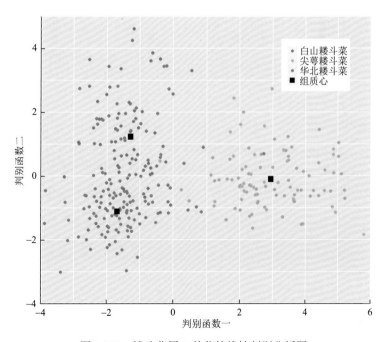

图 3.273　耧斗菜属 3 种花粉线性判别分析图

3）耧斗菜属 3 种花粉的鉴别模型

将花粉形态参数数据进行 CART 分析，结果如图 3.274 所示：耧斗菜属 3 种花粉的分类回归树模型采用 3 个形态变量进行区分，将极轴长＜22.2μm 且外壁厚度＜2.0μm 的花粉，或极轴长在 22.2～24.5μm、外壁厚度＜2.0μm 且沟宽＜3.2μm 的花粉鉴别为白山耧斗菜；将极轴长在 22.2～24.5μm、外壁厚度＜2.0μm 且沟宽≥3.2μm 的花粉，或极轴长＜24.5μm 且外壁厚度≥2.0μm 的花粉鉴别为华北耧斗菜；将极轴长≥24.5μm 的花粉鉴别为尖萼耧斗菜。

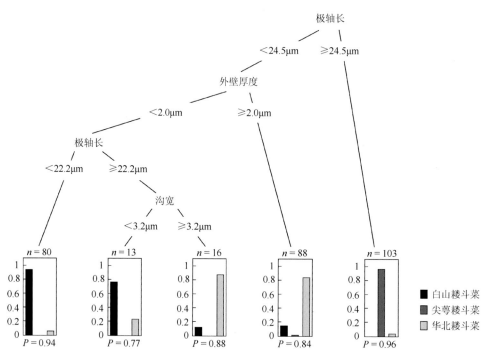

图 3.274　耧斗菜属 3 种花粉分类回归树模型

4）耧斗菜属 3 种花粉鉴别模型的检验

采用重复抽样的方法对模型进行 5 次检验（表 3.48），50 粒白山耧斗菜花粉中有 41 粒可以正确鉴别，另外 9 粒被误判为华北耧斗菜，正确鉴别的概率为 82%；50 粒尖萼耧斗菜花粉全部可以正确鉴别，正确鉴别概率为 100%；50 粒华北耧斗菜花粉中有 49 粒可以正确鉴别，另外有 1 粒被误判为白山耧斗菜，正确鉴别的概率为 98%。

表 3.48　耧斗菜属 3 种花粉分类回归树模型检验结果

种名	鉴别为白山耧斗菜/粒	鉴别为尖萼耧斗菜/粒	鉴别为华北耧斗菜/粒	正确鉴别的概率
白山耧斗菜	41	0	9	82%
尖萼耧斗菜	0	50	0	100%
华北耧斗菜	1	0	49	98%

4. 毛茛属 2 种花粉形态的鉴别

1）毛茛属 2 种花粉形态参数的筛选

对毛茛属 2 种花粉形态参数的统计数据进行单因素方差分析，判断出花粉定量形态特征与花粉种属的关系均为显著（表 3.49）。

表 3.49　毛茛属 2 种花粉定量形态特征及方差分析结果

种名	极轴长/μm	赤道轴长/μm	P/E	外壁厚度/μm	沟宽/μm
深山毛茛	29.6(25.0~38.3)	30.0(26.2~37.2)	0.98(0.87~1.08)	2.48(1.81~3.41)	4.59(2.59~6.88)
白山毛茛	25.4(19.6~34.0)	23.5(17.3~32.6)	1.09(0.90~1.40)	1.84(1.20~2.78)	1.96(1.01~4.00)
组间方差	123.2***	203.1***	87.78***	165.4***	829.7***

***表示 $p < 0.001$

2）毛茛属 2 种花粉的可区分性

将花粉形态参数数据进行判别分析，毛茛属 2 种花粉在一个判别函数下可以进行区分（图 3.275）。

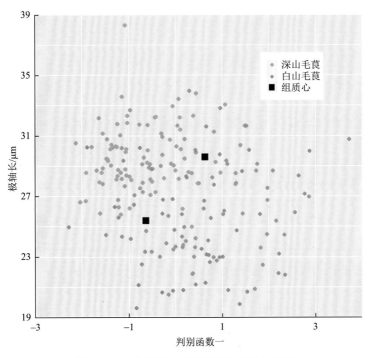

图 3.275　毛茛属 2 种花粉线性判别分析图

3）毛茛属 2 种花粉的鉴别模型

将花粉形态参数数据进行 CART 分析，结果如图 3.276 所示：毛茛属 2 种花粉的分类回归树模型采用 1 个形态变量进行区分，将沟宽≥3.2μm 的花粉鉴别为深山毛茛；将沟宽<3.2μm 的花粉鉴别为白山毛茛。

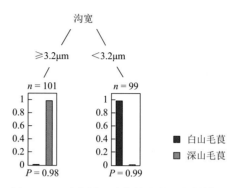

图 3.276　毛茛属 2 种花粉分类回归树模型

4）毛茛属 2 种花粉鉴别模型的检验

采用重复抽样的方法对模型进行 5 次检验，50 粒深山毛茛花粉全部可以正确鉴别，鉴别概率为 100%；50 粒白山毛茛花粉全部可以正确鉴别，鉴别概率为 100%（表 3.50）。

表 3.50　毛茛属 2 种花粉分类回归树模型检验结果

种名	鉴别为深山毛茛/粒	鉴别为白山毛茛/粒	正确鉴别的概率
深山毛茛	50	0	100%
白山毛茛	0	50	100%

3.57　鼠李科 Rhamnaceae Juss.

鼠李属 *Rhamnus* L.

锐齿鼠李 *Rhamnus arguta* Maxim.

图 3.277：1～9（标本号：TYS-067）

花粉粒近球形或扁球形，P/E=0.98(0.84～1.10)，赤道面观椭圆形，极面观钝三角形，大小为 18.8(16.3～22.0)μm×19.3(16.5～22.4)μm。具三孔沟，沟长，达两极，沟宽 1.44(1.24～1.98)μm，沟与孔连接成 H 形，孔边缘加厚，孔大小为 5.16(2.98～6.48)μm。外壁两层不明显，厚 1.39(1.22～1.55)μm。外壁纹饰为清楚的网状。

鼠李 *Rhamnus davurica* Pall.

图 3.277：10～18（标本号：CBS-039）

花粉粒近球形或扁球形，P/E=0.91(0.81～1.12)，赤道面观椭圆形，极面观钝三角形，大小为 23.3(20.7～27.1)μm×25.6(21.8～29.0)μm。具三孔沟，沟长，达两极，沟宽 1.68(1.17～2.04)μm，沟与孔连接成 H 形，孔大小为 5.58(4.75～6.40)μm。外壁两层不明显，厚 1.19(1.08～1.32)μm。外壁纹饰为网状。

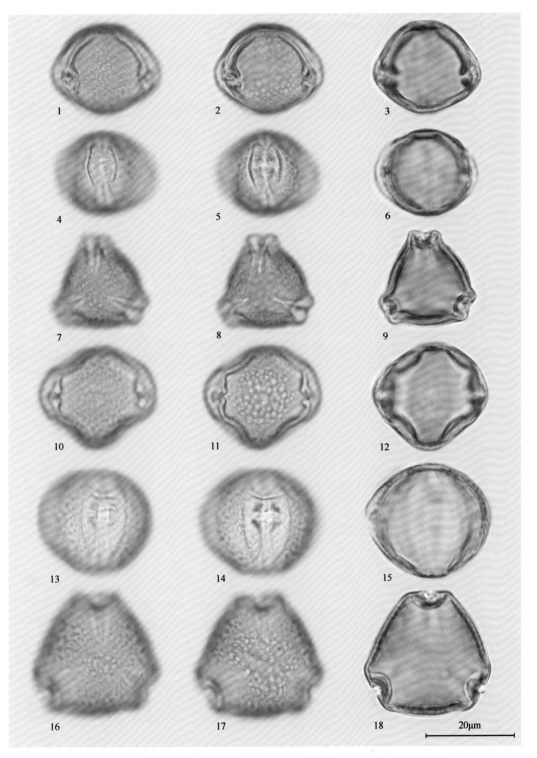

图 3.277　光学显微镜下锐齿鼠李（1~9）和鼠李（10~18）的花粉形态

金刚鼠李 *Rhamnus diamantiaca* Nakai

图 3.278：1~9（标本号：CBS-003）

花粉粒近球形或扁球形，P/E=0.92(0.83~1.04)，赤道面观椭圆形，极面观钝三角形，大小为 22.3(18.9~24.9)μm×24.4(21.3~26.4)μm。具三孔沟，沟长，达两极，沟宽 2.01(1.82~2.45)μm，沟与孔连接成 H 形，孔边缘加厚，孔大小为 5.56(4.24~7.14)μm。外壁两层不明显，厚 1.26(1.17~1.36)μm。外壁纹饰为清楚的网状。

小叶鼠李 *Rhamnus parvifolia* Bunge

图 3.278：10~21（标本号：TYS-068）

花粉粒近球形或扁球形，P/E=0.95(0.86~1.05)，赤道面观椭圆形，极面观钝三角形，大小为 18.5(16.3~21.8)μm×19.4(17.3~22.1)μm。具三孔沟，沟长，达两极，沟宽 1.36(1.22~1.52)μm，沟与孔连接成 H 形，孔边缘加厚，孔大小为 5.51(4.05~6.25)μm。外壁两层，厚 1.20(1.05~1.41)μm，外层略厚于内层。外壁纹饰为清楚的网状。

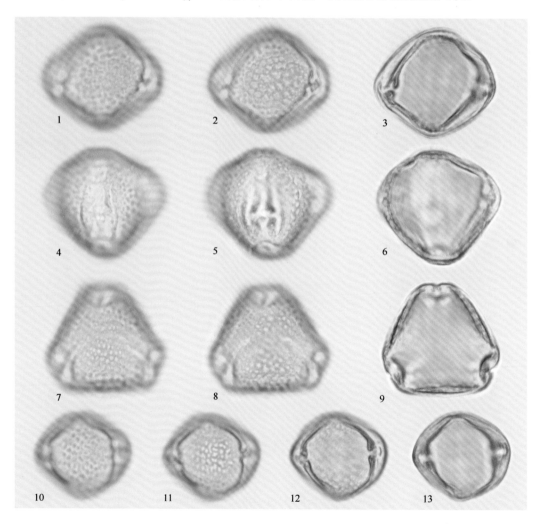

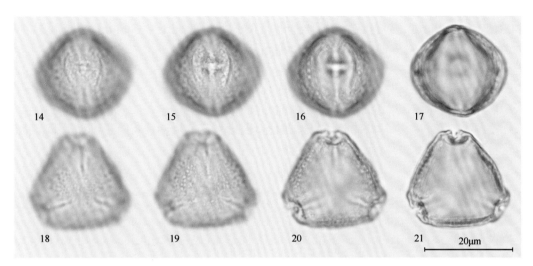

图 3.278　光学显微镜下金刚鼠李（1～9）和小叶鼠李（10～21）的花粉形态

冻绿 *Rhamnus utilis* Decne.

图 3.279（标本号：TYS-093）

花粉粒近球形或扁球形，P/E=0.95(0.84～1.07)，赤道面观椭圆形，极面观钝三角形，大小为 20.6(18.4～24.3)μm×21.6(19.0～24.3)μm。具三孔沟，沟长，达两极，沟宽

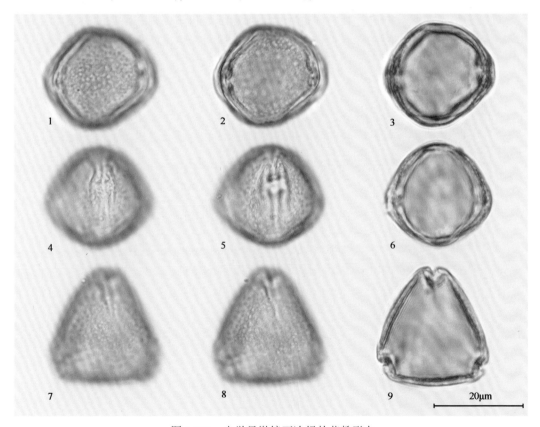

图 3.279　光学显微镜下冻绿的花粉形态

1.47(1.35～1.60)μm，沟与孔连接成 H 形，孔大小为 5.23(4.31～6.39)μm。外壁两层，厚1.22(1.05～1.35)μm。外壁纹饰为清楚的网状。

鼠李属花粉形态的鉴别

1）鼠李属 5 种花粉形态参数的筛选

对鼠李属花粉形态参数的统计数据进行单因素方差分析，判断出花粉定量形态特征与花粉种属的关系均为显著（表 3.51）。

表 3.51　鼠李属 5 种花粉定量形态特征及方差分析结果

种名	极轴长/μm	赤道轴长/μm	P/E	外壁厚度/μm	沟宽/μm	孔径/μm
锐齿鼠李	18.8(16.3～22.0)	19.3(16.5～22.4)	0.98(0.84～1.10)	1.39(1.22～1.55)	1.44(1.24～1.98)	5.16(2.98～6.48)
鼠李	23.3(20.7～27.1)	25.6(21.8～29.0)	0.91(0.81～1.12)	1.19(1.08～1.32)	1.68(1.17～2.04)	5.58(4.75～6.40)
金刚鼠李	22.3(18.9～24.9)	24.4(21.3～26.4)	0.92(0.83～1.04)	1.26(1.17～1.36)	2.01(1.82～2.45)	5.56(4.24～7.14)
小叶鼠李	18.5(16.3～21.8)	19.4(17.3～22.1)	0.95(0.86～1.05)	1.20(1.05～1.41)	1.36(1.22～1.52)	5.51(4.05～6.25)
冻绿	20.6(18.4～24.3)	21.6(19.0～24.3)	0.95(0.84～1.07)	1.22(1.05～1.35)	1.47(1.35～1.60)	5.23(4.31～6.39)
组间方差	353.6***	722.7***	36.66***	195.6***	692.2***	23.75***

***表示 $p < 0.001$

2）鼠李属 5 种花粉的可区分性

对花粉形态参数数据进行判别分析，第一判别函数和第二判别函数的贡献率分别为80.44%和14.62%。由图 3.280 我们可以看出，鼠李属的 5 种花粉具有可区分性。

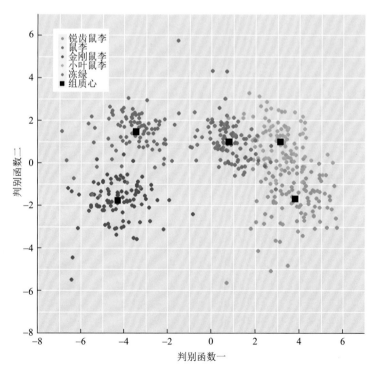

图 3.280　鼠李属 5 种花粉线性判别分析图

3）鼠李属 5 种花粉的鉴别模型

将花粉形态参数数据进行 CART 分析，结果如图 3.281 所示：鼠李属花粉的分类回归树模型采用 3 个形态变量进行区分，CART 模型将花粉沟宽≥1.8μm 的花粉鉴别为金刚鼠李；花粉沟宽在 1.6～1.8μm 的花粉判别为鼠李；将花粉沟宽＜1.6μm、外壁厚度≥1.3μm 的花粉判别为锐齿鼠李；将花粉沟宽＜1.6μm、外壁厚度＜1.3μm、赤道轴长＜20.2μm 的花粉判别为小叶鼠李；将花粉沟宽＜1.6μm、外壁厚度＜1.3μm、赤道轴长≥20.2μm 的花粉判别为冻绿。

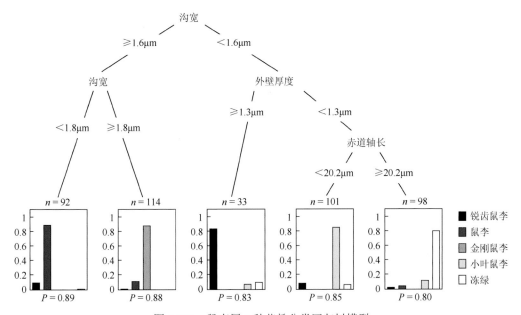

图 3.281　鼠李属 5 种花粉分类回归树模型

4）鼠李属 5 种花粉鉴别模型的检验

采用重复抽样的方法对模型进行 5 次检验（表 3.52），模型成功鉴定出 100%的金刚鼠李花粉；50 粒锐齿鼠李花粉中，有 4 粒被误判为小叶鼠李，锐齿鼠李正确鉴别的概率为 92%；50 粒鼠李花粉中，有 4 粒被误判为金刚鼠李，3 粒被误判为冻绿，正确鉴别的概率为 86%；42 粒小叶鼠李花粉可以正确鉴别，其余 3 粒被误判为锐齿鼠李、5 粒被误判为冻绿，正确鉴别的概率为 84%；50 粒冻绿花粉中有 6 粒被误判为锐齿鼠李，1 粒被误判为鼠李，3 粒被误判为小叶鼠李，冻绿花粉正确鉴别的概率为 80%。鼠李属花粉正确鉴别的概率在 80%～100%。

表 3.52　鼠李属 5 种花粉分类回归树模型检验结果

种名	鉴别为锐齿鼠李 /粒	鉴别为鼠李/粒	鉴别为金刚鼠李 /粒	鉴别为小叶鼠李 /粒	鉴别为冻绿 /粒	正确鉴别的概率
锐齿鼠李	46	0	0	4	0	92%
鼠李	0	43	4	0	3	86%
金刚鼠李	0	0	50	0	0	100%

种名	鉴别为锐齿鼠李/粒	鉴别为鼠李/粒	鉴别为金刚鼠李/粒	鉴别为小叶鼠李/粒	鉴别为冻绿/粒	正确鉴别的概率
小叶鼠李	3	0	0	42	5	84%
冻绿	6	1	0	3	40	80%

3.58　蔷薇科 Rosaceae Juss.

龙芽草属 *Agrimonia* Tourn. ex L.

龙芽草 *Agrimonia pilosa* Ldb.

图 3.282，图 3.283：1～3（标本号：CBS-135）；图 3.283：4～9（标本号：TYS-177）

花粉粒长球形，P/E=1.54(1.29～1.75)，赤道面观椭圆形，极面观钝三角形，大小为 42.8(36.3～45.5)μm×28.0(24.0～35.0)μm。具三拟孔沟，长白山标本孔径为 2.5～4.0μm，沟相对较宽，沟宽 3.0～4.0μm，长达两极，两端不尖，沟的轮廓线不平，沟膜上具较模糊的颗粒；太岳山标本孔径约 3.5μm，沟狭长，几达两极。外壁两层，柱状层基柱明显，长白山标本外壁厚约 2.5μm，外层厚度约为内层的 2 倍；太岳山标本外壁厚约 2.0μm，外层与内层厚度约相等。外壁纹饰为网状。

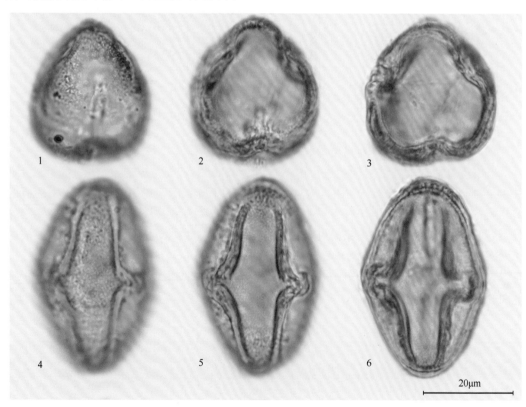

图 3.282　光学显微镜下龙芽草（长白山）的花粉形态

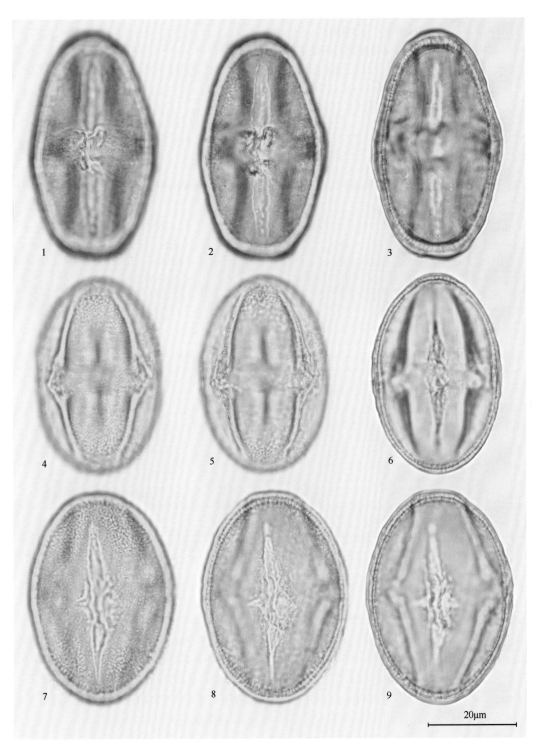

图 3.283　光学显微镜下龙芽草（长白山）（1～3）和龙芽草（太岳山）（4～9）的花粉形态

栒子属 *Cotoneaster* Medik.

水栒子 *Cotoneaster multiflorus* Bge.

图 3.284，图 3.285：1～3（标本号：TYS-054）

花粉粒近球形或长球形，*P*/*E*=1.00(0.84～1.38)，赤道面观椭圆形，极面观三裂圆形，大小为 34.7(26.5～45.5)μm×34.8(28.1～39.8)μm。具三孔沟，沟中部缢缩，沟宽 3.66(1.70～6.40)μm，沟缢缩处长 8.46(3.90～13.3)μm。外壁两层，厚 2.29(1.20～4.60)μm，柱状层基柱不明显。外壁纹饰为模糊的条纹状。

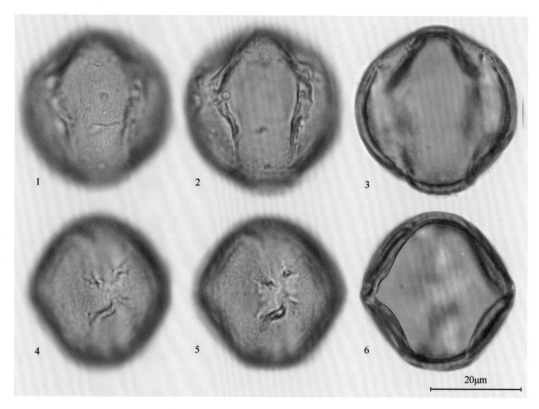

图 3.284　光学显微镜下水栒子的花粉形态

毛叶水栒子 *Cotoneaster submultiflorus* Popov

图 3.285：4～9（标本号：TYS-076）

花粉粒近球形或长球形，*P*/*E*=1.30(0.96～1.60)，赤道面观椭圆形，极面观三裂圆形，大小为 27.8(23.2～33.7)μm×21.7(17.2～29.2)μm。具三孔沟，沟中部缢缩，沟宽 2.24(1.20～4.00)μm，沟缢缩处长 5.75(3.70～8.30)μm。外壁两层，厚 2.17(1.40～3.30)μm，外壁外层与内层厚度约相等，柱状层基柱不明显。外壁纹饰为模糊的网状。

西北栒子 *Cotoneaster zabelii* Schneid.

图 3.285：10～15，图 3.286（标本号：TYS-075）

花粉粒近球形，*P*/*E*=1.18(0.79～2.20)，赤道面观椭圆形，极面观三裂圆形，大小为 29.8(23.5～38.2)μm×25.8(15.4～35.3)μm。具三孔沟，沟中部缢缩，沟宽 3.25(1.50～5.50)μm，

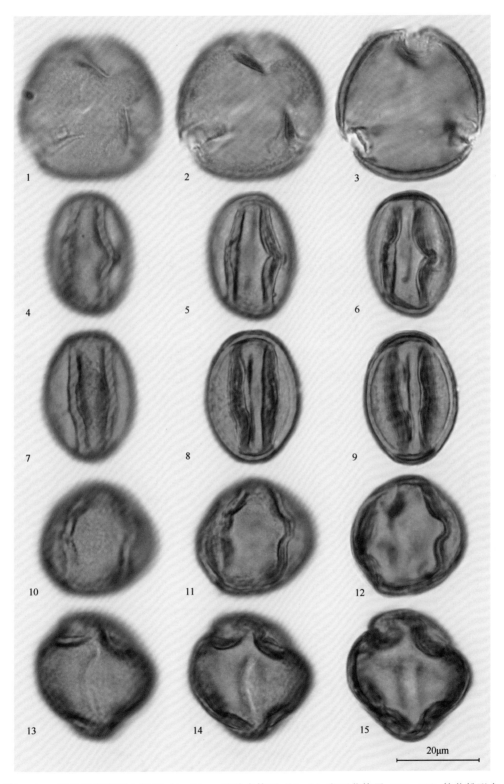

图 3.285　光学显微镜下水枸子（1～3）、毛叶水枸子（4～9）和西北枸子（10～15）的花粉形态

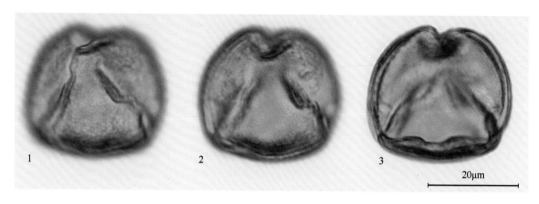

图 3.286　光学显微镜下西北栒子的花粉形态

沟缢缩处长 6.96(3.4～11.5)μm。外壁两层，厚 2.30(1.20～3.50)μm，外层与内层厚度约相等，柱状层基柱不明显。外壁纹饰为模糊的网状。

山楂属 *Crataegus* Tourn. ex L.

毛山楂 *Crataegus maximowiczii* C. K. Schneid.

图 3.287（标本号：CBS-067）

花粉粒近球形或长球形，P/E=0.97(0.86～1.19)，赤道面观椭圆形，极面观三裂圆形，大小为 35.1(30.6～39.4)μm×36.1(28.2～41.2)μm。具三孔沟，沟宽 3.31(2.10～5.50)μm。外壁两层，厚 1.58(1.00～2.80)μm，外层比内层稍厚，柱状层基柱明显。外壁纹饰为粗条纹。

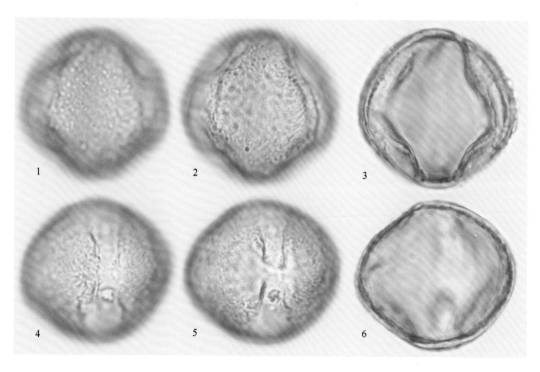

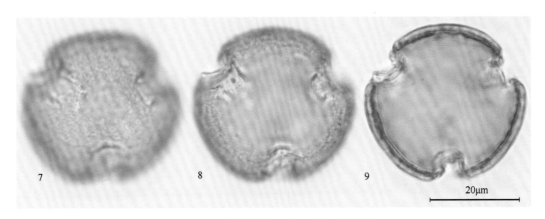

图 3.287　光学显微镜下毛山楂的花粉形态

山楂 *Crataegus pinnatifida* Bge.

图 3.288：1～9（标本号：TYS-055）

花粉粒扁球形或近球形，P/E=0.83(0.72～0.99)，赤道面观椭圆形或近圆形，极面观三裂圆形，大小为 29.6(24.8～35.8)μm×36.1(31.3～40.4)μm。具三孔沟，沟宽 3.79(1.70～8.80)μm。外壁两层，厚 1.88(1.10～3.00)μm，外层比内层稍厚，柱状层基柱明显。外壁纹饰为粗条纹。

山里红 *Crataegus pinnatifida* var. *major* N. E. Brown

图 3.288：10～18（标本号：CBS-025）；图 3.289（标本号：TYS-062）

花粉粒长球形或近球形，P/E=1.23(0.98～1.51)，赤道面观椭圆形，极面观三裂圆形，大小为 37.9(29.6～53.2)μm×31.0(22.5～37.2)μm。具三孔沟，沟中部缢缩，长白山标本沟宽约 2.3μm；太岳山标本沟宽 2.06(1.00～5.50)μm。外壁两层，外层与内层厚度约相等，柱状层基柱不明显，长白山标本厚 1.5～2.5μm；太岳山标本厚 2.28(1.30～3.70)μm。外壁纹饰为粗条纹。

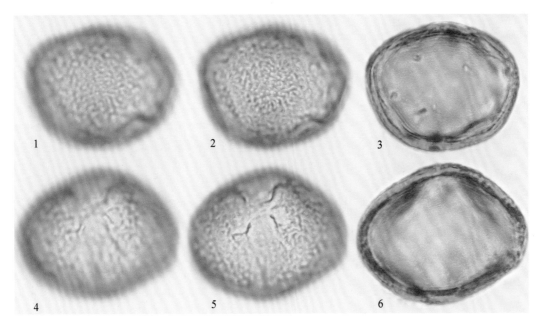

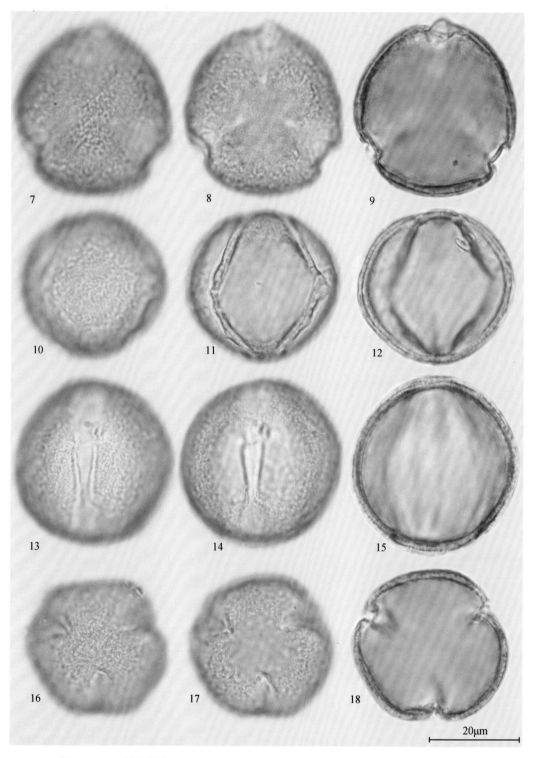

图3.288 光学显微镜下山楂（1～9）和山里红（长白山）（10～18）的花粉形态

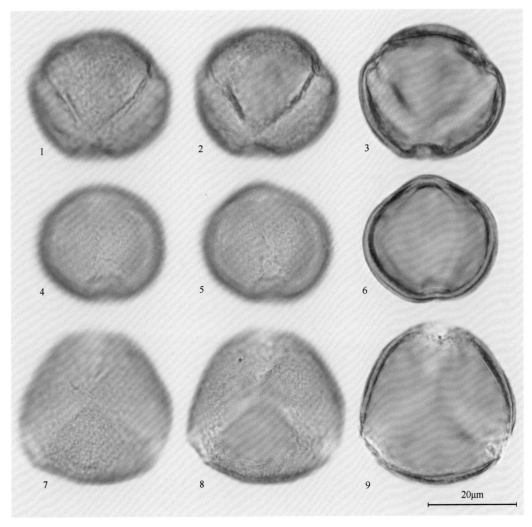

图 3.289　光学显微镜下山里红（太岳山）的花粉形态

仙女木属 *Dryas* L.

东亚仙女木 *Dryas octopetala* var. *asiatica*

图 3.290：1～9（标本号：CBS-091）

花粉粒近球形或扁球形，P/E=1.04(0.79～1.37)，赤道面观近圆形，极面观三裂圆形，大小为 23.7(19.6～31.0)μm×22.9(18.1～30.3)μm。具三（一四）孔沟，沟宽 2.1～5.5μm，孔圆形，大小为 1.8～4.8μm。外壁两层，厚 1.3～2.8μm，外层与内层厚度约相等，柱状层基柱不明显。外壁纹饰为细网状。

蚊子草属 *Filipendula* Mill.

蚊子草 *Filipendula palmata* (Pall.) Maxim.

图 3.290：10～17（标本号：CBS-187）

花粉粒近球形或长球形，P/E=1.10(1.05～1.15)，赤道面观近圆形，极面观三裂圆形。大小为 20.5(18.8～22.5)μm×18.7(17.5～20.0)μm。具三孔沟。外壁两层，厚约 1.5μm，外层与内层厚度约相等,柱状层基柱不明显。外壁纹饰为细网状。

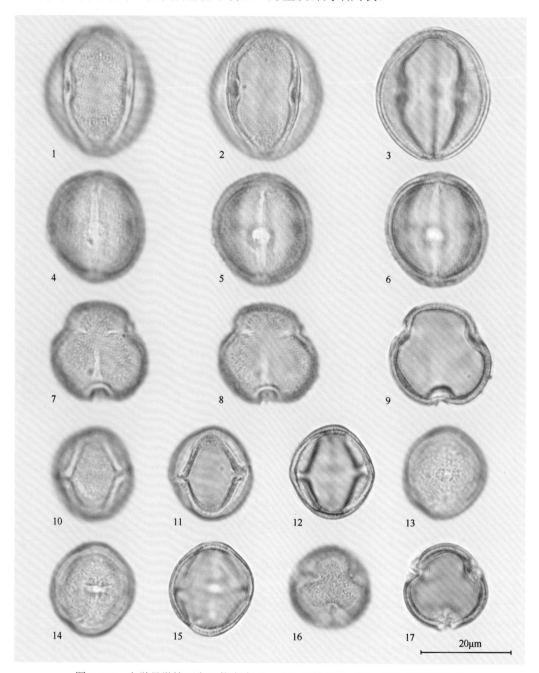

图 3.290　光学显微镜下东亚仙女木(1～9)和蚊子草(10～17)的花粉形态

苹果属 *Malus* Mill.

山荆子 *Malus baccata* (L.) Borkh.

图 3.291:1～9(标本号:CBS-083);图 3.291:10～15,图 3.292:1～3(标本号:TYS-034)

花粉粒近球形或长球形，赤道面观椭圆形，极面观三裂圆形，长白山标本 *P/E* = 1.14(0.86～1.39)，大小为 34.1(29.0～39.0)×30.1(27.0～35.0)μm；太岳山标本 *P/E* = 1.15(0.88～1.39)，大小为 38.7(30.2～46.8)μm×33.6(24.8～38.8)μm。具三孔沟，内孔轮廓不明显，太岳山标本沟宽 3.39(1.80～7.40)μm。外壁两层，长白山标本外壁厚约 2.0μm，太岳山标本外壁厚为 2.01(1.30～3.10)μm，外层与内层厚度约相等，柱状层基柱明显。外壁纹饰为条纹-网状。

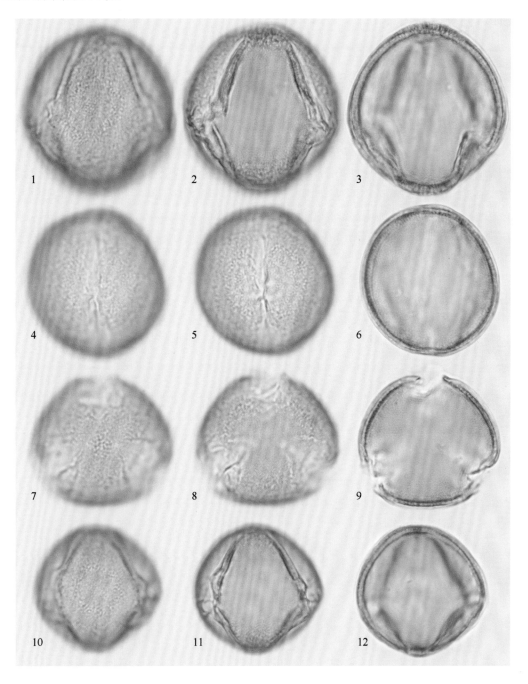

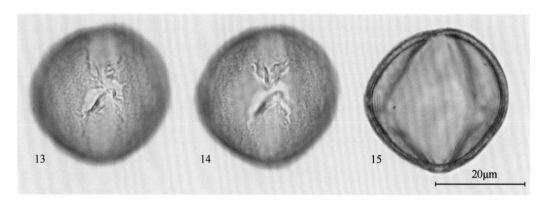

图 3.291　光学显微镜下山荆子（长白山）（1～9）和山荆子（太岳山）（10～15）的花粉形态

苹果 *Malus pumila* Mill.

图 3.292：4～12（标本号：TYS-009）

花粉粒近球形或长球形，P/E=0.96(0.73～1.44)，赤道面观椭圆形，极面观三（一四）裂圆形，大小为 29.8(21.2～41.4)μm×31.2(23.5～41.2)μm。具三（一四）孔沟，几达两极，沟宽 3.55(2.61～4.64)μm，内孔不明显。外壁两层，厚 1.98(1.34～3.00)μm，外层与内层厚度约相等，柱状层基柱明显。外壁纹饰为模糊的条纹。

海棠 *Malus spectabilis* (Ait.) Borkh.

图 3.292：13～15，图 3.293（标本号：TYS-023）

花粉粒近球形、扁球形或长球形，P/E=1.01(0.77～1.42)，赤道面观椭圆形，极面观三（一四）裂圆形，大小为 27.1(22.0～31.0)μm×27.1(19.4～32.1)μm。具三孔沟，几达两极，沟宽 8.39(3.40～14.9)μm，内孔不明显，中部缢缩。外壁两层，厚 3.35(1.70～5.80)μm，外层与内层厚度约相等，柱状层基柱明显。外壁纹饰为模糊的条纹状。

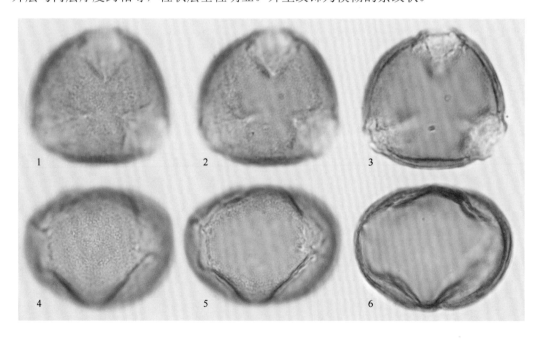

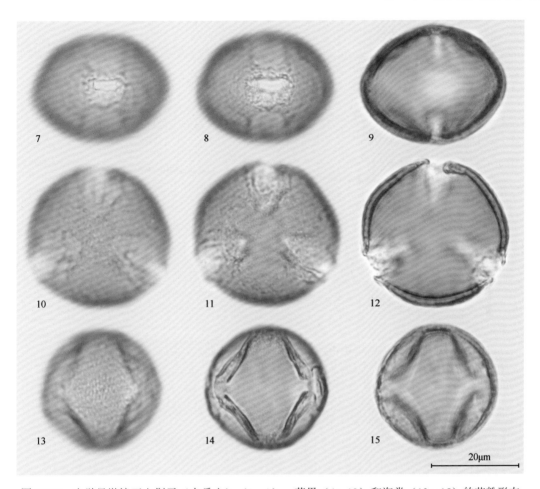

图 3.292　光学显微镜下山荆子（太岳山）（1～3）、苹果（4～12）和海棠（13～15）的花粉形态

委陵菜属 *Potentilla* L.

蛇莓委陵菜 *Potentilla centigrana* Maxim.

图 3.294（标本号：CBS-071）

花粉粒近球形，P/E=1.02(0.89～1.12)，赤道面观椭圆形，极面观三裂圆形，大小为 22.6(18.5～25.4)μm×22.3(18.9～25.5)μm。具三孔沟，沟长，几达两极，沟宽 3.20(1.90～4.30)μm，沟缢缩处长 7.4(3.20～11.9)μm。外壁两层，厚 1.38(1.00～1.90)μm，外层比内层略厚，柱状层基柱明显。外壁纹饰为明显的条纹状。

委陵菜 *Potentilla chinensis* Ser.

图 3.295：1～12（标本号：TYS-119）

花粉粒近球形，P/E=1.04(0.95～1.13)，赤道面观椭圆形，极面观三裂圆形，大小为 20.8(20.0～22.3)μm×20.0(17.8～22.0)μm。具三孔沟，萌发孔部分稍突出，沟细长，几达两极，沟宽为 3.50(1.90～4.70)μm，沟缢缩处长 3.74(2.00～7.50)μm，内孔圆形，孔径约 3.0μm。外壁两层，厚 1.51(1.00～2.00)μm，外层和内层厚度约相等，柱状层基柱明显。外壁纹饰为条纹状。

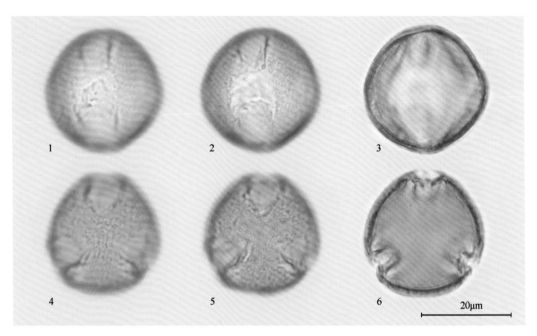

图 3.293　光学显微镜下海棠的花粉形态

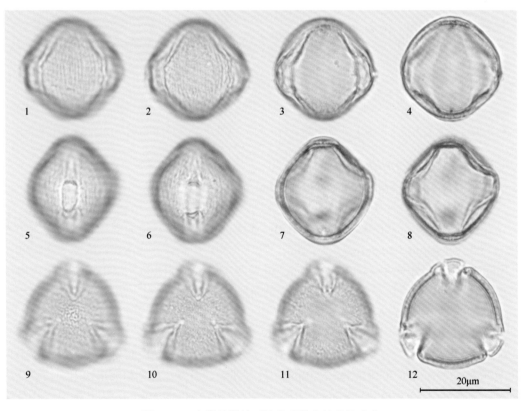

图 3.294　光学显微镜下蛇莓委陵菜的花粉形态

狼牙委陵菜 *Potentilla cryptotaeniae* Maxim.

图 3.295：13～24（标本号：CBS-193）

花粉粒近球形或长球形，P/E=1.14(1.03～1.27)，赤道面观椭圆形，极面观三裂圆形，大小为 19.9(18.8～21.0)μm×17.5(16.0～19.0)μm。具三孔沟，沟狭几达两极，内孔大小约 4.0μm。外壁两层，厚约 2.0μm，外层比内层略厚，柱状层基柱不明显。外壁纹饰为明显的条纹状。

金露梅 *Potentilla fruticosa* L.

图 3.295：25～28，图 3.296：1～8（标本号：CBS-148）

花粉粒近球形或长球形，P/E=1.08(0.90～1.29)，赤道面观椭圆形，极面观三裂圆形，大小为 24.1(20.0～28.0)μm×22.4(19.6～25.4)μm。具三孔沟，萌发孔部分稍突出，沟细长，沟宽约 3.5μm，沟缢缩处长约 3.7μm。外壁两层，厚约 1.5μm，外层和内层厚度约相等，柱状层基柱明显。外壁纹饰为条纹状。

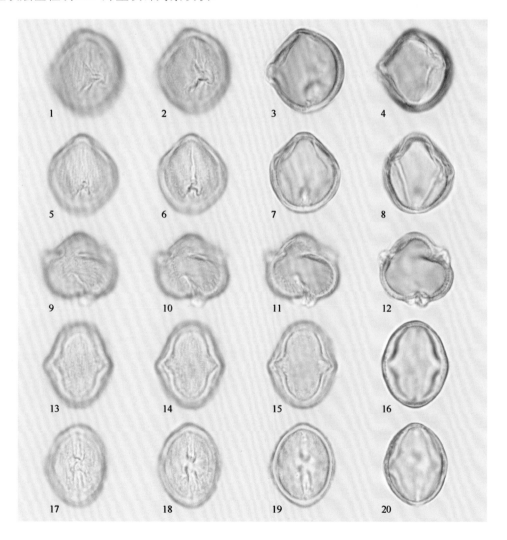

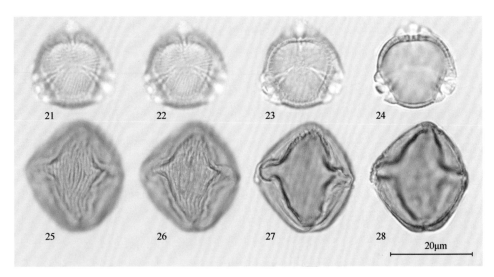

图 3.295　光学显微镜下委陵菜（1～12）、狼牙委陵菜（13～24）和金露梅（25～28）的花粉形态

菊叶委陵菜 *Potentilla tanacetifolia* Willd. ex Schlecht.

图 3.296：9～20（标本号：TYS-128）

　　花粉粒长球形或近球形，*P/E*=1.22(1.07～1.36)，赤道面观椭圆形，极面观三裂圆形，大小为 23.5(18.8～27.5)μm×19.3(16.3～22.3)μm。具三孔沟，萌发孔部分稍突出，沟细长，几达两极。外壁两层，厚约 1.5μm，外层与内层厚度约相等，柱状层基柱不明显。外壁纹饰为条纹状。

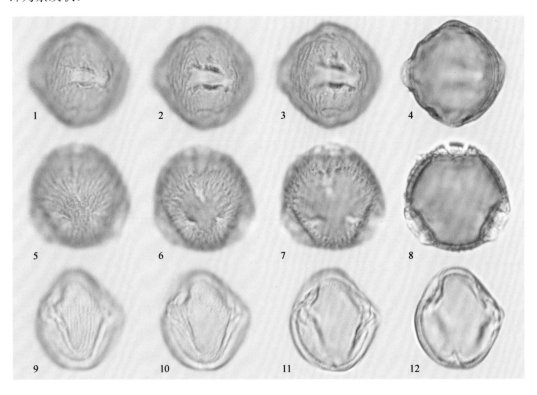

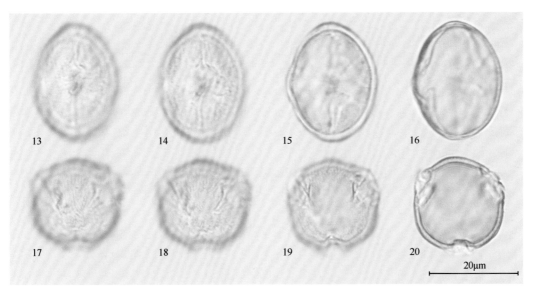

图 3.296　光学显微镜下金露梅（1～8）和菊叶委陵菜（9～20）的花粉形态

李属 *Prunus* L.

山桃 *Prunus davidiana* (Carrière) Franch.

图 3.297（标本号：TYS-003）

花粉粒长球形或近球形，P/E=1.20(0.99～1.38)，赤道面观椭圆形，极面观圆三角形，大小为 41.6(35.0～48.3)μm×34.9(30.0～43.5)μm。具三孔沟，几达两极，中部缢缩，沟宽 5.50(3.30～8.10)μm，沟缢缩处长 9.12(5.60～14.7)μm。外壁两层，厚 1.78(1.10～2.50)μm，外层与内层厚度约相等，柱状层基柱明显。外壁纹饰为条纹状。

桃 *Prunus persica* L.

图 3.298：3～8，图 3.299：1～2（标本号：TYS-002）

花粉粒扁球形，部分为近球形或长球形，P/E=0.78(0.54～1.35)，赤道面观椭圆形，极面观圆三角形，大小为 30.9(20.1～43.0)μm×39.7(30.0～44.8)μm。具三孔沟，几达两极，中部缢缩，沟宽 6.10(3.20～10.9)μm，沟缢缩处长 11.0(5.30～18.8)μm。外壁两层，厚 1.72(1.10～2.50)μm，外层与内层厚度约相等，柱状层基柱明显。外壁纹饰为条纹状。

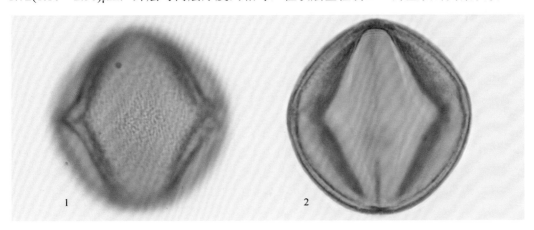

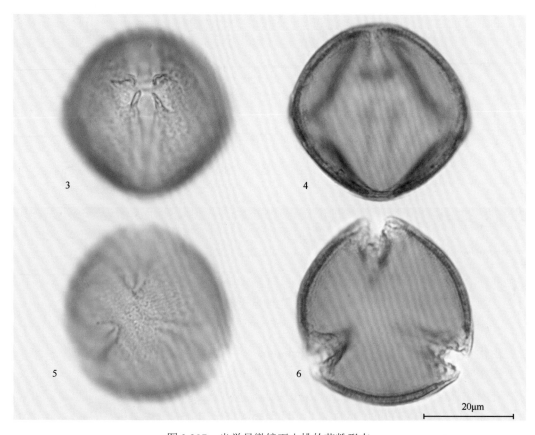

图 3.297　光学显微镜下山桃的花粉形态

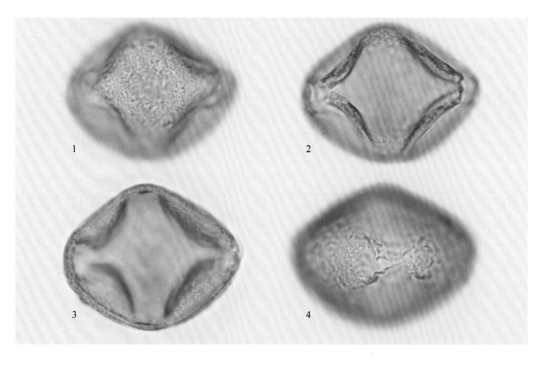

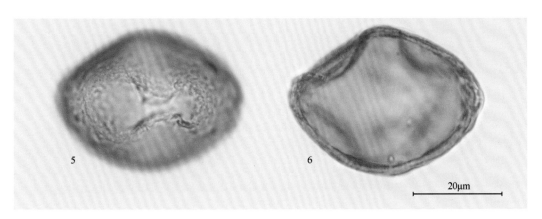

图 3.298 光学显微镜下桃的花粉形态

东北杏 *Prunus mandshurica* (Maxim.) Koehne.

图 3.299：3～8（标本号：CBS-098）

花粉粒近球形或长球形，P/E=1.30(0.88～1.81)，赤道面观椭圆形，极面观钝三角形，角孔形萌发孔，大小为 43.8(28.2～56.3)μm×34.2(23.3～48.9)μm。具三孔沟，沟宽 2.53(1.00～5.40)μm，沟缢缩处长 6.47(2.60～13.3)μm。外壁两层，厚 2.15(1.00～3.70)μm，外层略厚于内层，柱状层基柱明显。外壁纹饰为条纹状。

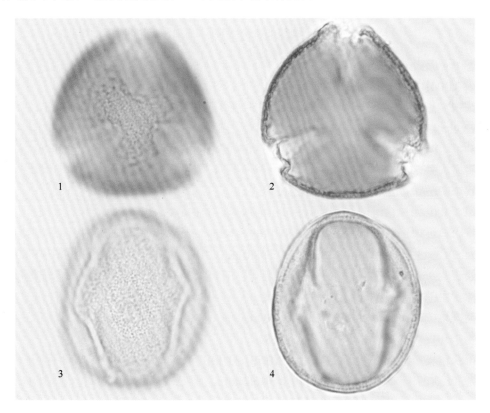

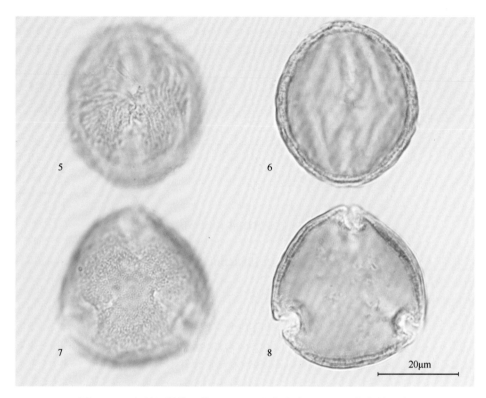

图 3.299 光学显微镜下桃（1～2）和东北杏（3～8）的花粉形态

杏 *Prunus armeniaca* L.

图 3.300：1～8（标本号：TYS-005）

花粉粒近球形，P/E=0.91(0.58～1.45)，赤道面观椭圆形，极面观三裂圆形，大小为 32.0(23.4～43.8)μm×35.9(20.6～41.6)μm。具三孔沟，几达两极，中部缢缩，沟缢缩处长 10.3(5.40～14.9)μm。外壁两层，厚 1.63(0.90～2.40)μm，外层与内层厚度约相等，柱状层基柱明显。外壁纹饰为条纹状。

欧李 *Prunus humilis* (Bge.) Sok.

图 3.300：9～11，图 3.301：1～6（标本号：TYS-035）

花粉粒近球形或长球形，P/E=0.89(0.69～1.25)，赤道面观椭圆形，极面观三裂圆形，大小为 29.3(23.3～32.4)μm×33.1(22.9～38.0)μm。具三孔沟，沟宽 4.90(2.40～8.60)，沟缢缩处长 8.95(6.70～14.1)μm。外壁两层，厚 1.54(1.00～2.10)μm，外层与内层厚度约相等，柱状层基柱明显。外壁纹饰为条纹状。

毛樱桃 *Prunus tomentosa* (Thunb.) Wall.

图 3.301：7～15（标本号：TYS-018）

花粉粒扁球形或近球形，P/E=0.88(0.73～0.98)，赤道面观扁圆形，极面观圆三角形，大小为 28.6(23.1～30.6)μm×32.6(29.1～36.2)μm。具三（一四）孔沟，沟宽 3.79(2.90～4.90)μm，沟缢缩处长 11.3(8.30～14.1)μm。外壁两层，厚 1.85(1.50～2.60)μm，外层与内层厚度约相等，柱状层基柱明显。外壁纹饰为条纹状。

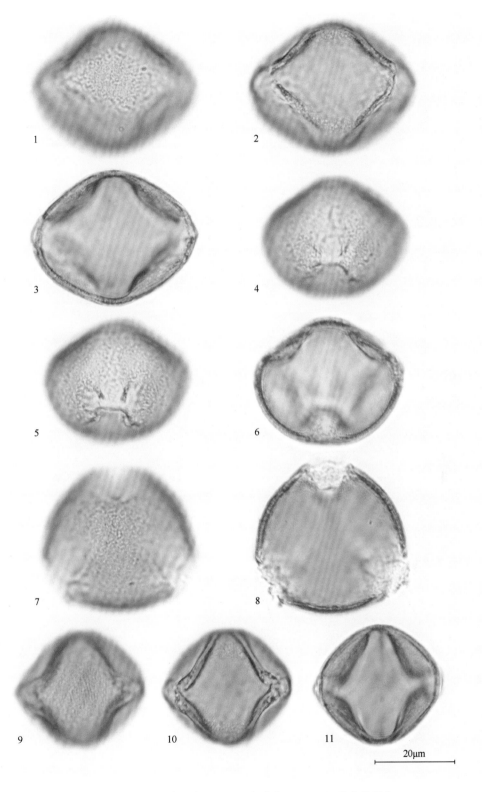

图 3.300　光学显微镜下杏（1～8）和欧李（9～11）的花粉形态

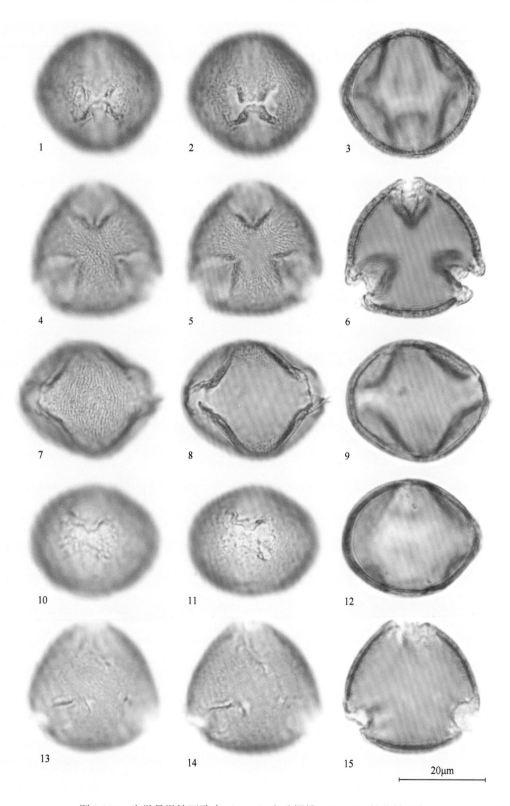

图 3.301　光学显微镜下欧李（1～6）和毛樱桃（7～15）的花粉形态

斑叶稠李 *Prunus maackii* Rupr.

图 3.302（标本号：CBS-051）

花粉粒近球形，部分为扁球形，*P/E*=0.90(0.82～1.13)，赤道面观椭圆形，极面观圆三角形，大小为 33.4(28.4～37.9)μm×37.1(29.4～42.8)μm。具三孔沟，偶有四孔沟，沟宽3.23(2.20～4.50)μm，沟缢缩处长 10.4(7.50～13.8)μm。外壁两层，厚 2.15(1.10～3.20)μm，内层与外层厚度约相等，柱状层基柱明显。外壁纹饰为明显的条纹状。

稠李 *Prunus padus* L.

图 3.303（标本号：CBS-042）

花粉粒近球形或扁球形，*P/E*=0.92(0.81～1.11)，赤道面观椭圆形，极面观圆三角形，大小为 24.3(21.8～27.7)μm×26.3(22.5～29.4)μm。具三孔沟，沟宽 2.36(1.90～3.40)μm，沟缢缩处长 7.30(5.20～10.4)μm。外壁两层，厚 1.69(1.40～2.20)μm，内层与外层厚度约相等，柱状层基柱不明显。外壁纹饰为条纹状。

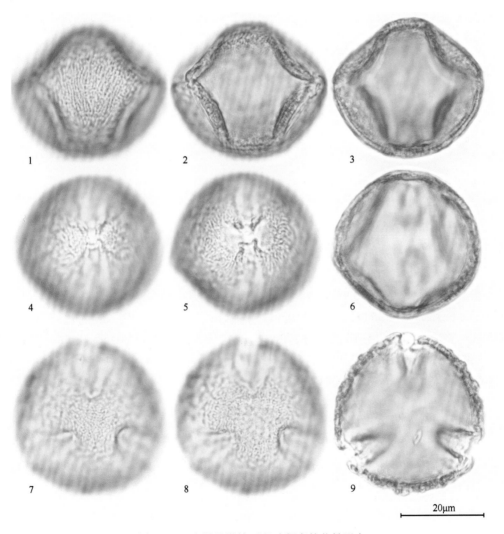

图 3.302　光学显微镜下斑叶稠李的花粉形态

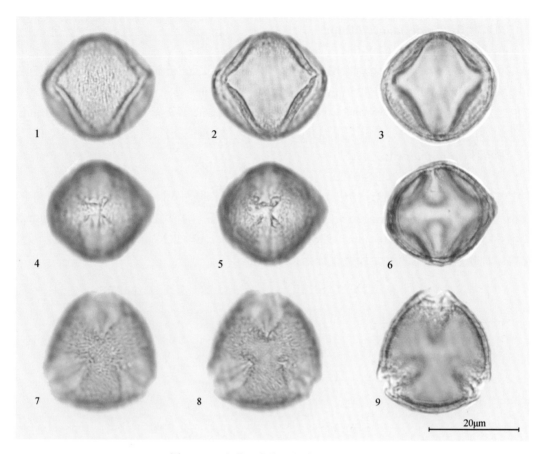

图 3.303　光学显微镜下稠李的花粉形态

梨属 *Pyrus* L.

木梨 *Pyrus xerophila* Yü

图 3.304（标本号：TYS-033）

花粉粒近球形，P/E=0.93(0.76～1.15)，赤道面观椭圆形，极面观三裂圆形，大小为 27.9(23.8～32.7)μm×30.0(25.8～33.3)μm。具三孔沟，几达两极，沟宽为 3.50(2.30～4.70)μm，沟缢缩处长 14.7(6.20～21.4)μm。外壁两层，厚 2.17(1.60～2.80)μm，外层与内层厚度约相等，柱状层基柱明显。外壁纹饰为条纹状。

秋子梨 *Pyrus ussuriensis* Maxim.

图 3.305（标本号：CBS-123）

花粉近球形或长球形，P/E=1.00(0.88～1.14)，赤道面观椭圆形，极面观三裂圆形，大小为 30.7(24.8～35.1)μm×30.8(22.7～34.3)μm。具三孔沟，沟狭，几达两极，沟宽 2.95(2.10～4.80)μm，沟缢缩处长 14.1(8.60～21.2)μm。外壁两层，厚 2.05(1.60～2.70)μm，外层与内层厚度约相等，柱状层基柱明显。外壁纹饰为条纹状。

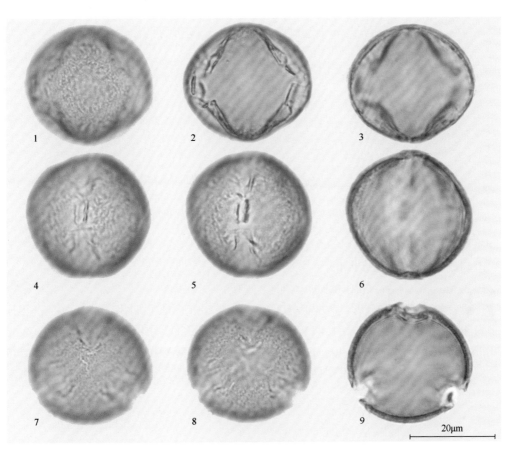

图 3.304　光学显微镜下木梨的花粉形态

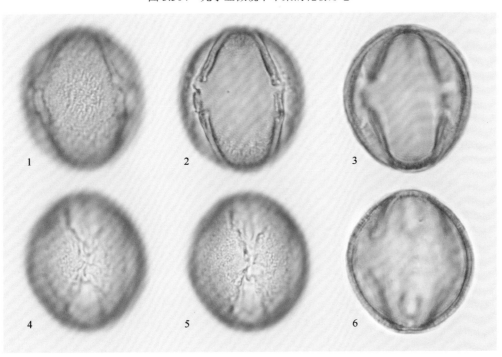

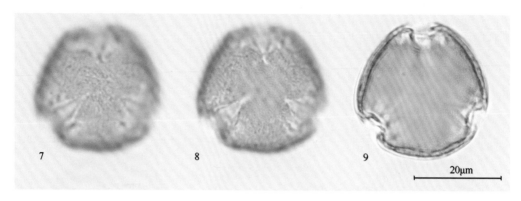

图 3.305　光学显微镜下和秋子梨的花粉形态

蔷薇属 *Rosa* L.

山刺玫 *Rosa davurica* Pall.

图 3.306（标本号：CBS-013）

花粉粒长球形或近球形，*P/E*=1.41(1.18～1.66)，赤道面观椭圆形，极面观三裂圆形，大小为 44.0(35.3～51.3)μm×31.4(25.1～36.9)μm。具三孔沟，沟中部缢缩，沟宽 2.84(2.00～3.70)μm，沟缢缩处长 9.76(6.40～13.6)μm。外壁两层，厚 1.91(1.20～2.80)μm，外层与内层厚度约相等，柱状层基柱不明显。外壁纹饰为条纹-网状。

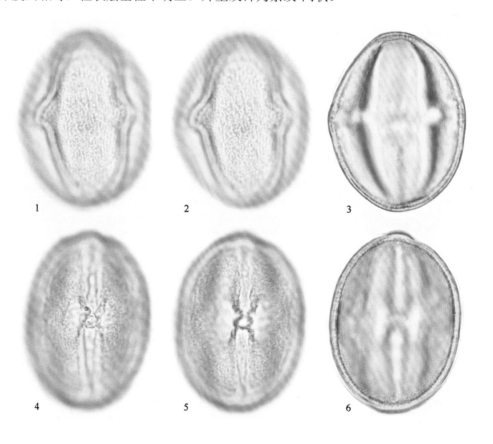

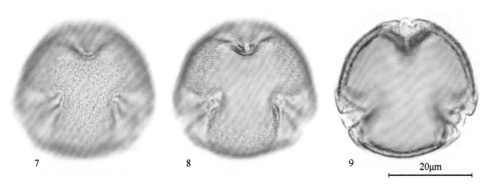

图 3.306　光学显微镜下山刺玫的花粉形态

黄刺玫 *Rosa xanthina* Lindl.

图 3.307（标本号：TYS-030）

花粉粒近球形或长球形，P/E=1.02(0.81～1.48)，赤道面观椭圆形，极面观圆三角形，大小为 29.4(23.2～34.9)μm×29.0(19.4～33.2)μm。具三孔沟，沟宽 2.33(1.50～3.10)μm，

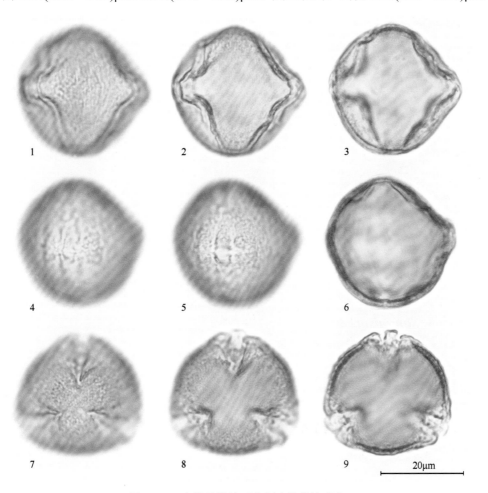

图 3.307　光学显微镜下黄刺玫的花粉形态

沟缢缩处长 6.59(3.30～8.70)μm。外壁两层，厚 1.70(1.00～2.70)μm，外层与内层厚度约相等，柱状层基柱明显。外壁纹饰为条纹-网状。

悬钩子属 *Rubus* L.

库页悬钩子 *Rubus sachalinensis* Lévl.

图 3.308（标本号：CBS-269）

花粉粒近球形，P/E=0.94(0.92～0.98)，赤道面观椭圆形，极面观三裂圆形，大小为 22.1(20.8～24.3)μm×23.6(22.1～25.4)μm。具三孔沟，沟缢缩，沟宽约 2.5μm。外壁两层，厚 1.0～1.5μm，外层厚度约为内层的 2 倍，柱状层基柱明显。外壁纹饰为模糊的条纹-网状。

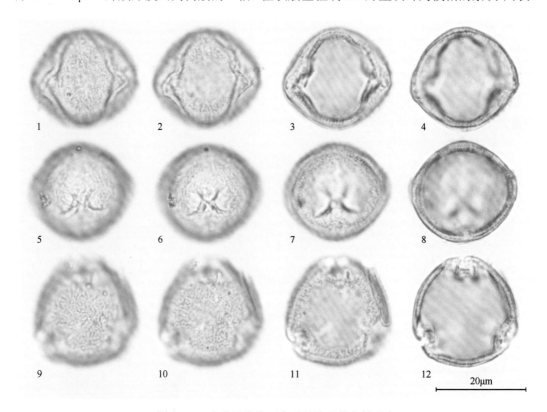

图 3.308 光学显微镜下库页悬钩子的花粉形态

地榆属 *Sanguisorba* L.

地榆 *Sanguisorba officinalis* L.

图 3.309（标本号：TYS-179）

花粉粒长球形，P/E=1.18(1.10～1.25)，赤道面观椭圆形，极面观六裂圆形，大小为 25.9(24.8～28.0)μm×22.0(20.3～23.3)μm。具六孔沟，沟细，沟宽约 0.5μm，内孔横长，大小约 2.0μm。外壁两层，厚约 2.5μm，外层厚度约为内层的 2 倍，柱状层基柱明显。外壁纹饰为细网状。

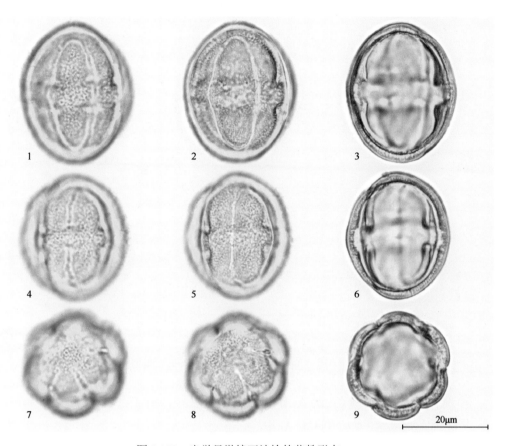

图 3.309　光学显微镜下地榆的花粉形态

大白花地榆 *Sanguisorba sitchensis* C. A. Mey.

图 3.310（标本号：CBS-188）

花粉粒近球形或长球形，P/E=1.10(1.00～1.30)，赤道面观椭圆形，极面观六裂圆形，大小为 28.8(25.0～32.5)μm×26.2(25.0～29.5)μm。具六孔沟，沟细，沟宽约 1.0μm，内孔横长，孔径约为 2.0μm。外壁两层，厚约 3.0μm，外层厚度约为内层的 2 倍，柱状层基柱明显。外壁纹饰为细网状。

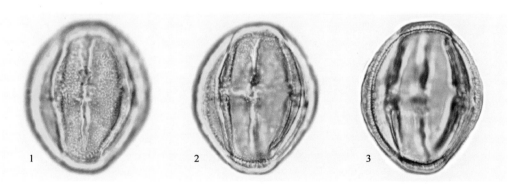

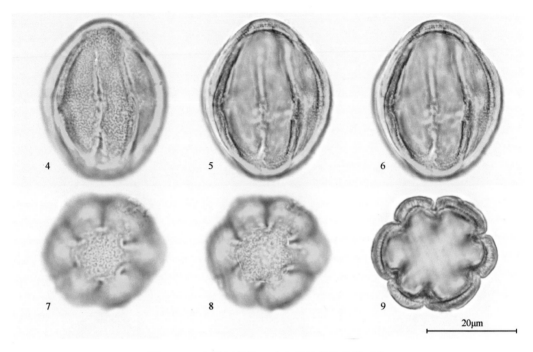

图 3.310　光学显微镜下大白花地榆的花粉形态

珍珠梅属 *Sorbaria* (Ser.) A. Braun

珍珠梅 *Sorbaria sorbifolia* (L.) A. Br.

图 3.311（标本号：CBS-261）

花粉粒近球形或扁球形，P/E=0.91(0.76～0.98)，赤道面观椭圆形，极面观三裂圆形，大小为 20.5(19.0～22.0)μm×22.6(21.0～25.0)μm。具三孔沟，内孔横长。外壁两层，厚约 1.5μm，外层与内层厚度约相等。外壁纹饰为模糊的条纹状。

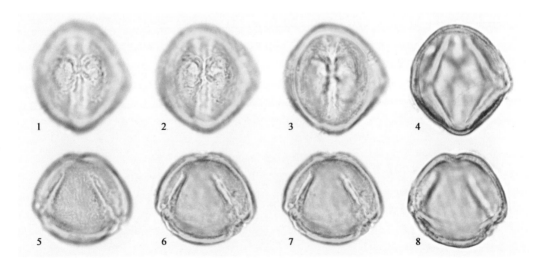

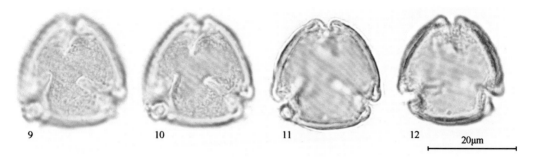

图 3.311　光学显微镜下珍珠梅的花粉形态

花楸属 *Sorbus* L.

花楸树 *Sorbus pohuashanensis* (Hance) Hedl.

图 3.312（标本号：CBS-015）

花粉粒长球形，P/E=1.37(1.19～1.59)，赤道面观椭圆形，极面观三裂圆形，大小为 33.1(30.1～36.1)μm×24.2(21.6～27.6)μm。具三孔沟，沟中部缢缩，沟宽约 3.7μm，孔大小约 4.5μm×5.5μm。外壁两层，厚约 1.5μm，外层与内层厚度约相等，柱状层基柱不明显。外壁纹饰为模糊的细网状。

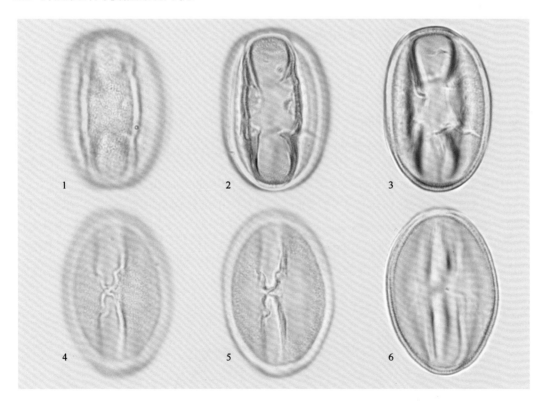

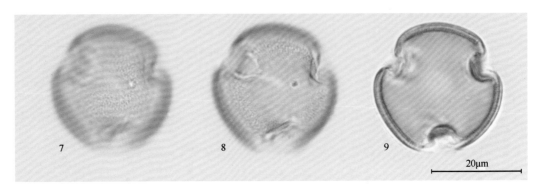

图 3.312   光学显微镜下花楸树的花粉形态

绣线菊属 *Spiraea* L.

石蚕叶绣线菊 *Spiraea chamaedryfolia* L.

图 3.313：1～12（标本号：CBS-088）

花粉近球形或长球形，P/E=1.00(0.79～1.18)，赤道面观椭圆形，极面观三裂圆形，大小为 15.0(13.8～16.5)μm×15.1(13.5～19.0)μm。具三孔沟，沟狭，几达两极，内孔直径为 2.0μm。外壁两层，厚约 1.0μm，外层与内层厚度约相等。外壁纹饰为模糊的网状。

土庄绣线菊 *Spiraea pubescens* Turcz.

图 3.313：13～24（标本号：CBS-106）

花粉粒近球形或长球形，P/E=1.00(0.90～1.20)，赤道面观椭圆形，极面观三裂圆形，大小为 14.2(13.0～15.5)μm×14.3(12.5～15.0)μm。具三孔沟，沟狭，几达两极。外壁两层，厚约 1.5μm，外层与内层厚度约相等。外壁纹饰为模糊的颗粒。

绣线菊 *Spiraea salicifolia* L.

图 3.313：25～32，图 3.314：1～4（标本号：CBS-079）；图 3.314：5～16（标本号：TYS-072）

花粉近球形，部分为长球形或扁球形，P/E=1.08(0.80～1.50)，赤道面观椭圆形，极面观三裂圆形，大小为 16.6(13.3～21.5)μm×16.1(10.0～22.5)μm。具三孔沟，沟狭，几达两极。外壁两层，柱状层基柱不明显，长白山标本外壁厚约 1.5μm，内层厚度约为外层的 1.5 倍；太岳山标本外壁厚约 1.0μm，外层与内层厚度约相等。长白山标本外壁纹饰为细网状；太岳山标本外壁纹饰为条纹状。

两个花粉采集地的绣线菊花粉形态存在一定差异，这可能是生境不同导致的，也可能是植物属种鉴定有误导致的。

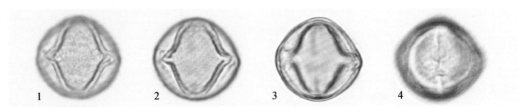

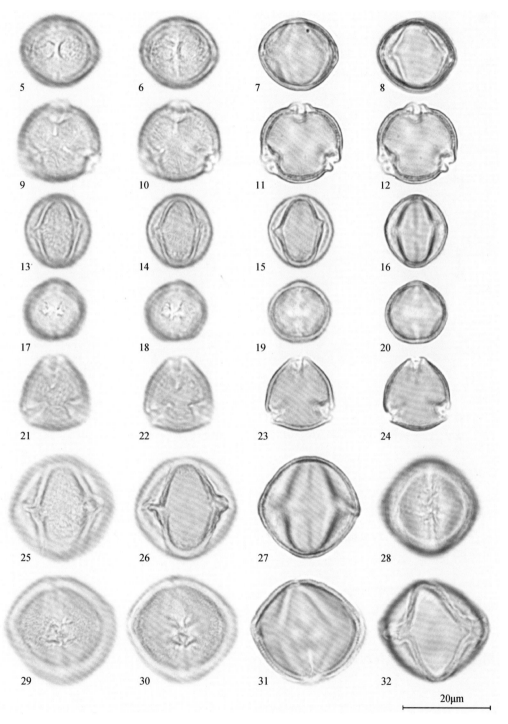

图 3.313 光学显微镜下石蚕叶绣线菊（1～12）、土庄绣线菊（13～24）和绣线菊（长白山）（25～32）
的花粉形态

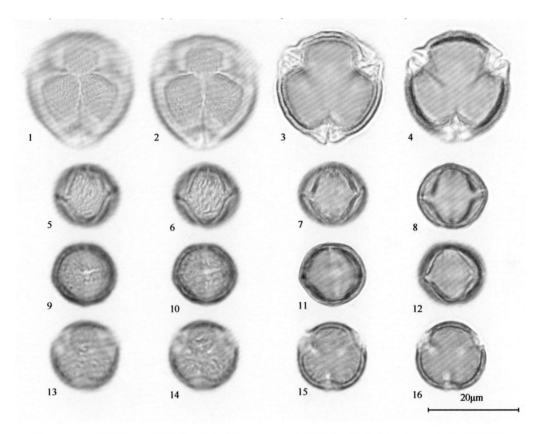

图 3.314　光学显微镜下绣线菊（长白山）（1～4）和绣线菊（太岳山）（5～16）的花粉形态

1. 蔷薇科花粉形态的区分

本研究共观察蔷薇科 15 属 37 种植物的花粉形态，部分属种具有典型的鉴别特征。龙芽草属花粉为长球形，两端稍尖，极面观钝三角形；仙女木属东亚仙女木花粉孔圆形，明显；委陵菜属花粉网纹明显，孔突出；地榆属花粉极面观为六裂圆形；其余属种鉴别特征不明显，较难分辨。

2. 栒子属 3 种花粉形态的鉴别

1）栒子属 3 种花粉形态参数的筛选

对水栒子、毛叶水栒子和西北栒子花粉形态参数的统计数据进行单因素方差分析，除外壁厚度外，其他花粉定量形态特征与花粉种属的关系为显著（表 3.53）。

表 3.53　栒子属 3 种花粉定量形态特征及方差分析结果

种名	极轴长/μm	赤道轴长/μm	P/E	外壁厚度/μm	沟宽/μm	沟缩缩处长/μm
水栒子	34.7 (26.5～45.5)	34.8 (28.1～39.8)	1.00 (0.84～1.38)	2.29 (1.20～4.60)	3.66 (1.70～6.40)	8.46 (3.90～13.3)
毛叶水栒子	27.8 (23.2～33.7)	21.7 (17.2～29.2)	1.30 (0.96～1.60)	2.17 (1.40～3.30)	2.24 (1.20～4.00)	5.75 (3.70～8.30)

续表

种名	极轴长/μm	赤道轴长/μm	P/E	外壁厚度/μm	沟宽/μm	沟缢缩处长/μm
西北枸子	29.8 (23.5~38.2)	25.8 (15.4~35.3)	1.18 (0.79~2.20)	2.30 (1.20~3.50)	3.25 (1.50~5.50)	6.96 (3.4~11.5)
组间方差	149.8***	525.6***	80.35***	2.229	81.87***	68.92***

***表示 p<0.001

2）枸子属 3 种花粉的可区分性

将花粉形态参数数据进行判别分析，枸子属 3 种花粉在两个判别函数下可以进行区分（图 3.315），第一判别函数和第二判别函数的贡献率分别为 96.68%和 3.32%。

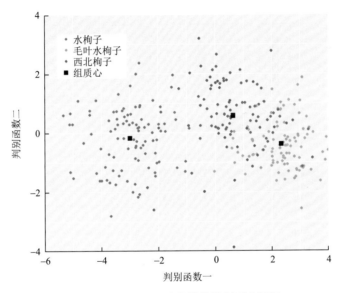

图 3.315　枸子属 3 种花粉线性判别分析图

3）枸子属 3 种花粉的鉴别模型

将花粉形态参数数据进行 CART 分析，结果如图 3.316 所示：枸子属 3 种花粉的分类回归树模型采用 3 个形态变量进行区分，将赤道轴长≥29.6μm 的花粉鉴别为水枸子；将赤道轴长<29.6μm 且沟宽<2.3μm 的花粉，或赤道轴长<22.9μm、沟宽≥2.3μm 且极轴长<30.1μm 的花粉鉴别为毛叶水枸子；将赤道轴长<22.9μm、沟宽≥2.3μm 且极轴长≥30.1μm 的花粉，或赤道轴长在 22.9~29.6μm 且沟宽≥2.3μm 的花粉鉴别为西北枸子。

4）枸子属 3 种花粉鉴别模型的检验

采用重复抽样的方法对模型进行 5 次检验（表 3.54），50 粒水枸子花粉中有 49 粒可以正确鉴别，另外有 1 粒被误判为西北枸子，正确鉴别的概率为 98%；50 粒毛叶水枸子花粉中有 46 粒可以正确鉴别，另外有 4 粒被误判为西北枸子，正确鉴别的概率为 92%；50 粒西北枸子花粉中有 43 粒可以正确鉴别，另外有 1 粒被误判为水枸子，有 6 粒被误判为毛叶水枸子，正确鉴别的概率为 86%。

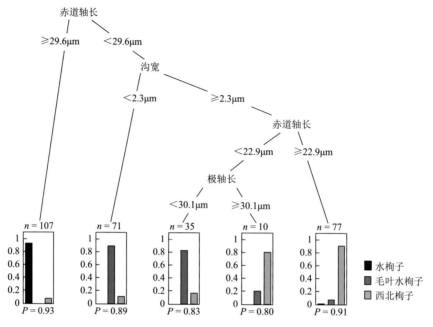

图 3.316　栒子属 3 种花粉分类回归树模型

表 3.54　栒子属 3 种花粉分类回归树模型检验结果

种名	鉴别为水栒子/粒	鉴别为毛叶水栒子/粒	鉴别为西北栒子/粒	正确鉴别的概率
水栒子	49	0	1	98%
毛叶水栒子	0	46	4	92%
西北栒子	1	6	43	86%

3. 山楂属 3 种花粉形态的鉴别

1）山楂属 3 种花粉形态参数的筛选

对毛山楂、山楂和山里红花粉形态参数的统计数据进行单因素方差分析，判断出花粉定量形态特征与花粉种属的关系均为显著（表 3.55）。

表 3.55　山楂属 3 种花粉定量形态特征及方差分析结果

种名	极轴长/μm	赤道轴长/μm	P/E	外壁厚度/μm	沟宽/μm
毛山楂	35.1(30.6～39.4)	36.1(28.2～41.2)	0.97(0.86～1.19)	1.58(1.00～2.80)	3.31(2.10～5.50)
山楂	29.6(24.8～35.8)	36.1(31.3～40.4)	0.83(0.72～0.99)	1.88(1.10～3.00)	3.79(1.70～8.80)
山里红（太岳山）	39.2(29.6～53.1)	31.1(22.5～37.2)	1.27(0.98～1.61)	2.28(1.30～3.70)	2.06(1.00～5.50)
组间方差	239.2***	125.2***	456.7***	77.19***	97.17***

注：山里红花粉形态数据均来自太岳山山里红花粉，长白山标本数据不足故没有用于 CART 模型分析

***表示 $p < 0.001$

2）山楂属 3 种花粉的可区分性

将花粉形态参数数据进行判别分析，山楂属 3 种花粉在两个判别函数下可以进行区分（图 3.317），第一判别函数和第二判别函数的贡献率分别为 88.21% 和 11.79%。

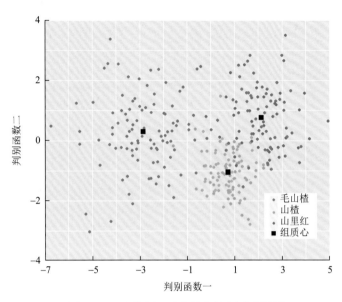

图 3.317　山楂属 3 种花粉线性判别分析图

3）山楂属 3 种花粉的鉴别模型

将花粉形态参数数据进行 CART 分析，结果如图 3.318 所示：山楂属 3 种花粉的分类回归树模型采用 3 个形态变量进行区分，将 $P/E \geqslant 1.1$ 的花粉，或 $P/E < 1.1$、极轴长 ≥

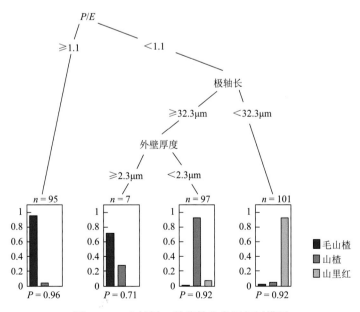

图 3.318　山楂属 3 种花粉分类回归树模型

32.3μm 且外壁厚度≥2.3μm 的花粉鉴别为毛山楂；将 P/E<1.1、极轴长≥32.3μm 且外壁厚度<2.3μm 的花粉鉴别为山楂；将 P/E<1.1 且极轴长<32.3μm 的花粉鉴别为山里红。

4）山楂属 3 种花粉鉴别模型的检验

采用重复抽样的方法对模型进行 5 次检验（表 3.56），50 粒毛山楂花粉中有 47 粒可以正确鉴别，另外有 1 粒被误判为山楂，有 2 粒被误判为山里红，正确鉴别的概率为 94%；50 粒山楂花粉中有 46 粒可以正确鉴别，另外有 4 粒被误判为毛山楂，正确鉴别的概率为 92%；50 粒山里红花粉中有 47 粒可以正确鉴别，另外有 3 粒被误判为山楂，正确鉴别的概率为 94%。

表 3.56 山楂属 3 种花粉分类回归树模型检验结果

种名	鉴别为毛山楂/粒	鉴别为山楂/粒	鉴别为山里红/粒	正确鉴别的概率
毛山楂	47	1	2	94%
山楂	4	46	0	92%
山里红	0	3	47	94%

4. 苹果属花粉形态的区分

1）苹果属 3 种花粉形态参数的筛选

对山荆子、苹果和海棠花粉形态参数的统计数据进行单因素方差分析，判断出除了沟宽外，其他花粉定量形态特征与花粉种属的关系均为显著（表 3.57）。

表 3.57 苹果属 3 种花粉定量形态特征及方差分析结果

种名	极轴长/μm	赤道轴长/μm	P/E	外壁厚度/μm	沟宽/μm
山荆子	38.7(30.2~46.8)	33.6(24.8~38.8)	1.15(0.88~1.39)	2.01(1.30~3.10)	3.39(1.80~7.40)
苹果	29.8(21.2~41.4)	31.2(23.5~41.2)	0.96(0.73~1.44)	1.98(1.34~3.00)	3.55(2.61~4.64)
海棠	27.1(22.0~31.0)	27.1(19.4~32.1)	1.01(0.77~1.42)	3.35(1.70~5.80)	8.39(3.40~14.9)
组间方差	402.2***	124.3***	55***	29.01***	2.665

***表示 p<0.001

2）苹果属 3 种花粉的可区分性

将花粉形态参数数据进行判别分析，苹果属 3 种花粉在两个判别函数下可以进行区分（图 3.319），第一判别函数和第二判别函数的贡献率分别为 88.50% 和 11.50%。

3）苹果属 3 种花粉的鉴别模型

将花粉形态参数数据进行 CART 分析，结果如图 3.320 所示：苹果属 3 种花粉的分类回归树模型采用 3 个形态变量进行区分，将极轴长≥34.2μm 的花粉鉴别为山荆子；将极轴长<34.2μm 且赤道轴长≥30.4μm 的花粉，或极轴长在 30.1~34.2μm 且赤道轴长<30.4μm 的花粉，或极轴长<30.1μm、赤道轴长<30.4μm 且外壁厚度≥2.2μm 的花粉鉴别为苹果；将极轴长<30.1μm、赤道轴长<30.4μm 且外壁厚度<2.2μm 的花粉鉴别为海棠。

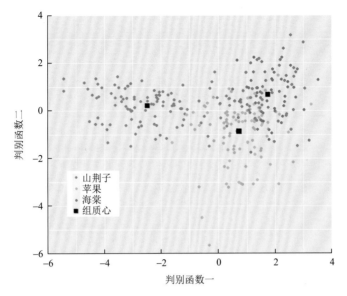

图 3.319　苹果属 3 种花粉线性判别分析图

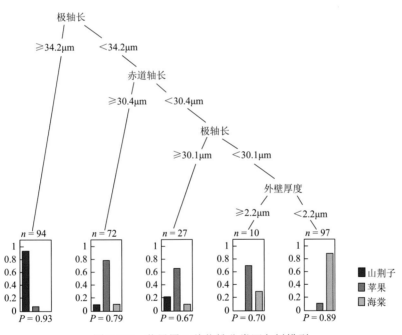

图 3.320　苹果属 3 种花粉分类回归树模型

4）苹果属 3 种花粉鉴别模型的检验

采用重复抽样的方法对模型进行 5 次检验（表 3.58），50 粒山荆子花粉中有 47 粒可以正确鉴别，另外有 3 粒被误判为苹果，正确鉴别的概率为 94%；50 粒苹果花粉中有 41 粒可以正确鉴别，另外有 2 粒被误判为山荆子，有 7 粒被误判为海棠，正确鉴别的概率为 82%；50 粒苹果花粉中有 46 粒可以正确鉴别，另外有 4 粒被误判为苹果，正确鉴别的概率为 92%。

表 3.58　苹果属 3 种花粉分类回归树模型检验结果

种名	鉴别为山荆子/粒	鉴别为苹果/粒	鉴别为海棠/粒	正确鉴别的概率
山荆子	47	3	0	94%
苹果	2	41	7	82%
海棠	0	4	46	92%

5. 委陵菜属 2 种花粉形态的区分

1）委陵菜属 2 种花粉形态参数的筛选

对蛇莓委陵菜和金露梅花粉形态参数的统计数据进行单因素方差分析，判断出除了赤道轴长外，其他花粉定量形态特征与花粉种属的关系均为显著（表 3.59）。

表 3.59　委陵菜属 2 种花粉定量形态特征及方差分析结果

种名	极轴长/μm	赤道轴长/μm	P/E	外壁厚度/μm	沟宽/μm	沟缢缩处长/μm
蛇莓委陵菜	22.6 (18.5~25.4)	22.3 (18.9~25.5)	1.02 (0.89~1.12)	1.38 (1.00~1.90)	3.20 (1.90~4.30)	7.4 (3.20~11.9)
金露梅	24.1 (20.0~28.0)	22.4 (19.6~25.4)	1.08 (0.90~1.29)	1.51 (1.00~2.00)	3.50 (1.90~4.70)	3.74 (2.00~7.50)
组间方差	52.65***	0.956	45.42***	19.66***	23.06***	408.7***

***表示 $p < 0.001$

2）委陵菜属 2 种花粉的可区分性

将花粉形态参数数据进行判别分析，委陵菜属 2 种花粉在一个判别函数下即可明确区分（图 3.321）。

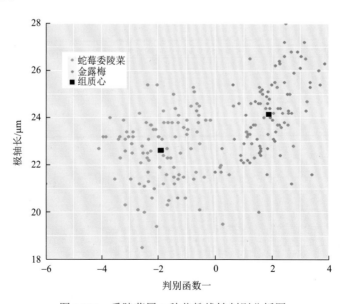

图 3.321　委陵菜属 2 种花粉线性判别分析图

3）委陵菜属 2 种花粉的鉴别模型

将花粉形态参数数据进行 CART 分析，结果如图 3.322 所示：委陵菜属 2 种花粉的分类回归树模型采用 1 个形态变量进行区分，沟缢缩处长≥5.3μm 的花粉鉴别为蛇莓委陵菜；沟缢缩处长<5.3μm 的花粉鉴别为金露梅。

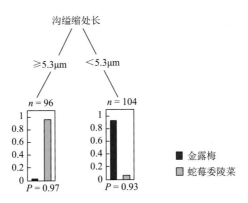

图 3.322　委陵菜属 2 种花粉分类回归树模型

4）委陵菜属 2 种花粉鉴别模型的检验

采用重复抽样的方法对模型进行 5 次检验（表 3.60），50 粒蛇莓委陵菜花粉中有 47 粒可以正确鉴别，另外有 3 粒被误判为金露梅，正确鉴别的概率为 94%；50 粒金露梅花粉中有 49 粒可以正确鉴别，另外有 1 粒被误判为蛇莓委陵菜，正确鉴别的概率为 98%。

表 3.60　委陵菜属 2 种花粉分类回归树模型检验结果

种名	鉴别为蛇莓委陵菜/粒	鉴别为金露梅/粒	正确鉴别的概率
蛇莓委陵菜	47	3	94%
金露梅	1	49	98%

6. 李属 8 种花粉形态的鉴别

1）李属 8 种花粉形态参数的筛选

对山桃、桃、杏、东北杏、欧李、毛樱桃、斑叶稠李和稠李花粉形态参数的统计数据进行单因素方差分析，判断出花粉定量形态特征与花粉种属的关系均为显著（表 3.61）。

表 3.61　李属 8 种花粉定量形态特征及方差分析结果

种名	极轴长/μm	赤道轴长/μm	P/E	外壁厚度/μm	沟宽/μm	沟缢缩处长/μm
山桃	41.6(35.0~48.3)	34.9(30.0~43.5)	1.20(0.99~1.38)	1.78(1.10~2.50)	5.50(3.30~8.10)	9.12(5.60~14.7)
桃	30.9(20.1~43.0)	39.7(30.0~44.8)	0.78(0.54~1.35)	1.72(1.10~2.50)	6.10(3.20~10.9)	11.0(5.30~18.8)
杏	32.0(23.4~43.8)	35.9(20.6~41.6)	0.91(0.58~1.45)	1.63(0.90~2.40)	5.44(2.40~9.30)	10.3(5.40~14.9)
东北杏	43.8(28.2~56.3)	34.2(23.3~48.9)	1.30(0.88~1.81)	2.15(1.00~3.70)	2.53(1.00~5.40)	6.47(2.60~13.3)
欧李	29.3(23.3~32.4)	33.1(22.9~38.0)	0.89(0.69~1.25)	1.54(1.00~2.10)	4.90(2.40~8.60)	8.95(6.70~14.1)

续表

种名	极轴长/μm	赤道轴长/μm	P/E	外壁厚度/μm	沟宽/μm	沟缢缩处长/μm
毛樱桃	28.6(23.1～30.6)	32.6(29.1～36.2)	0.88(0.73～0.98)	1.85(1.50～2.60)	3.79(2.90～4.90)	11.3(8.30～14.1)
斑叶稠李	33.4(28.4～37.9)	37.1(29.4～42.8)	0.90(0.82～1.13)	2.15(1.10～3.20)	3.23(2.20～4.50)	10.4(7.50～13.8)
稠李	24.3(21.8～27.7)	26.3(22.5～29.4)	0.92(0.81～1.11)	1.69(1.40～2.20)	2.36(1.90～3.40)	7.30(5.20～10.4)
组间方差	519.5***	187.3***	235.5***	56.44***	194.3***	89.16***

*** 表示 $p < 0.001$

2）李属 8 种花粉的可区分性

将花粉形态参数数据进行判别分析，李属 8 种花粉在 6 个判别函数下可以进行一定的区分（图3.323），其中杏和东北杏花粉较难区分，第一判别函数和第二判别函数的贡献率分别为 55.09% 和 29.90%。

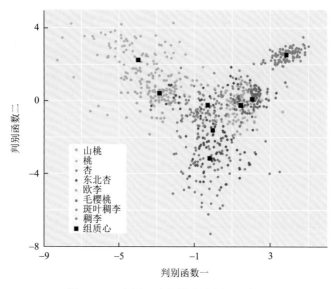

图 3.323　李属 8 种花粉线性判别分析图

3）李属 8 种花粉的鉴别模型

将花粉形态参数数据进行 CART 分析，结果如图3.324所示：李属 8 种花粉的分类回归树模型采用 4 个形态变量进行区分，将极轴长≥36.9μm 且沟宽≥4.3μm 的花粉鉴别为山桃；将极轴长≥36.9μm 且沟宽<4.3μm 的花粉鉴别为桃；将极轴长<36.9μm、赤道轴长≥35.6μm 且沟宽≥3.9μm 的花粉鉴别为杏或东北杏；将极轴长<36.9μm、赤道轴长≥35.6μm 且沟宽<3.9μm 的花粉鉴别为斑叶稠李；将极轴长<36.9μm、赤道轴长在 28.6～35.6μm 且沟缢缩处长≥10.1μm 的花粉鉴别为欧李；将极轴长<36.9μm、赤道轴长在28.6～35.6μm 且沟缢缩处长<10.1μm 的花粉鉴别为毛樱桃；将极轴长<36.9μm、赤道轴长<28.6μm 的花粉鉴别为稠李。

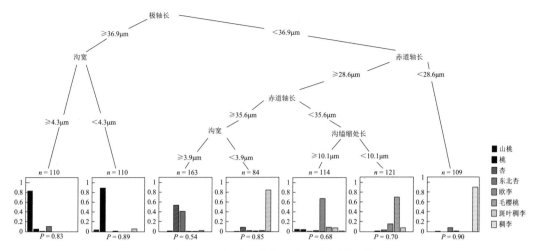

图 3.324　李属 8 种花粉分类回归树模型

4）李属 8 种花粉鉴别模型的检验

采用重复抽样的方法对模型进行 5 次检验（表 3.62），50 粒山桃花粉中有 45 粒可以正确鉴别，另外有 3 粒被误判为桃，有 2 粒被误判为欧李，正确鉴别的概率为 90%；50 粒桃花粉中有 38 粒可以正确鉴别，另外有 4 粒被误判为山桃，有 2 粒被误判为东北杏，有 6 粒被误判为欧李，正确鉴别的概率为 76%；50 粒杏花粉中有 38 粒可以正确鉴别，另外有 9 粒被误判为东北杏，有 3 粒被误判为斑叶稠李，正确鉴别的概率为 76%；50 粒东北杏花粉中有 32 粒可以正确鉴别，另外有 3 粒被误判为山桃，有 9 粒被误判为杏，有 2 粒被误判为欧李，有 3 粒被误判为斑叶稠李，有 1 粒被误判为稠李，正确鉴别的概率为 64%；50 粒欧李花粉中有 43 粒可以正确鉴别，另外有 1 粒被误判为东北杏，有 3 粒被误判为毛樱桃，有 3 粒被误判为斑叶稠李，正确鉴别的概率为 86%；50 粒毛樱桃花粉中有 40 粒可以正确鉴别，另外有 1 粒被误判为东北杏，有 8 粒被误判为欧李，有 1 粒被误判为斑叶稠李，正确鉴别的概率为 80%；50 粒斑叶稠李花粉中有 36 粒可以正确鉴别，另外有 2 粒被误判为桃，有 1 粒被误判为杏，有 3 粒被误判为东北杏，有 7 粒被误判为欧李，有 1 粒被误判为毛樱桃，正确鉴别的概率为 72%；50 粒稠李花粉中有 48 粒可以正确鉴别，另外有 2 粒被误判为欧李，正确鉴别的概率为 96%。

表 3.62　李属 8 种花粉分类回归树模型检验结果

种名	鉴别为山桃/粒	鉴别为桃/粒	鉴别为杏/粒	鉴别为东北杏/粒	鉴别为欧李/粒	鉴别为毛樱桃/粒	鉴别为斑叶稠李/粒	鉴别为稠李/粒	正确鉴别的概率
山桃	45	3	0	0	2	0	0	0	90%
桃	4	38	0	2	6	0	0	0	76%
杏	0	0	38	9	0	0	3	0	76%
东北杏	3	0	9	32	2	0	3	1	64%
欧李	0	0	0	1	43	3	3	0	86%
毛樱桃	0	0	0	1	8	40	1	0	80%
斑叶稠李	0	2	1	3	7	1	36	0	72%
稠李	0	0	0	0	2	0	0	48	96%

7. 梨属 2 种花粉形态的鉴别

1）梨属 2 种花粉形态参数的筛选

对秋子梨和木梨花粉形态参数的统计数据进行单因素方差分析，判断出除了赤道轴长和沟缢缩处长外，其他花粉定量形态特征与花粉种属的关系均为显著（表 3.63）。

表 3.63　梨属 2 种花粉定量形态特征及方差分析结果

种名	极轴长/μm	赤道轴长/μm	P/E	外壁厚度/μm	沟宽/μm	沟缢缩处长/μm
秋子梨	30.7(24.8~35.1)	30.8(22.7~34.3)	1.00(0.88~1.14)	2.05(1.60~2.70)	2.95(2.10~4.80)	14.1(8.60~21.2)
木梨	27.9(23.8~32.7)	30.0(25.8~33.3)	0.93(0.76~1.15)	2.17(1.60~2.80)	3.50(2.30~4.70)	14.7(6.20~21.4)
组间方差	99.72***	9.279	64.58***	11.47***	87.12***	2.283

***表示 $p<0.001$

2）梨属 2 种花粉的可区分性

将花粉形态参数数据进行判别分析，梨属 2 种花粉在一个判别函数下可以进行区分（图 3.325）。

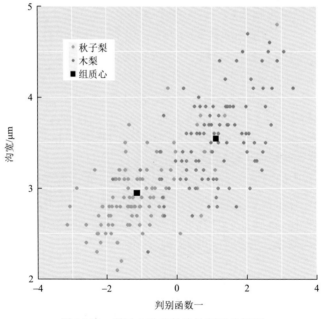

图 3.325　梨属 2 种花粉线性判别分析图

3）梨属 2 种花粉的鉴别模型

将花粉形态参数数据进行 CART 分析，结果如图 3.326 所示：梨属 2 种花粉的分类回归树模型采用 2 个形态变量进行区分，将极轴长≥30.0μm、沟宽<3.8μm 的花粉，或极轴长在 27.3~30.0μm 且沟宽<3.1μm 的花粉鉴别为秋子梨；将极轴长≥30.0μm、沟宽≥3.8μm 的花粉或极轴长<27.3μm 且沟宽<3.1μm 的花粉或极轴长<30.0μm 且沟宽≥3.1μm 的花粉鉴别为木梨。

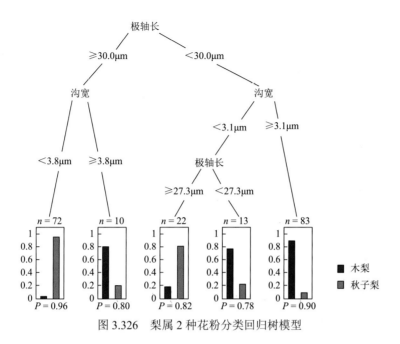

图 3.326　梨属 2 种花粉分类回归树模型

4）梨属 2 种花粉鉴别模型的检验

采用重复抽样的方法对模型进行 5 次检验（表 3.64），50 粒秋子梨花粉中有 45 粒可以正确鉴别，另外有 5 粒被误判为木梨，正确鉴别的概率为 90%；50 粒木梨花粉中有 47 粒可以正确鉴别，另外有 3 粒被误判为秋子梨，正确鉴别的概率为 94%。

表 3.64　梨属 2 种花粉分类回归树模型检验结果

种名	鉴别为秋子梨/粒	鉴别为木梨/粒	正确鉴别的概率
秋子梨	45	5	90%
木梨	3	47	94%

8. 蔷薇属 2 种花粉形态的鉴别

1）蔷薇属 2 种花粉形态参数的筛选

对山刺玫和黄刺玫花粉形态参数的统计数据进行单因素方差分析，判断出花粉定量形态特征与花粉种属的关系均为显著（表 3.65）。

表 3.65　蔷薇属 2 种花粉定量形态特征及方差分析结果

种名	极轴长/μm	赤道轴长/μm	P/E	外壁厚度/μm	沟宽/μm	沟缢缩处长/μm
山刺玫	44.0 (35.3~51.3)	31.4 (25.1~36.9)	1.41 (1.18~1.66)	1.91 (1.20~2.80)	2.84 (2.00~3.70)	9.76 (6.40~13.6)
黄刺玫	29.4 (23.2~34.9)	29.0 (19.4~33.2)	1.02 (0.81~1.48)	1.70 (1.00~2.70)	2.33 (1.50~3.10)	6.59 (3.30~8.70)
组间方差	1423***	47.2***	590.2***	21.28***	29.9***	334.7***

***表示 $p < 0.001$

2）蔷薇属 2 种花粉的可区分性

将花粉形态参数数据进行判别分析，蔷薇属 2 种花粉在一个判别函数下可以进行区分（图 3.327）。

3）蔷薇属 2 种花粉的鉴别模型

将花粉形态参数数据进行 CART 分析，结果如图 3.328 所示：蔷薇属 2 种花粉的分类回归树模型采用 1 个形态变量进行区分，将极轴长≥35.1μm 的花粉鉴别为山刺玫；将极轴长＜35.1μm 的花粉鉴别为黄刺玫。

4）蔷薇属 2 种花粉鉴别模型的检验

采用重复抽样的方法对模型进行 5 次检验，50 粒山刺玫花粉全部可以正确鉴别，正确鉴别概率为 100%；50 粒黄刺玫花粉全部可以正确鉴别，正确鉴别概率为 100%（表 3.66）。

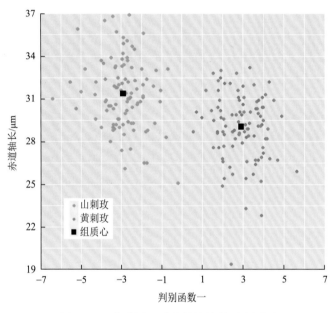

图 3.327 蔷薇属 2 种花粉线性判别分析图

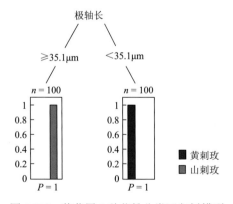

图 3.328 蔷薇属 2 种花粉分类回归树模型

表 3.66　蔷薇属 2 种花粉分类回归树模型检验结果

种名	鉴别为山刺玫/粒	鉴别为黄刺玫/粒	正确鉴别的概率
山刺玫	50	0	100%
黄刺玫	0	50	100%

3.59　茜草科 Rubiaceae Juss.

拉拉藤属 *Galium* L.

北方拉拉藤 *Galium boreale* L.

图 3.329（标本号：CBS-054）

花粉粒近球形或长球形，P/E=1.13(1.03～1.32)，赤道面观椭圆形，极面观五（一九）裂圆形，大小为 20.9(20.0～22.5)μm×18.5(17.0～20.0)μm。具五—九沟，多数为六沟，沟细长，几达两极。外壁两层，厚约 2.0μm，外层与内层厚度约相等，柱状层基柱明显。外壁纹饰为细网状。

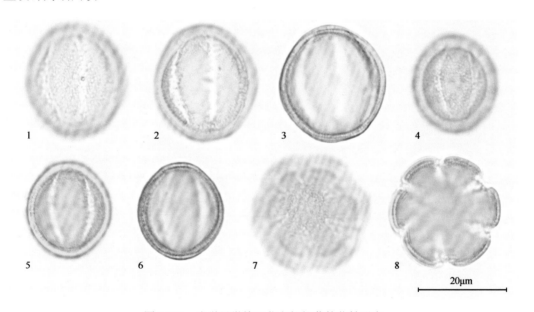

图 3.329　光学显微镜下北方拉拉藤的花粉形态

大叶猪殃殃 *Galium dahuricum* Turcz. ex Ledeb.

图 3.330：1～9（标本号：CBS-166）

花粉粒近球形，P/E=1.04(1.00～1.13)，赤道面观椭圆形，极面观五（一九）裂圆形，大小为 20.7(19.0～22.5)μm×19.8(17.5～21.5)μm。具五—九沟，沟细长，几达两极。外壁两层，厚约 2.0μm，外层与内层厚度约相等，柱状层基柱不明显。外壁纹饰为细网状。

异叶轮草 *Galium maximowiczii* (Kom.) Pobed.

图 3.330：10～18（标本号：CBS-021）

花粉粒近球形，P/E=1.02(0.94～1.11)，赤道面观椭圆形，极面观三裂圆形，大小为23.5(21.22～25.36)μm×23.0(20.9～24.8)μm。具五—六沟，多数为五沟，沟宽约 2.8μm。外壁两层，厚约 1.6μm，外层与内层厚度约相等，柱状层基柱不明显。外壁纹饰为模糊的细网状。

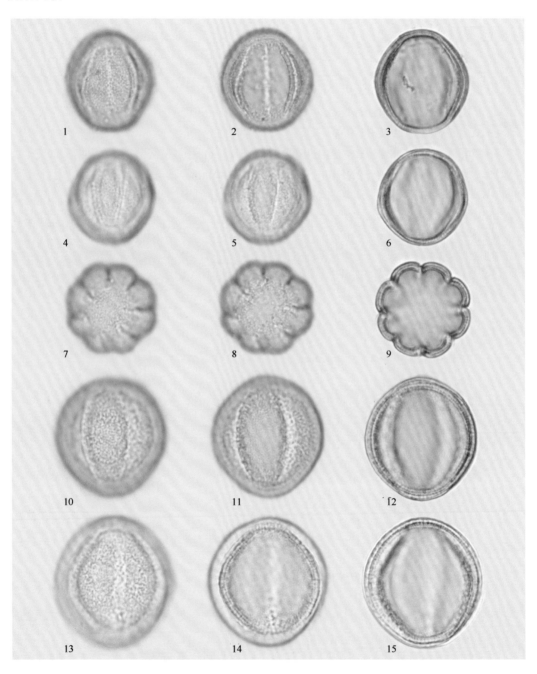

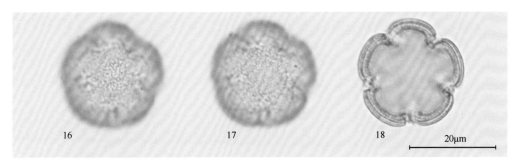

图 3.330　光学显微镜下大叶猪殃殃（1～9）和异叶轮草（10～18）的花粉形态

茜草属 *Rubia* L.

中国茜草 *Rubia chinensis* Regel et Maack

图 3.331（标本号：CBS-215）

花粉粒近球形或长球形，P/E=1.08(0.95～1.26)，赤道面椭圆形，极面观六裂圆形，大小为 21.1(20.0～23.0)μm×19.5(17.5～22.0)μm。具六沟，沟细长，几达两极。外壁两层，厚约 2.0μm，外层与内层厚度约相等，柱状层基柱明显。外壁纹饰为细网状。

茜草 *Rubia cordifolia* L.

图 3.332（标本号：CBS-182）

花粉粒近球形或长球形，P/E=1.06(1.00～1.20)，赤道面近圆形，极面观六（一七）裂圆形，大小为 19.7(18.3～22.5)μm×18.5(16.5～20.0)μm。具六—七沟，沟细长，几达两极。外壁两层，厚约 2.0μm，外层与内层厚度约相等，柱状层基柱不明显。外壁纹饰为细网状。

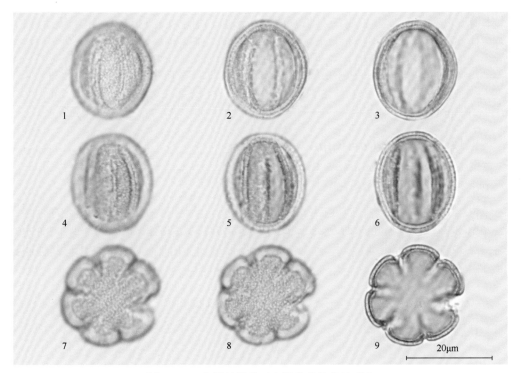

图 3.331　光学显微镜下中国茜草的花粉形态

中国北方山地常见植物花粉形态研究——光学显微镜下精确鉴定方法探索

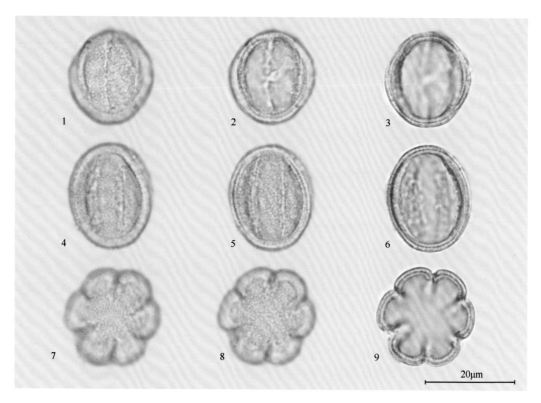

图 3.332　光学显微镜下茜草的花粉形态

本研究共观察茜草科 2 属 5 种植物的花粉形态。由于实验材料中可用于统计形态规则的凤仙花属花粉较少，无法建立分类回归树模型，凤仙花科花粉形态鉴别工作有待进一步开展。

3.60　芸香科 Rutaceae Juss.

黄檗属 *Phellodendron* Rupr.
黄檗 *Phellodendron amurense* Rupr.
图 3.333（标本号：CBS-100）

花粉粒近球形或长球形，P/E=1.17(1.06～1.27)，赤道面观椭圆形，极面观三裂圆形，大小为 36.3(34.5～39.5)μm×31.0(27.5～33.75)μm。具三孔沟，内孔横长，孔径约 4.5μm，沟细长，几达两极。外壁两层，厚约 3.5μm，外层厚度约为内层的 2 倍，柱状层基柱明显。外壁纹饰为明显的网状。

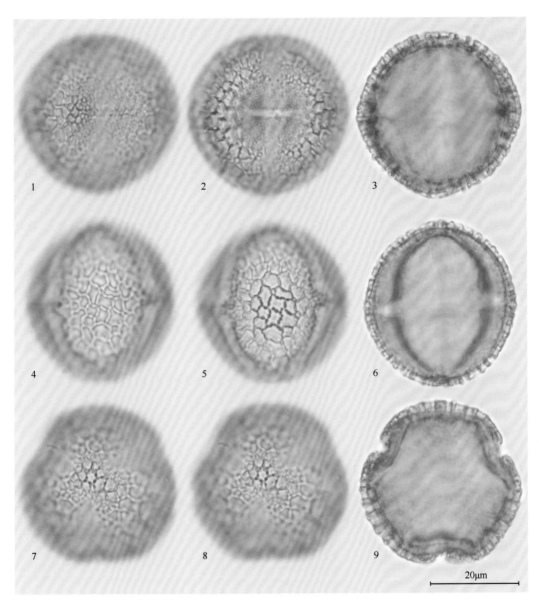

图 3.333　光学显微镜下黄檗的花粉形态

3.61　杨柳科 Salicaceae Mirb.

杨属 *Populus* L.

山杨 *Populus davidiana* Dode

图 3.334（标本号：CBS-152），图 3.335：1～6（标本号：TYS-014）

花粉粒近球形，长白山标本大小为 16.5～27.5μm，太岳山标本大小为 29.5(22.1～36.9)μm。无萌发孔。外壁薄，层次不明显，柱状层基柱明显，长白山标本外壁厚约 1.5μm，太岳山标本外壁厚 0.97(0.73～1.19)μm。外壁纹饰为模糊的颗粒状，花粉轮廓线呈微波浪形。

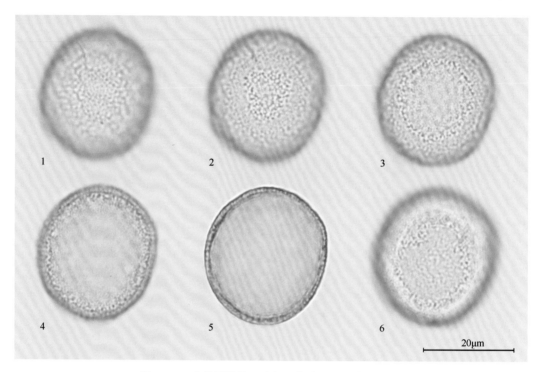

图 3.334 光学显微镜下山杨（长白山）的花粉形态

小叶杨 *Populus simonii* Carr.

图 3.335：7～12（标本号：TYS-013）

花粉粒近球形，大小为 23.4(17.6～31.3)μm。无萌发孔。外壁薄，层次不明显，厚 0.90(0.71～1.18)μm，柱状层基柱明显。外壁纹饰下为颗粒状，花粉轮廓线呈微波浪形。

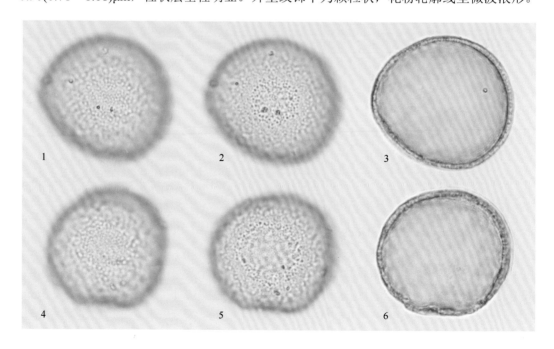

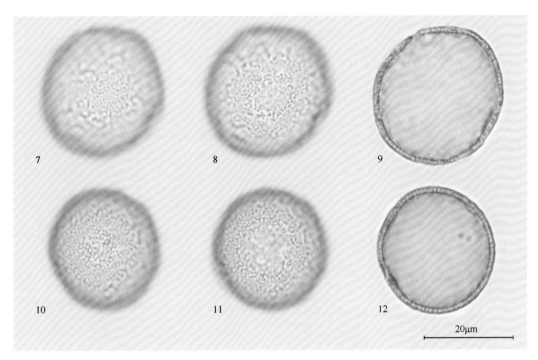

图 3.335　光学显微镜下山杨（太岳山）（1～6）和小叶杨（7～12）的花粉形态

柳属 *Salix* L.

黄花柳 *Salix caprea* L.

图 3.336：1～12（标本号：TYS-001）

花粉粒长球形，P/E=1.39(1.25～1.56)，赤道面观为椭圆形，极面观为三裂圆形，大小为 25.4(23.3～27.3)μm×18.3(16.3～20.0)μm。具三沟，沟细长。外壁两层，厚约 2.0μm，外层与内层厚度约相等，柱状层基柱明显。外壁纹饰为粗网状。花粉轮廓线呈显著波浪状。

毛枝柳 *Salix dasyclados* Wimm.

图 3.336：13～24（标本号：CBS-086）

花粉粒长球形，P/E=1.32(1.16～1.44)，赤道面观为椭圆形，极面观为三裂圆形。大小为 22.8(20.0～25.5)μm×17.3(15.0～19.5)μm。具三沟，沟长，沟宽约 2.5μm。外壁两层，厚约 2.0μm，外层比内层略厚，柱状层基柱明显。外壁纹饰为粗网状，网眼到沟边变细。花粉轮廓线呈显著波浪状。

崖柳 *Salix floderusii* Nakai

图 3.337：1～12（标本号：CBS-072）

花粉粒近球形或长球形，P/E=1.31(1.10～1.60)，赤道面观为椭圆形，极面观为三裂圆形，大小为 23.0(20.5～25.5)μm×17.8(15.0～20.5)μm。具三（拟孔）沟，沟宽约 2.5μm，沟长达两极。外壁两层，厚约 2.0μm，外层比外壁内层略厚，柱状层基柱明显。外壁纹饰为粗网状，网眼到沟边变细。花粉轮廓线呈显著波浪状。

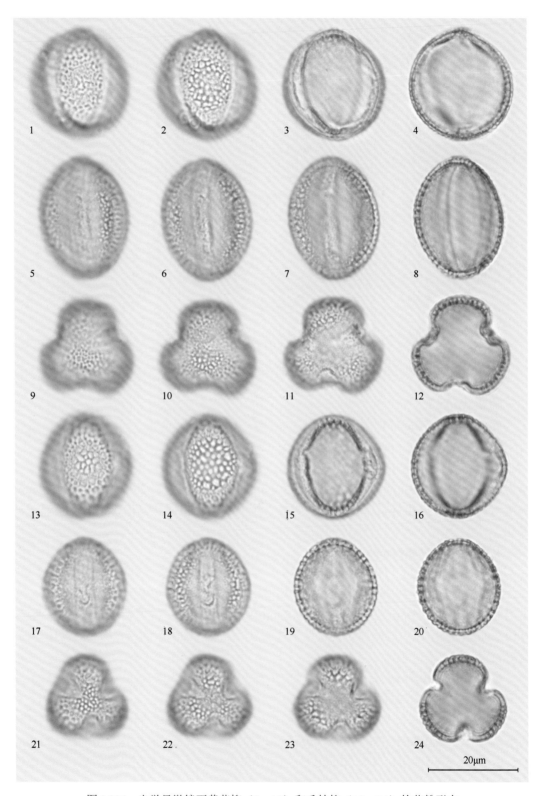

图 3.336　光学显微镜下黄花柳（1～12）和毛枝柳（13～24）的花粉形态

细柱柳 *Salix gracilistyla* Miq.

图 3.337：13～24（标本号：CBS-038）

花粉粒长球形或近球形，*P/E*=1.39(1.12～1.70)，赤道面观椭圆形，极面观三裂圆形，大小为 19.3(16.4～21.6)μm×13.9(11.9～16.5)μm。具三（拟孔）沟，沟长。外壁两层，厚 1.13(0.87～1.29)μm，外层与内层厚度约相等。外壁纹饰为清楚的粗网状。花粉轮廓线呈显著波浪状。

杞柳 *Salix integra* Thunb.

图 3.338：1～12（标本号：CBS-065）

花粉粒长球形，*P/E*=1.30(1.17～1.51)，赤道面观椭圆形，极面观三裂圆形，大小为 19.7(15.7～22.1)μm×15.1(11.6～17.3)μm。具三（拟孔）沟，沟长。外壁两层，厚 1.24(1.13～1.42)μm，外层略厚于内层。外壁纹饰为清楚的网状。花粉轮廓线呈显著波浪状。

朝鲜柳 *Salix koreensis* Anderss.

图 3.338：13～24（标本号：CBS-149）

花粉粒长球形，*P/E*=1.43(1.19～1.87)，赤道面观椭圆形，极面观三裂圆形。大小为 28.5(25.5～31.3)μm×20.1(15.5～22.0)μm。具三（拟孔）沟，沟长几达两极，沟宽约 3.0μm。外壁两层，厚约 2.0μm，外层比内层略厚或内外层厚度约相等，柱状层基柱明显。外壁纹饰为粗网状，网到沟边变细。花粉轮廓线呈显著波浪状。

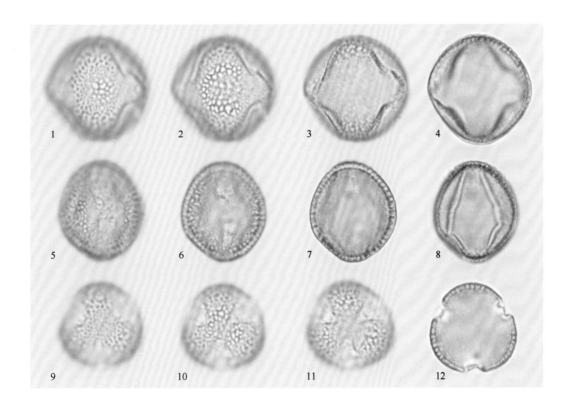

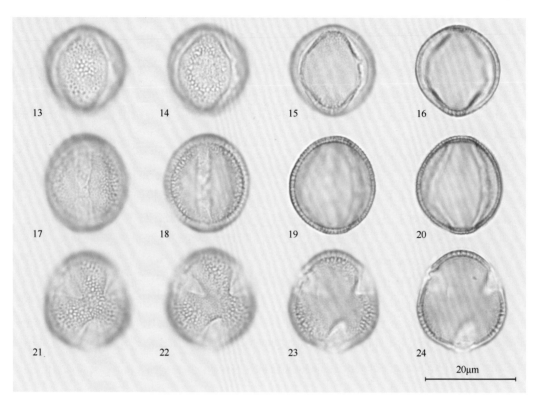

图 3.337　光学显微镜下崖柳（1～12）和细柱柳（13～24）的花粉形态

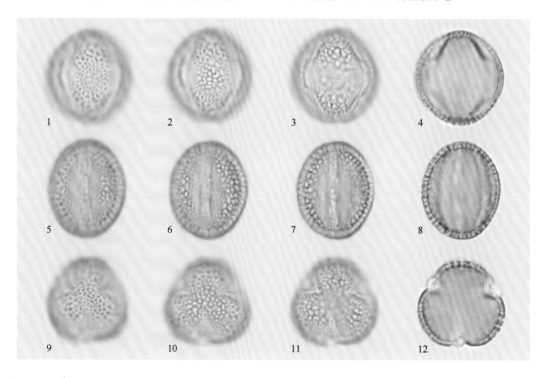

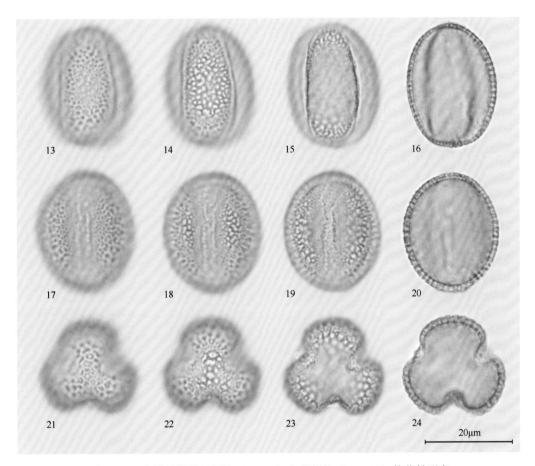

图 3.338　光学显微镜下杞柳（1～12）和朝鲜柳（13～24）的花粉形态

越桔柳 *Salix myrtilloides* L.

图 3.339：1～12（标本号：CBS-046）

花粉粒近球形或长球形，*P/E*=1.13(0.89～1.47)，赤道面观为椭圆形，极面观为三裂圆形，大小为 21.8(19.5～25.0)μm×19.4(17.0～22.5)μm。具三（拟孔）沟，沟宽约 2.5μm，沟长，几达两极。外壁两层，厚约 1.5μm，外层与内层厚度约相等，柱状层基柱明显。外壁纹饰为粗网状，网眼到沟边变小。花粉轮廓线呈波浪状。

多腺柳 *Salix polyadenia* Hand.-Mazz.

图 3.339：13～24（标本号：CBS-144）

花粉粒长球形或近球形，*P/E*=1.27(1.07～1.44)，赤道面观椭圆形，极面观三裂圆形，大小为 24.5(21.0～27.6)μm×19.3(17.4～21.0)μm。具三沟，沟较宽。外壁两层，厚 1.48(1.28～1.74)μm，外层略厚于内层。外壁纹饰为清楚的网状。

卷边柳 *Salix siuzevii* Seemen

图 3.340：1～12（标本号：CBS-125）

花粉粒长球形或近球形，*P/E*=1.32(1.19～1.70)，赤道面观椭圆形，极面观三裂圆形，大小为 24.6(19.9～27.7)μm×18.7(15.2～20.8)μm。具三沟，沟较宽。外壁两层，厚

1.38(1.26～1.65)μm，外层与内层厚度约相等，外壁纹饰为清楚的粗网状。

松江柳 *Salix sungkianica* Y. L. Chou et Skv.

图 3.340：13～24（标本号：CBS-087）

花粉粒近球形或长球形，P/E=1.34(1.10～1.60)，赤道面观为椭圆形，极面观为三裂圆形，大小为 22.9(20.5～25.5)μm×17.2(14.0～19.5)μm。具三（拟孔）沟，沟宽 3.0μm，沟长达两极。外壁两层，厚约 2.0μm，外层厚度约为内层的 1.5 倍，柱状层基柱明显。外壁纹饰为网状，网眼到沟边变小。花粉轮廓线呈波浪状。

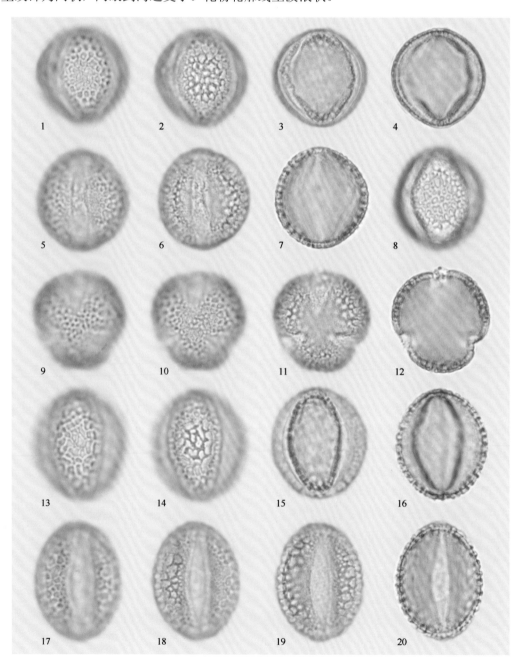

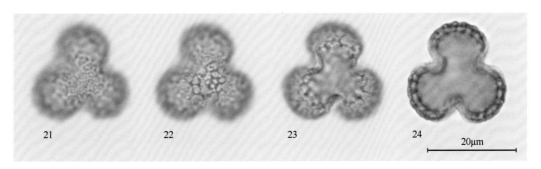

图 3.339　光学显微镜下越桔柳（1～12）和多腺柳（13～24）的花粉形态

三蕊柳 *Salix triandra* L.

图 3.341：1～12（标本号：CBS-096）

花粉粒近球形或长球形，P/E=1.29(1.05～1.48)，赤道面观为椭圆形，极面观为三裂圆形。大小为 21.2(17.5～24.5)μm×16.5(13.0～19.5)μm。具三拟孔沟，沟宽 3.0μm，沟长达两极。外壁两层，厚约 2.0μm，外层厚度约为内层的 1.5 倍，柱状层基柱明显。花粉轮廓线呈显著波浪状。外壁纹饰为粗网状，网眼到沟边变小。

蒿柳 *Salix viminalis* E. L. Wolf

图 3.341：13～24（标本号：CBS-150）

花粉粒长球形或近球形，P/E=1.35(1.17～1.57)，赤道面观椭圆形，极面观三裂圆形，大小为 21.7(19.9～23.9)μm×16.0(14.4～18.6)μm。具三（拟孔）沟，沟较宽。外壁两层，厚 1.13(1.02～1.27)μm，外层与内层厚度约相等，外壁纹饰为清楚的粗网状。

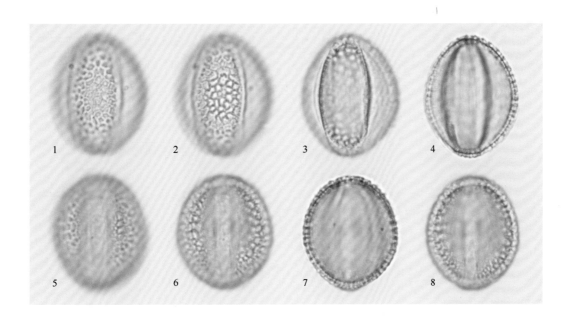

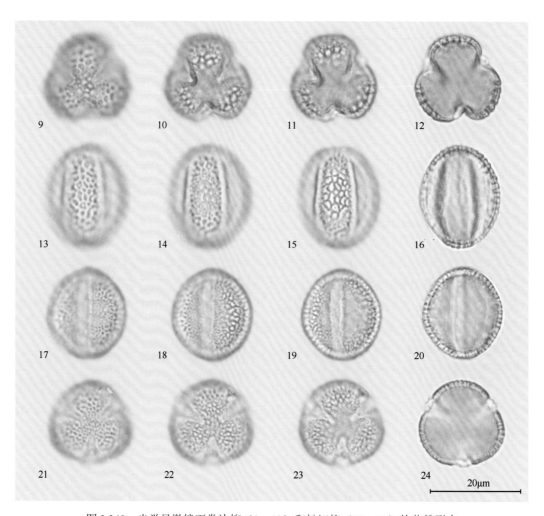

图 3.340　光学显微镜下卷边柳（1～12）和松江柳（13～24）的花粉形态

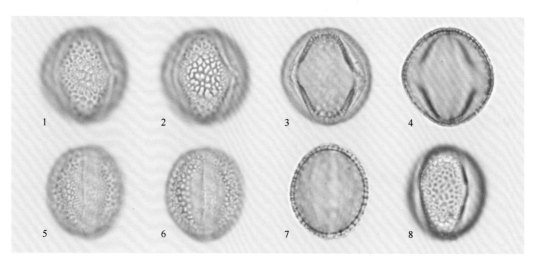

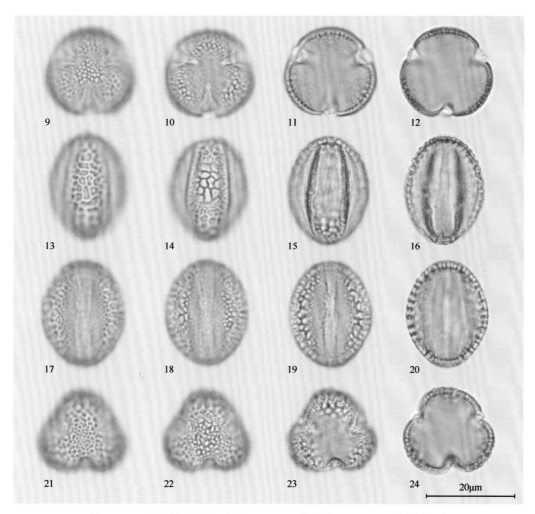

图 3.341 光学显微镜下三蕊柳（1～12）和蒿柳（13～24）的花粉形态

白河柳 *Salix yanbianica* C. F. Fang et Ch. Y. Yang

图 3.342（标本号：CBS-124）

　　花粉粒长球形，P/E=1.23(1.11～1.47)，赤道面观为窄椭圆形，极面观为三裂圆形，大小为 23.2(20.5～25.0)μm×18.9(17.0～21.3)μm。具三沟，沟宽约 2.5μm，沟长达两极。外壁两层，厚约 2.0μm，外层与内层厚度约相等，柱状层基柱明显。外壁纹饰为粗网状，网眼到沟边变小。花粉轮廓线呈波浪状。

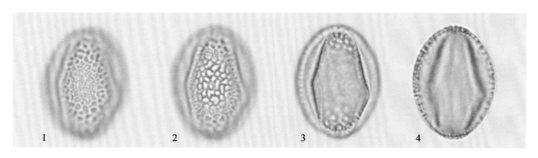

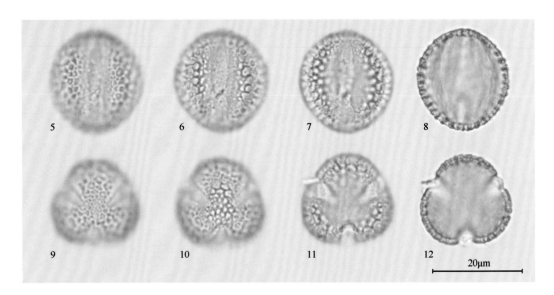

图 3.342　光学显微镜下白河柳的花粉形态

1. 杨柳科花粉形态的区分

本研究共观察杨柳科 2 属 15 种植物的花粉形态，其特征具有一定的差异，具有典型的鉴别特征。

2. 杨属 2 种花粉形态的鉴别

1）杨属 2 种花粉形态参数的筛选

对山杨和小叶杨花粉形态参数的统计数据进行单因素方差分析，判断出花粉定量形态特征与花粉种属的关系为显著（表 3.67）。

表 3.67　杨属 2 种花粉定量形态特征及方差分析结果

种名	粒径/μm	外壁厚度/μm
山杨（太岳山）	29.5(22.1～36.9)	0.97(0.73～1.19)
小叶杨	23.4(17.6～31.3)	0.90(0.71～1.18)
组间方差	283***	31.37***

注：山杨花粉形态数据均来自太岳山山杨花粉，长白山标本数据不足故没有用于 CART 模型分析

***表示 $p < 0.001$

2）杨属 2 种花粉的可区分性

将花粉形态参数数据进行判别分析，杨属 2 种花粉在一个判别函数下可以进行区分（图 3.343）。

3）杨属 2 种花粉的鉴别模型

将花粉形态参数数据进行 CART 分析，结果如图 3.344 所示：杨属两种花粉由一个

形态参数即可明确区分，将粒径≥26.7μm 的花粉鉴别为山杨，将粒径＜26.7μm 的花粉鉴别为小叶杨。

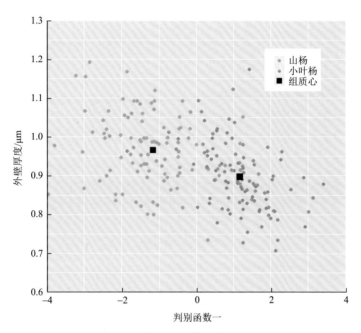

图 3.343　杨属 2 种花粉线性判别分析图

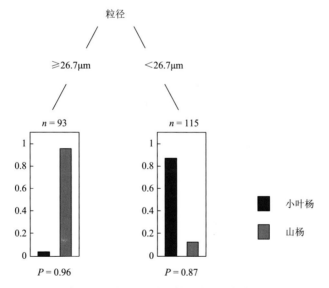

图 3.344　杨属 2 种花粉分类回归树模型

4）杨属 2 种花粉鉴别模型的检验

采用重复抽样的方法对模型进行 5 次检验（表 3.68），50 粒山杨花粉中有 44 粒可以正确鉴别，另外 6 粒被误判为小叶杨，正确鉴别的概率为 88%；50 粒小叶杨花粉中有 49 粒可以正确鉴别，另外 1 粒被误判为山杨，正确鉴别的概率为 98%。

表 3.68　杨属 2 种分类回归树模型检验结果

种名	鉴别为山杨/粒	鉴别为小叶杨/粒	正确鉴别的概率
山杨	44	6	88%
小叶杨	1	49	98%

3. 柳属 5 种花粉形态的鉴别

1）柳属 5 种花粉形态参数的筛选

对细柱柳、杞柳、多腺柳、卷边柳和蒿柳花粉形态参数的统计数据进行单因素方差分析，判断出花粉定量形态特征与花粉属种的关系均为显著（表 3.69）。

表 3.69　柳属 5 种花粉定量形态特征及方差分析结果

种名	极轴长/μm	赤道轴长/μm	P/E	外壁厚度/μm
细柱柳	19.3(16.4～21.6)	13.9(11.9～16.5)	1.39(1.12～1.70)	1.13(0.87～1.29)
杞柳	19.7(15.7～22.1)	15.1(11.6～17.3)	1.30(1.17～1.51)	1.24(1.13～1.42)
多腺柳	24.5(21.0～27.6)	19.3(17.4～21.0)	1.27(1.07～1.44)	1.48(1.28～1.74)
卷边柳	24.6(19.9～27.7)	18.7(15.2～20.8)	1.32(1.19～1.70)	1.38(1.26～1.65)
蒿柳	21.7(19.9～23.9)	16.0(14.4～18.6)	1.35(1.17～1.57)	1.13(1.02～1.27)
组间方差	480.2***	598.1***	31.79***	535.5***

***表示 $p < 0.001$

2）柳属 5 种花粉的可区分性

将花粉形态参数数据进行判别分析，第一判别函数和第二判别函数的贡献率分别为 88.08% 和 9.71%。由图 3.345 可以看出，柳属的 5 种花粉具有可区分性。

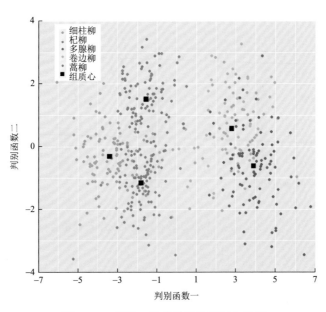

图 3.345　柳属 5 种花粉线性判别分析图

3）柳属 5 种花粉的鉴别模型

将花粉形态参数数据进行 CART 分析，结果如图 3.346 所示：柳属花粉的分类回归树模型采用 3 个形态变量进行区分，CART 模型将花粉赤道轴长＜17.4μm、极轴长＜20.3μm、外壁厚度＜1.2μm 的花粉鉴别为细柱柳；将花粉赤道轴长＜17.4μm、极轴长＜20.3μm、外壁厚度≥1.2μm 的花粉鉴别为杞柳；花粉赤道轴长＜17.4μm、极轴长≥20.3μm 的花粉大概率为蒿柳；将赤道轴长≥17.4μm、外壁厚度≥1.5μm 的花粉鉴别为多腺柳；赤道轴长≥17.4μm、外壁厚度＜1.5μm 的花粉大概率为卷边柳。

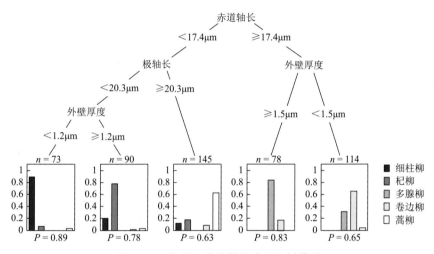

图 3.346　柳属 5 种花粉分类回归树模型

4）柳属 5 种花粉鉴别模型的检验

采用重复抽样的方法对模型进行 5 次检验（表 3.70），50 粒细柱柳花粉中，40 粒被正确鉴别，另外 10 粒被误判为杞柳；50 粒杞柳花粉中，4 粒被误判为细柱柳、2 粒被误判为蒿柳，其余 44 粒被正确鉴别；50 粒多腺柳花粉中，除 10 粒被误判为卷边柳外，其余 40 粒被正确鉴别；50 粒卷边柳花粉中，1 粒被误判为杞柳、7 粒被误判为多腺柳，其余 42 粒被正确鉴别；50 粒蒿柳花粉中，3 粒被误判为细柱柳、4 粒被误判为杞柳、2 粒被误判为卷边柳，其他 41 粒被正确鉴别。柳属花粉正确鉴别的概率为 80%～88%。

表 3.70　柳属 5 种花粉分类回归树模型检验结果

种名	鉴别为细柱柳/粒	鉴别为杞柳/粒	鉴别为多腺柳/粒	鉴别为卷边柳/粒	鉴别为蒿柳/粒	正确鉴别的概率
细柱柳	40	10	0	0	0	80%
杞柳	4	44	0	0	2	88%
多腺柳	0	0	40	10	0	80%
卷边柳	0	1	7	42	0	84%
蒿柳	3	4	0	2	41	82%

3.62　无患子科 Sapindaceae Juss.

槭属 *Acer* L.

茶条槭 *Acer ginnala* Maxim.

图 3.347（标本号：CBS-014），图 3.348：1～12（标本号：TYS-079）

花粉粒长球形或近球形，*P/E*=1.15(1.00～1.39)，赤道面观椭圆形，极面观三裂圆形，长白山标本 *P/E*=1.21(1.06～1.35)，大小为 41.0(36.0～44.9)μm×33.8(31.1～41.0)μm。太岳山标本 *P/E*=1.08(1.00～1.39)，大小为 22.6(20.0～25.0)μm×21.0(15.3～22.5)μm。具三沟，沟明显，达两极，长白山标本沟宽 4.29(2.92～5.07)μm。外壁两层，外层与内层厚度约相等，柱状层基柱不明显，长白山标本外壁厚 2.97(2.43～3.56)μm；太岳山标本外壁厚约 1.5μm。外壁纹饰为条纹状。

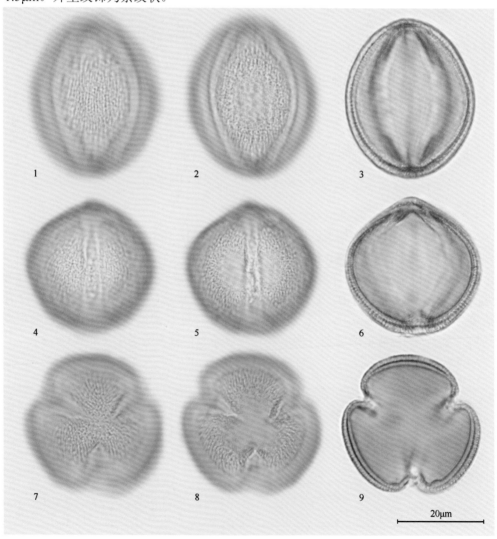

图 3.347　光学显微镜下茶条槭（长白山）的花粉形态

两个花粉采集地的茶条槭花粉形态存在一定差异，这可能是生境不同导致的，也可能是植物属种鉴定有误导致的。

色木槭 *Acer mono* Maxim.

图 3.348：13～21（标本号：CBS-153）；图 3.349：1～9（标本号：TYS-061）

花粉粒长球形或近球形，赤道面观椭圆形，极面观三裂圆形，长白山标本 P/E=1.08(0.93～1.36)，大小为 32.4(28.8～37.2)μm×29.9(26.8～33.1)μm；太岳山标本 P/E=1.28(1.10～1.45)，大小为 34.0(29.8～38.8)μm×26.6(22.5～29.5)μm。具三沟，长白山标本沟宽 5.18(3.32～7.11)μm。外壁两层，外层与内层厚度约相等，柱状层基柱明显，长白山标本外壁厚 1.66(1.32～2.12)μm；太岳山标本外壁厚约 2.0μm。外壁纹饰为条纹状。

两个花粉采集地的色木槭花粉形态存在一定差异，这可能是生境不同导致的，也可能是植物属种鉴定有误导致的。

梣叶槭 *Acer negundo* L.

图 3.349：10～12，图 3.350：1～6（标本号：CBS-093）

花粉粒长球形或近球形，P/E=1.17(1.05～1.37)，赤道面观椭圆形，极面观三裂圆形，大小为 32.4(26.9～36.7)μm×27.6(24.6～30.2)μm。具三沟，沟达两极，沟宽为 3.18(2.34～3.93)μm。外壁两层，厚 1.57(1.37～1.82)μm，外层厚于内层，柱状层基柱明显。外壁纹饰为条纹状。

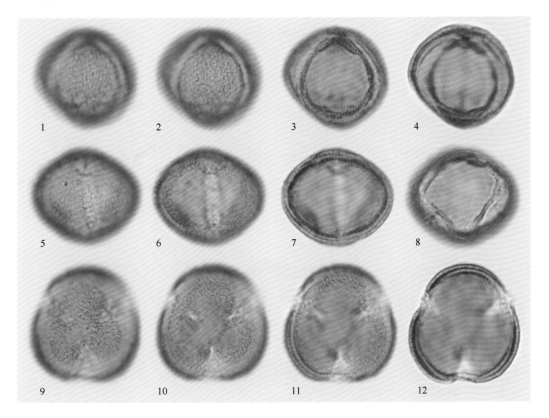

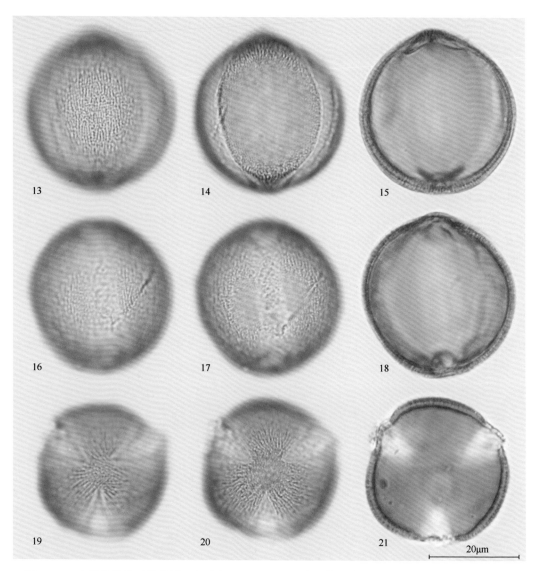

图 3.348　光学显微镜下茶条槭（太岳山）（1～12）和色木槭（长白山）（13～21）的花粉形态

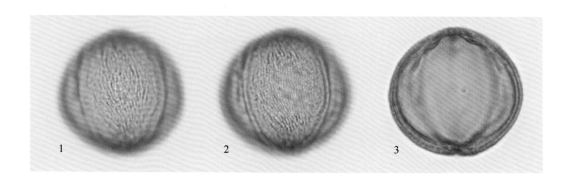

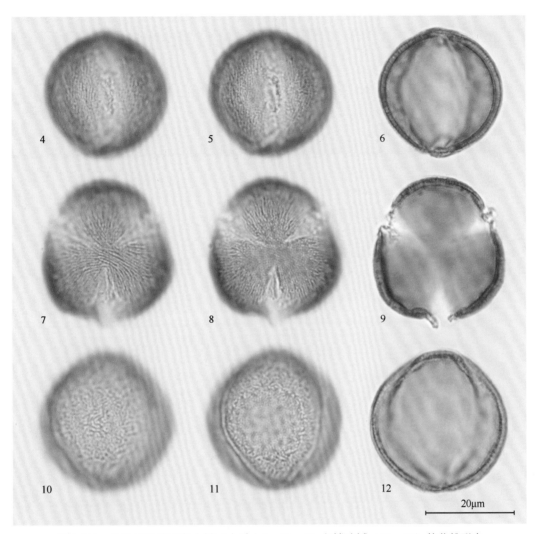

图 3.349　光学显微镜下色木槭（太岳山）（1～9）和梣叶槭（10～12）的花粉形态

花楷槭 *Acer ukurunduense* **Trautv. et Mey.**

图 3.350：7～15（标本号：CBS-155）

　　花粉粒近球形或长球形，P/E=1.14(1.00～1.25)，赤道面观椭圆形，极面观三裂圆形，大小为 27.9(24.4～30.7)μm×24.4(21.1～26.7)μm。具三孔沟，沟达两极，沟宽 2.19(1.73～

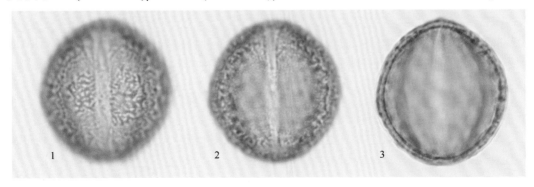

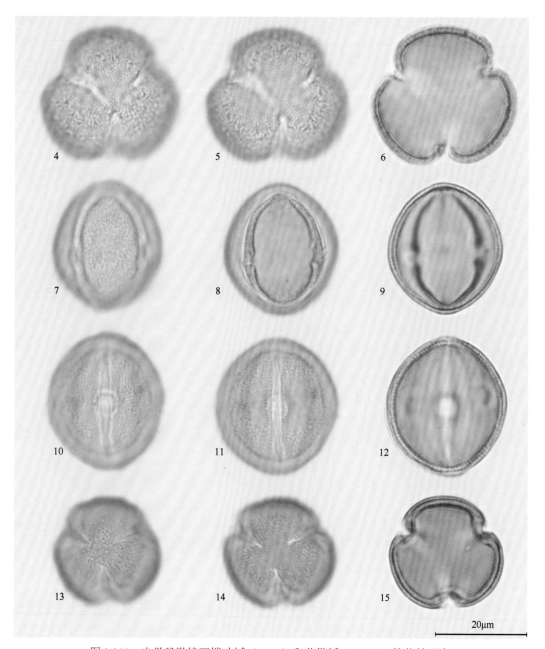

图 3.350　光学显微镜下桦叶槭（1～6）和花楷槭（7～15）的花粉形态

3.71)μm，内孔圆形，大小为 2.1～5.2μm。外壁两层，厚 1.62(1.40～2.08)μm，外层与内层厚度约相等，柱状层基柱明显。外壁纹饰为条纹状。

槭属 4 种花粉形态的鉴别

1）槭属 4 种花粉形态参数的筛选

对槭属花粉形态参数的统计数据进行单因素方差分析，判断出花粉定量形态特征与花粉种属的关系均为显著（表 3.71）。

表 3.71　槭属 4 种花粉定量形态特征及方差分析结果

种名	极轴长/μm	赤道轴长/μm	P/E	外壁厚度/μm	沟宽/μm
茶条槭 （长白山）	41.0(36.0~44.9)	33.8(31.1~41.0)	1.21(1.06~1.35)	2.97(2.43~3.56)	4.29(2.92~5.07)
色木槭 （长白山）	32.4(28.8~37.2)	29.9(26.8~33.1)	1.08(0.93~1.36)	1.66(1.32~2.12)	5.18(3.32~7.11)
梣叶槭	32.4(26.9~36.7)	27.6(24.6~30.2)	1.17(1.05~1.37)	1.57(1.37~1.82)	3.18(2.34~3.93)
花楷槭	27.9(24.4~30.7)	24.4(21.1~26.7)	1.14(1.00~1.25)	1.62(1.40~2.08)	2.19(1.73~3.71)
组间方差	799.9***	574***	148.1***	2039***	275.8***

注：茶条槭花粉形态数据来自长白山茶条槭花粉，色木槭花粉形态数据来自长白山色木槭花粉，太岳山标本数据不足故没有用于 CART 模型分析

***表示 $p<0.001$

2）槭属 4 种花粉的可区分性

将花粉形态参数数据进行判别分析，第一判别函数和第二判别函数的贡献率分别为 88.02% 和 9.51%。由图 3.351 可以看出，茶条槭、色木槭和花楷槭花粉的形态差别较大，梣叶槭花粉在鉴别上可能存在一定的困难。

3）槭属 4 种花粉的鉴别模型

将花粉形态参数数据进行 CART 分析，结果如图 3.352 所示：槭属花粉的分类回归树模型采用 3 个形态变量进行区分，CART 模型将外壁偏厚的花粉（≥2.3μm）判别为茶条槭；外壁偏薄的花粉（<2.3μm）中，将沟宽≥2.6μm、P/E<1.1 或者 P/E≥1.1、沟宽≥3.9μm 的花粉判别为色木槭；外壁偏薄的花粉（<2.3μm）中，将沟宽在 2.6~3.9μm，P/E≥1.1 的花粉判别为梣叶槭；外壁偏薄的花粉（<2.3μm）中，将沟宽<2.6μm 的花粉判别为花楷槭。

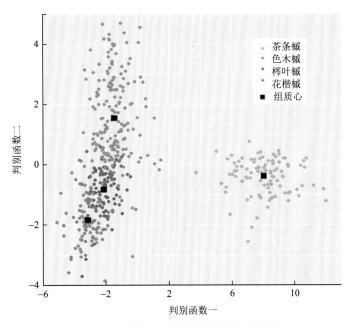

图 3.351　槭属 4 种花粉线性判别分析图

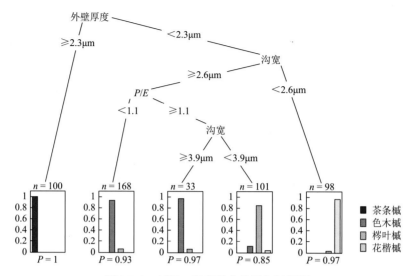

图 3.352　槭属 4 种花粉分类回归树模型

4）槭属 4 种花粉鉴别模型的检验

采用重复抽样的方法对模型进行 5 次检验，模型正确鉴别茶条槭花粉的概率为 100%；除 1 粒花粉被误判为梣叶槭外，其余色木槭花粉被模型正确鉴别；50 粒梣叶槭花粉中有 43 粒可以正确鉴别，5 粒被误判为色木槭，2 粒被误判为花楷槭，梣叶槭花粉正确鉴别的概率为 86%；50 粒花楷槭花粉中有 49 粒可以正确鉴别，1 粒被误判为梣叶槭，花楷槭花粉正确鉴别的概率为 98%。槭属花粉正确鉴别的概率在 86%～100%（表 3.72）。

表 3.72　槭属花粉分类回归树模型检验结果

种名	鉴别为茶条槭/粒	鉴别为色木槭/粒	鉴别为梣叶槭/粒	鉴别为花楷槭/粒	正确鉴别的概率
茶条槭	50	0	0	0	100%
色木槭	0	49	1	0	98%
梣叶槭	0	5	43	2	86%
花楷槭	0	0	1	49	98%

3.63　虎耳草科 Saxifragaceae Juss.

落新妇属 *Astilbe* Buch.-Ham. ex D. Don

落新妇 *Astilbe chinensis* (Maxim.) Franch. et Savat.

图 3.353：1～8（标本号：CBS-179）

花粉粒近球形或长球形，P/E=1.25(1.00～1.48)，赤道面观椭圆形，极面观三裂圆形，大小为 13.9(12.5～15.8)μm×11.1(10.3～14.0)μm。具三孔沟，沟狭长，几达两极，内孔横长，内孔边缘加厚，大小约 1.0μm。外壁两层，厚约 1.0μm，外层与内层厚度约相等，柱状层基柱不明显。外壁纹饰为模糊的颗粒状。

大叶子属 *Astilboides* (Hemsl.) Engl.

大叶子 *Astilboides tabularis* (Hemsl.) Engl.

图 3.353：9～16（标本号：CBS-143）

花粉粒近球形或扁球形，P/E=0.96(0.84～1.07)，赤道面观椭圆形，极面观三裂圆形，大小为 14.5(13.0～16.3)μm×15.2(14.0～17.0)μm。具三孔沟，沟狭，达两极，内孔约 1.0μm。外壁两层，厚约 1.0μm，外层与内层厚度约相等，柱状层基柱不明显。外壁纹饰为模糊的网状。

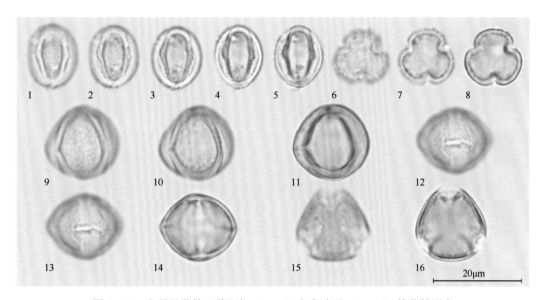

图 3.353　光学显微镜下落新妇（1～8）和大叶子（9～16）的花粉形态

3.64　五味子科 Schisandraceae Blume

五味子属 *Schisandra* Michx.

五味子属在传统上被置于较广义的木兰科中，APG 系统将其列入五味子科。

五味子 *Schisandra chinensis* (Turcz.) Baill.

图 3.354（标本号：CBS-104）

花粉粒扁球形，异极，极轴长 21～30μm，赤道轴长 30～39μm。赤道面观为椭圆形，极面观为六裂圆形。具六沟，三长沟在一极形成合沟，三短沟不到极面，长短沟相间排列。外壁两层，厚约 3.0μm，外层厚度约为内层的 2 倍，柱状层基柱明显。外壁纹饰为较粗的网状。

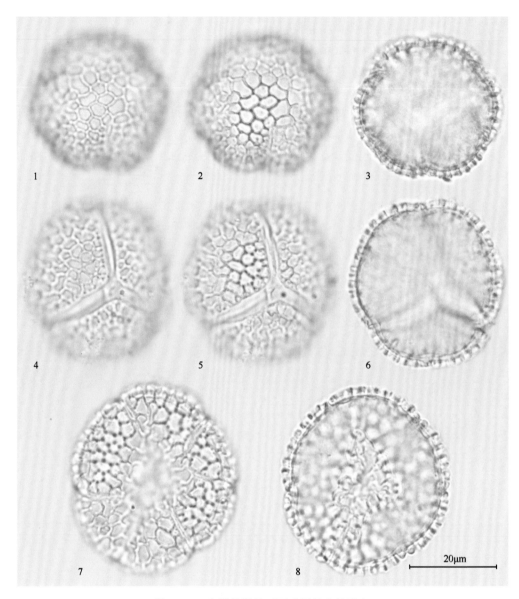

图 3.354　光学显微镜下五味子的花粉形态

3.65　茄科 Solanaceae Juss.

茄属 *Solanum* L.

龙葵 *Solanum nigrum* L.

图 3.355（标本号：CBS-234）

花粉粒近球形或长球形，P/E=1.12(1.02～1.22)，赤道面观扁圆形，极面观圆三角形，萌发孔位于角上，大小为 25.7(24.0～28.0)μm×23.0(20.3～25.0)μm。具三孔沟，内孔横长，明显，大小约 2.0μm，沟狭长几达两极。外壁两层，厚约 1.5μm，外层与内层厚度约等厚，柱状层基柱不明显。外壁纹饰为模糊的细网状。

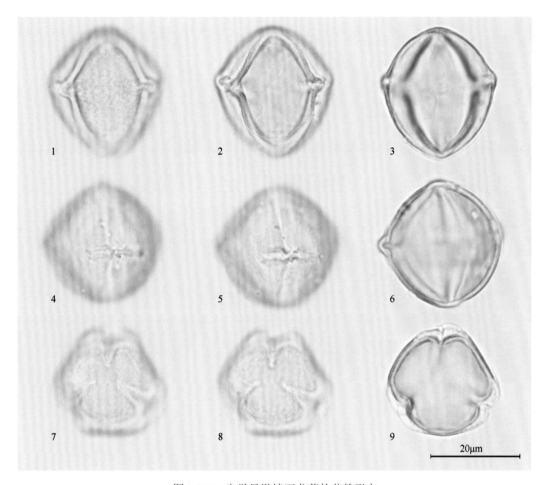

图 3.355　光学显微镜下龙葵的花粉形态

3.66　榆科 Ulmaceae Mirb.

刺榆属 *Hemiptelea* Planch.

刺榆 *Hemiptelea davidii* (Hance) Planch.

图 3.356（标本号：TYS-027）

花粉粒扁球形，P/E=0.79(0.69～0.91)，赤道面观扁圆形，极面观五（一六）边形。大小为 25.0(21.1～28.5)μm×31.6(27.9～36.5)μm。具五一六孔，孔小，椭圆形，孔径 4.64(2.75～7.10)μm。外壁两层，厚 1.22(0.96～1.80)μm，外层厚度约为内层的 2 倍，柱状层基柱明显。外壁纹饰为负网状。

榆属 *Ulmus* L.

春榆 *Ulmus davidiana* Planch. var. *japonica* (Rehd.) Nakai

图 3.357（标本号：CBS-130）

花粉扁球形或近球形，P/E=0.81(0.62～0.93)，赤道面观扁圆形，极面观五（一六）边形，大小为23.7(18.5～33.9)μm×29.4(23.2～42.0)μm。具六孔，孔小，窄椭圆形，孔径

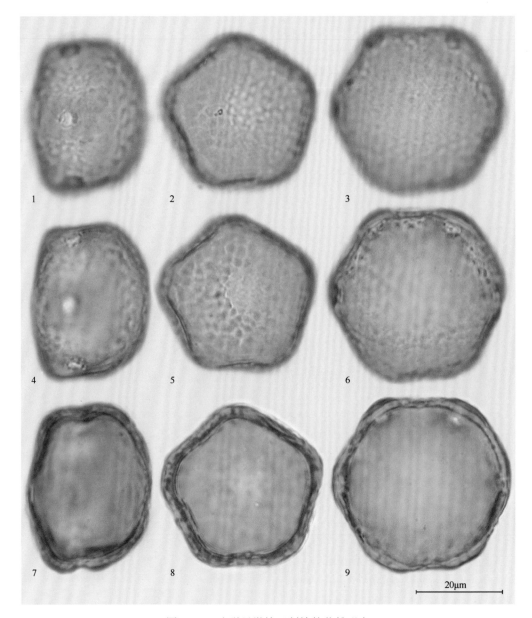

图 3.356　光学显微镜下刺榆的花粉形态

4.38(2.87～6.46)μm。外壁两层，厚 1.07(0.84～1.32)μm，外层与内层厚度约相等，柱状层基柱明显。外壁纹饰为脑纹状。

榆树 *Ulmus pumila* L.

图 3.358（标本号：TYS-012）

花粉粒扁球形，*P/E*=0.75(0.59～0.96)，赤道面观扁圆形，极面观近圆形，大小为 30.1(21.5～37.6)μm×39.8(32.0～46.1)μm。具四—六孔，孔小，近圆形，孔径为 4.77(2.64～6.54)μm。外壁两层，厚 1.24(0.92～1.95)μm，外层略厚于内层，柱状层基柱不明显。外壁纹饰为脑纹状。

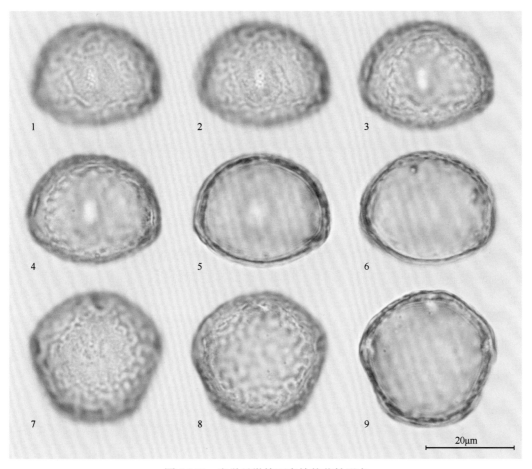

图 3.357　光学显微镜下春榆的花粉形态

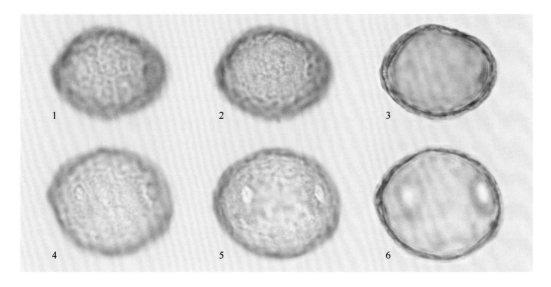

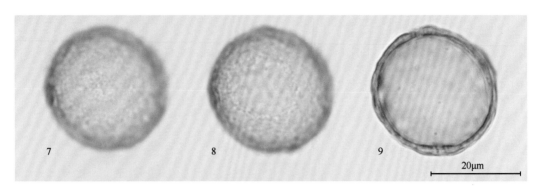

图 3.358　光学显微镜下榆树的花粉形态

1. 榆科花粉形态的区分

本研究共观察榆科 2 属 3 种植物的花粉形态，其特征具有一定的差异，具有一定的鉴别特征。刺榆属外壁纹饰为负网状；榆属外壁纹饰为脑纹状。

2. 榆科 3 种花粉形态的鉴别

1）榆科 3 种花粉形态参数的筛选

对刺榆、春榆和榆树花粉形态参数的统计数据进行单因素方差分析，判断出花粉定量形态特征与花粉种属的关系均为显著（表 3.73）。

表 3.73　榆科 3 种花粉定量形态特征及方差分析结果

种名	极轴长/μm	赤道轴长/μm	P/E	外壁厚度/μm	孔径/μm
刺榆	25.0(21.1～28.5)	31.6(27.9～36.5)	0.79(0.69～0.91)	1.22(0.96～1.80)	4.64(2.75～7.10)
春榆	23.7(18.5～33.9)	29.4(23.2～42.0)	0.81(0.62～0.93)	1.07(0.84～1.32)	4.38(2.87～6.46)
榆树	30.1(21.5～37.6)	39.8(32.0～46.1)	0.75(0.59～0.96)	1.24(0.92～1.95)	4.77(2.64～6.54)
组间方差	150.8***	349.1***	13.41***	30.54***	7.557***

***表示 $p < 0.001$

2）榆科 3 种花粉的可区分性

将花粉形态参数数据进行判别分析，榆科 3 种花粉在两个判别函数下可以进行区分（图 3.359），第一判别函数和第二判别函数的贡献率分别为 93.34% 和 6.66%。

3）榆科 3 种花粉的鉴别模型

将花粉形态参数数据进行 CART 分析，结果如图 3.360 所示：榆科 3 种花粉的分类回归树模型采用 1 个形态变量进行区分，将赤道轴长 ≥35.4μm 的花粉鉴别为刺榆；将赤道轴长在 28.6～35.4μm 的花粉鉴别为春榆；将赤道轴长 <28.6μm 的花粉鉴别为榆树。

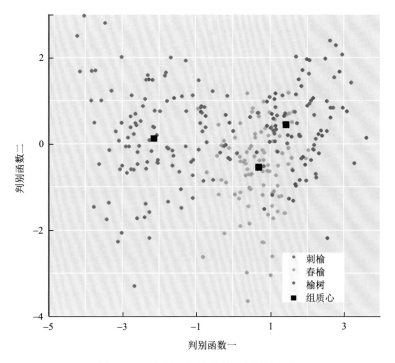

图 3.359　榆科 3 种花粉线性判别分析图

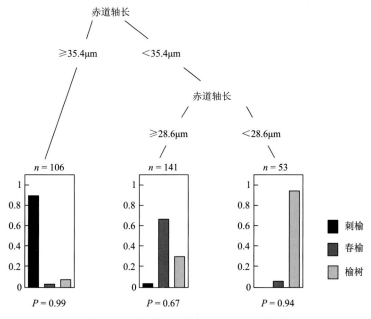

图 3.360　榆科 3 种花粉分类回归树模型

4）榆科 3 种花粉鉴别模型的检验

采用重复抽样的方法对模型进行 5 次检验（表 3.74），50 粒刺榆花粉中有 48 粒可以正确鉴别，另外有 2 粒被误判为春榆，正确鉴别的概率为 96%；50 粒春榆花粉中有 47 粒可以正确鉴别，另外有 3 粒被误判为榆树，正确鉴别的概率为 94%；50 粒榆树花粉中有 42 粒可以正确鉴别，另外有 3 粒被误判为刺榆，有 5 粒被误判为春榆，正确鉴别的概率为 84%。

表 3.74　榆科 3 种花粉分类回归树模型检验结果

种名	鉴别为刺榆/粒	鉴别为春榆/粒	鉴别为榆树/粒	正确鉴别的概率
刺榆	48	2	0	96%
春榆	0	47	3	94%
榆树	3	5	42	84%

3.67　荨麻科 Urticaceae Juss.

艾麻属 *Laportea* Gaudich.

珠芽艾麻 *Laportea bulbifera* (Sieb. et Zucc.) Wedd.

图 3.361（标本号：CBS-169）

花粉粒近球形或扁球形，P/E=0.93(0.85～0.95)，赤道面观椭圆形，极面观圆形，大小为 12.1(11.0～13.2)μm×13.0(12.0～14.2)μm。具三（一四）孔。外壁薄，层次不明显，厚约 1.0μm。外壁纹饰为模糊的颗粒状。

冷水花属 *Pilea* Lindl.

透茎冷水花 *Pilea pumila* (L.) A. Gray

图 3.362：1～6（标本号：CBS-177）

花粉粒近球形或扁球形，P/E=0.91(0.85～0.97)，赤道面观扁圆形，极面观圆形，大小为 13.0(11.0～15.0)μm×14.3(12.5～15.5)μm。具三孔，孔较小，孔径约 1.5μm，圆形，边缘稍微突出，但没有破坏花粉粒的轮廓。外壁薄，层次不明显，厚约 1.0μm，柱状层基柱不明显。外壁纹饰为模糊的颗粒状。

荨麻属 *Urtica* L.

狭叶荨麻 *Urtica angustifolia* Fisch. ex Hornem

图 3.362：7～15（标本号：CBS-260）

花粉粒扁球形或近球形，P/E=0.87(0.75～0.94)，赤道面观椭圆形，极面观圆形，大小为 12.2(10.5～13.0)μm×14.0(12.3～15.0)μm。具三（一四）孔。外壁薄，层次不明显，厚约 1.0μm。外壁纹饰为模糊的颗粒状。

本研究共观察荨麻科 3 属 3 种植物的花粉形态，其特征具有一定的差异，但由于实验材料中可用于统计形态规则的花粉粒较少，无法建立分类回归树模型，故荨麻科花粉形态鉴别工作仍需进一步开展。

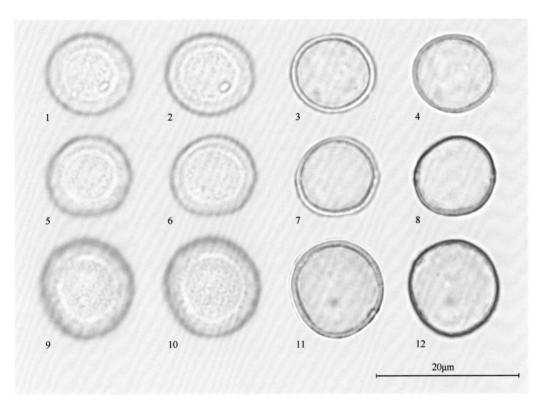

图 3.361　光学显微镜下珠芽艾麻的花粉形态

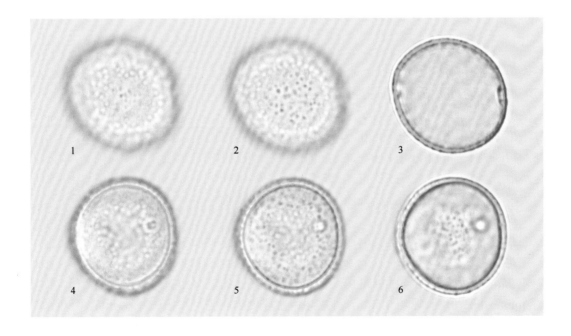

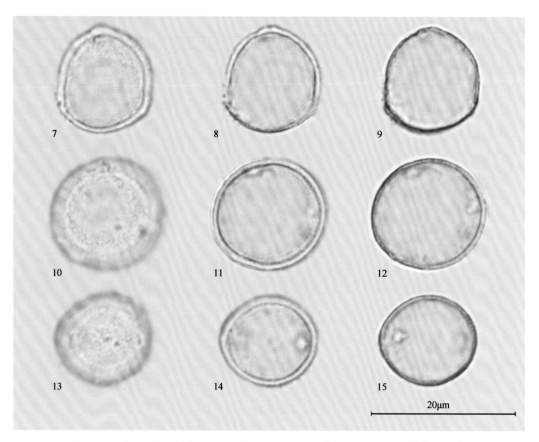

图 3.362　光学显微镜下透茎冷水花（1～6）和狭叶荨麻（7～15）的花粉形态

3.68　董菜科 Violaceae Batsch

董菜属 *Viola* L.

鸡腿董菜 *Viola acuminata* Ledeb.

图 3.363：1～9（标本号：CBS-070）

花粉粒长球形，P/E=0.96(0.75～1.27)，赤道面观椭圆形，极面观三裂圆形，大小为 25.0(17.0～31.2)μm×26.1(18.4～36.8)μm。具三孔沟，偶有三合沟，沟相对较宽，沟长几达两极，沟宽 2.92(1.69～5.26)μm。外壁两层，厚 0.99(0.71～1.34)μm，外层与内层厚度约相等，柱状层基柱不明显。外壁纹饰为模糊的颗粒状。

双花董菜 *Viola biflora* L.

图 3.363：10～15，图 3.364：1～3（标本号：CBS-134）

花粉粒长球形，P/E=1.52(1.39～1.67)，赤道面观椭圆形，极面观三裂圆形，大小为 49.8(45.0～56.5)μm×32.9(30.0～35.5)μm。具三孔沟，沟相对较宽，几达两极，沟宽约 3μm。外壁两层，厚约 2.5μm，外层与内层厚度约相等，柱状层基柱明显。外壁纹饰为颗粒状。

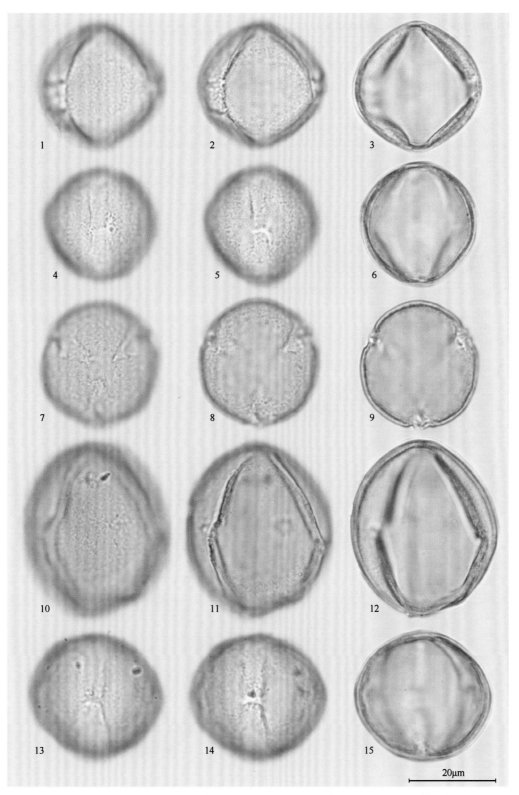

图 3.363 光学显微镜下鸡腿堇菜（1~9）和双花堇菜（10~15）的花粉形态

紫花地丁 *Viola philippica* Cav.

图 3.364：4~9（标本号：TYS-016）

花粉粒近球形、长球形或扁球形，P/E=1.14(0.81~1.55)，赤道面观椭圆形，极面观三裂圆形，大小为 41.8(29.3~54.3)μm×37.1(25.3~51.3)μm。具三孔沟，部分为四孔沟，沟长，两端渐尖，最宽处为 4.66(1.34~9.20)μm，孔圆形，大小为 5.0~9.3μm。外壁两层，厚约 1.46(0.81~1.97)μm，柱状层基柱不明显，外壁纹饰为模糊的颗粒状。

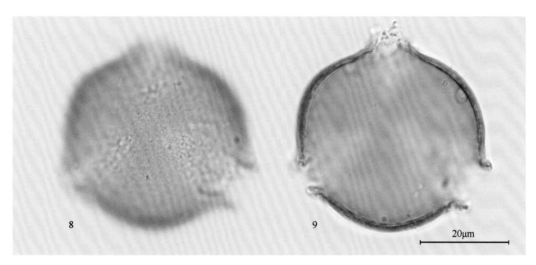

图 3.364　光学显微镜下双花堇菜（1～3）和紫花地丁（4～9）的花粉形态

堇菜属 2 种花粉形态的鉴别

1）堇菜属 2 种花粉形态参数的筛选

对鸡腿堇菜和紫花地丁花粉形态参数的统计数据进行单因素方差分析，判断出花粉定量形态特征与花粉种属的关系均为显著（表 3.75）。

表 3.75　堇菜属 2 种花粉定量形态特征及方差分析结果

种名	极轴长/μm	赤道轴长/μm	P/E	外壁厚度/μm	沟宽/μm
鸡腿堇菜	25.0(17.0～31.2)	26.1(18.4～36.8)	0.96(0.75～1.27)	0.99(0.71～1.34)	2.92(1.69～5.26)
紫花地丁	41.8(29.3～54.3)	37.1(25.3～51.3)	1.14(0.81～1.55)	1.46(0.81～1.97)	4.66(1.34～9.20)
组间方差	999.8***	442.5***	69.61***	264.6***	101.8***

***表示 $p < 0.001$

2）堇菜属 2 种花粉的可区分性

将花粉形态参数数据进行判别分析，堇菜属 2 种花粉在一个判别函数下可以进行区分（图 3.365）。

3）堇菜属 2 种花粉的鉴别模型

将花粉形态参数数据进行 CART 分析，结果如图 3.366 所示：堇菜属两种花粉的分类回归树模型采用 1 个形态变量进行区分，将极轴长<31.6μm 的花粉鉴别为鸡腿堇菜；将极轴长≥31.6μm 的花粉鉴别为紫花地丁。

4）堇菜属 2 种花粉鉴别模型的检验

采用重复抽样的方法对模型进行 5 次检验（表 3.76），50 粒鸡腿堇菜花粉全部可以正确鉴别，鉴别概率为 100%；50 粒紫花地丁花粉全部可以正确鉴别，鉴别概率为100%。

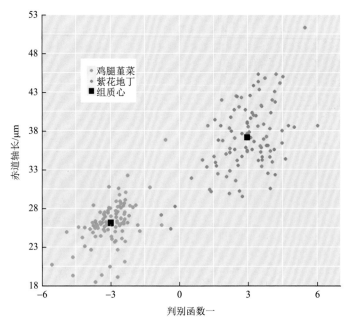

图 3.365 堇菜属 2 种花粉线性判别分析图

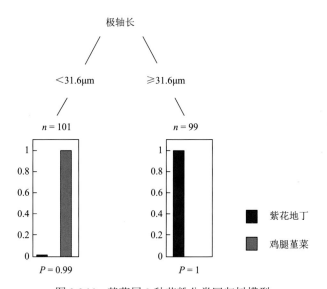

图 3.366 堇菜属 2 种花粉分类回归树模型

表 3.76 堇菜属 2 种花粉分类回归树模型检验结果

种名	鉴别为鸡腿堇菜/粒	鉴别为紫花地丁/粒	正确鉴别的概率
鸡腿堇菜	50	0	100%
紫花地丁	0	50	100%

3.69　葡萄科 Vitaceae Juss.

葡萄属 *Vitis* L.

山葡萄 *Vitis amurensis* Rupr.

图 3.367（标本号：CBS-112）

花粉粒长球形或近球形，P/E=1.22(1.02～1.40)，赤道面观椭圆形，极面观钝三角形，萌发孔处于角上，大小为 28.7(25.0～36.3)μm×24.1(20.8～30.0)μm。具三孔沟，沟细长，几达两极，内孔不清楚，大小约 3.0μm。外壁两层，厚约 1.0μm，内外层界线不清楚，柱状层基柱不明显。外壁纹饰为细网状。

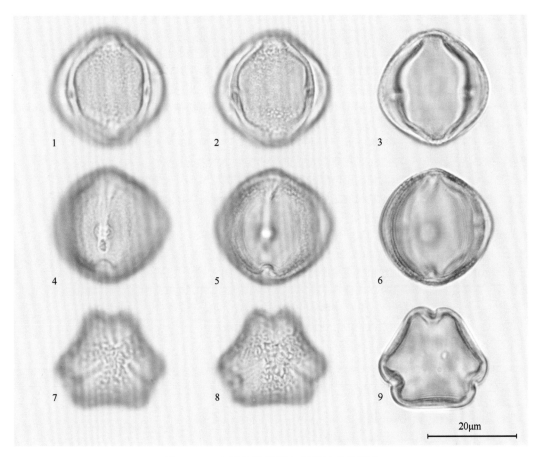

图 3.367　光学显微镜下山葡萄的花粉形态

参 考 文 献

陈咸吉. 1982. 中国气候区划新探[J]. 气象学报，（1）：37-50.

官子和. 2011. 中国常见水生维管束植物孢粉形态[M]. 北京：科学出版社.

何晓群. 2004. 多元统计分析[M]. 2版. 北京：中国人民大学出版社.

吉林森林编辑委员会. 1988. 吉林森林[M]. 北京：中国林业出版社.

贾俊平，何晓群，金勇进. 2001. 统计学[M]. 7版. 北京：中国人民大学出版社.

蓝盛银，徐珍秀. 1996. 植物花粉剥离观察扫描电镜图解[M]. 北京：科学出版社.

李建东，吴榜华，盛连喜，等. 2001. 吉林植被[M]. 长春：吉林科学技术出版社.

李天庆，曹慧娟，康木生，等. 2011. 中国木本植物花粉电镜扫描图志[M]. 北京：科学出版社.

刘华桷. 1981. 我国山地植被的垂直分布规律[J]. 地理学报，（3）：267-279.

马克平，李步杭，王绪高，等. 2010. 长白山温带森林——阔叶红松林及其次生杨桦林的物种组成与分布格局[M]. 北京：中国林业出版社.

马子清，上官铁梁，滕崇德，等. 2001. 山西植被[M]. 北京：中国科学技术出版社.

强胜，郭凤根，姚家玲，等. 2016. 植物学[M]. 2版. 北京：高等教育出版社.

乔秉善. 2005. 中国气传花粉和植物彩色图谱[M]. 北京：中国协和医科大学出版社.

舒璞，佘孟兰. 2001. 中国伞形科植物花粉图志[M]. 上海：上海科学技术出版社.

宋之琛. 1999. 中国孢粉化石[M]. 北京：科学出版社.

宋之琛，张璐瑾，刘金陵，等. 1965. 孢子花粉分析[M]. 北京：科学出版社.

唐领余，毛礼米，舒军武，等. 2017. 中国第四纪孢粉图鉴[M]. 北京：科学出版社.

田焕新. 2017. 中国长白山地区植物花粉形态及其分类意义[D]. 合肥：安徽大学硕士学位论文.

宛涛，卫智军，杨静，等. 1999. 内蒙古草地现代植物花粉形态[M]. 北京：中国农业出版社.

王伏雄，钱南芬，张玉龙，等. 1995. 中国植物花粉形态[M]. 2版. 北京：科学出版社.

王开发，王宪曾. 1983. 孢粉学概论[M]. 北京：北京大学出版社.

王萍莉. 1998. 中国实用花粉[M]. 成都：四川科学技术出版社.

王萍莉，溥发鼎. 2004. 壳斗科植物花粉形态及生物地理[M]. 广州：广东科技出版社.

王涛. 2020. 基于分类回归树的长白山和太岳山常见木本植物花粉形态研究[D]. 石家庄：河北师范大学硕士学位论文.

韦仲新. 2003. 种子植物花粉电镜图志[M]. 昆明：云南科技出版社.

吴征镒. 1980. 中国植被[M]. 北京：科学出版社.

席以珍，宁建长. 1994. 中国干旱半干旱地区花粉形态[J]. 玉山生物学报，11：119-191.

许清海，周忠泽，丁伟，等. 2015. 中国常见栽培植物花粉形态——地层中寻找人类痕迹之借鉴[M]. 北京：科学出版社.

张小平，周忠泽. 2016. 菊科紫菀族花粉的形态结构与系统演化[M]. 北京：中国科学技术大学出版社.

张玉龙，吴鹏程. 2006. 中国苔藓植物孢子形态[M]. 青岛：青岛出版社.

赵丽娜. 2017. 山西太岳山区常见植物的花粉形态研究[D]. 合肥：安徽大学硕士学位论文.

中国科学院植物研究所古植物室. 1960. 中国植物花粉形态[M]. 北京：科学出版社.

中国科学院植物研究所古植物室. 1976. 中国蕨类植物孢子形态[M]. 北京：科学出版社.

中国科学院植物研究所古植物室, 中国科学院华南植物研究所. 1982. 中国热带亚热带被子植物花粉形态[M]. 北京: 科学出版社.

周忠泽, 陶汉林, 班勤, 等. 2002. 中国蓼属叉分蓼组植物花粉形态的研究[J]. 植物分类学报, 40 (2): 110-124.

Borg M, Brownfield L, Twell D. 2009. Male gametophyte development: a molecular perspective[J]. Journal of Experimental Botany, 60 (5): 1465-1478.

Brieman L, Friedman J, Olshen R, et al. 1984. Classification and Regression Trees[M]. Belmont, CA: Wadsworth International Group.

Erdtman G. 1953. Handbook of Palyhology[M]. Hafner: Hafner Publishing Co.

Fisher R A. 1925. Statistical Methods for Research Workers[M]. Edinburgh United Kingdom: Oliver & Boyd.

Flynn J J, Rowley J R. 1967. Methods for direct observation and single-stage surface replication of pollen exines[J]. Review of Palaeobotany and Palynology, 3 (1-4): 227-236.

Hesse M, Halbritter H, Zetter R, et al. 2009. Pollen Terminology[M]. Austria: Springer Wien New York.

Kabacoff R I. 2016. R 语言实战[M]. 2 版. 北京: 人民邮电出版社.

Manten A A. 1967. Lennart Von Post and the foundation of modern palynology[J]. Review of Palaeobotany & Palynology, 1 (1-4): 11-22.

Pokrovskaya I M, Gertikokova A N, Grichik V P, et al. 1950. Pollen Analysis[M]. Moscow: Societ Geological Books Publishing House.

The Angiosperm Phylogeny Group. 1998. An ordinal classification for the families of flowering plants[J]. Annals of the Missouri Botanical Garden, 85: 531-553.

The Angiosperm Phylogeny Group. 2003. An update of the Angiosperm Phylogeny Group classification for the orders and families of flowering plants: APG Ⅱ[J]. Botanical Journal of the Linnean Society, 141: 399-436.

The Angiosperm Phylogeny Group. 2009. An update of the Angiosperm Phylogeny Group classification for the orders and families of flowering plants: APG Ⅲ[J]. Botanical Journal of the Linnean Society, 161: 105-121.

The Angiosperm Phylogeny Group. 2016. An update of the Angiosperm Phylogeny Group classification for the orders and families of flowering plants: APG Ⅳ[J]. Botanical Journal of the Linnean Society, 181: 1-20.

Thornhill J W, Matta R K, Wood W H. 1965. Examining three-dimensional microstructures with the scanning electron microscope[J]. Grana Palynologica, 6 (1): 3-6.

Tschudy R H, Scott R A. 1969. Aspects of Palynology[M]. Wiley-Interscience.

附　录

植物种类与标本号（按照 APG 系统对植物科属分类）

科名	属名	种名	凭证标本
柏科 Cupressaceae	侧柏属 *Platycladus* Spach	侧柏 *Platycladus orientalis* (L.) Franco	TYS-026
松科 Pinaceae	云杉属 *Picea* Mill.	白扦 *Picea meyeri* Rehder & E. H. Wilson	TYS-029
	松属 *Pinus* L.	白皮松 *Pinus bungeana* Zucc. ex Endl.	TYS-039
		长白松 *Pinus sylvestris* L. var. *sylvestriformis* (Takenouchi) Cheng et C. D. Chu	CBS-029
		油松 *Pinus tabuliformis* Carr.	TYS-028
猕猴桃科 Actinidiaceae	猕猴桃属 *Actinidia* Lindl.	狗枣猕猴桃 *Actinidia kolomikta* (Maxim.& Rupr.) Maxim.	CBS-089
五福花科 Adoxaceae	接骨木属 *Sambucus* L.	接骨木 *Sambucus williamsii* Hance	CBS-140
		接骨木 *Sambucus williamsii* Hance	TYS-015
	荚蒾属 *Viburnum* L.	修枝荚蒾 *Viburnum burejaeticum* Regel et Herd.	CBS-040
		鸡树条 *Viburnum opulus* L. var. *calvescens* (Rehd.) Hara	CBS-028
泽泻科 Alismataceae	泽泻属 *Alisma* L.	泽泻 *Alisma plantago-aquatica* L.	CBS-263
石蒜科 Amaryllidaceae	葱属 *Allium* L.	山韭 *Allium senescens* L.	TYS-120
		韭 *Allium tuberosum* Rottl. ex Spreng.	TYS-180
漆树科 Anacardiaceae	黄栌属 *Cotinus* Adans.	黄栌 *Cotinus coggygria* Scop.	TYS-064
伞形科 Apiaceae	当归属 *Angelica* L.	黑水当归 *Angelica amurensis* Schischk.	CBS-264
		狭叶当归 *Angelica anomala* Ave-Lall.	CBS-189
		朝鲜当归 *Angelica gigas* Nakai	CBS-220
		高山芹 *Angelica saxatile* Turcz. Ledeb.	CBS-126
	峨参属 *Anthriscus* Pers.	刺果峨参 *Anthriscus sylvestris* subsp. *nemorosa* (Marschall von Bieberstein) Koso-Poljansky	CBS-170
	柴胡属 *Bupleurum* L.	线叶柴胡 *Bupleurum angustissimum* (Franch.) Kitag.	TYS-116
		大叶柴胡 *Bupleurum longiradiatum* Turcz.	CBS-228
	毒芹属 *Cicuta* L.	毒芹 *Cicuta virosa* L.	CBS-225
	独活属 *Heracleum* L.	山西独活 *Heracleum schansianum* Fedde ex Wolff	TYS-145
		独活 *Heracleum hemsleyanum* Diels	CBS-191
		兴安独活 *Heracleum dissectum* Ledeb.	CBS-281

续表

科名	属名	种名	凭证标本
伞形科 Apiaceae	山芹属 *Ostericum* Hoffm.	全叶山芹 *Ostericum maximowiczii* (Fr. Schmidt ex Maxim.) Kitagawa	CBS-251
	茴芹属 *Pimpinella* L.	短果茴芹 *Pimpinella brachycarpa* (Kom.) Nakai	CBS-175
	泽芹属 *Sium* L.	泽芹 *Sium suave* Walt.	CBS-245
五加科 Araliaceae	楤木属 *Aralia* L.	东北土当归 *Aralia continentalis* Kitagawa	CBS-200
	五加属 *Eleutherococcus* Maxim.	刺五加 *Eleutherococcus senticosus* (Rupr. & Maxim.) Maxim.	CBS-268
	人参属 *Panax* L.	西洋参 *Panax quinquefolius* L.	CBS-186
天门冬科 Asparagaceae	天门冬属 *Asparagus* L.	龙须菜 *Asparagus schoberioides* Kunth	CBS-016
	玉簪属 *Hosta* Tratt.	东北玉簪 *Hosta ensata* F. Maekawa	CBS-094
	黄精属 *Polygonatum* Mill.	玉竹 *Polygonatum odoratumn* (Mill.) Druce	TYS-036
		黄精 *Polygonatum sibiricum* Delar. ex Redoute	TYS-051
	鹿药属 *Smilacina* Desf.	兴安鹿药 *Smilacina dahurica* Turcz.	CBS-009
阿福花科 Asphodelaceae	萱草属 *Hemerocallis* L.	大苞萱草 *Hemerocallis middendorfii* Trautv. et Mey.	CBS-018
		黄花菜 *Hemerocallis citrina* Baroni	CBS-221
菊科 Asteraceae	蓍属 *Achillea* L.	短瓣蓍 *Achillea ptarmicoides* Maxim.	CBS-226
	紫菀属 *Aster* L.	三脉紫菀 *Aster ageratoides* Turcz.	CBS-196
		高山紫菀 *Aster alpinus* L.	CBS-195
		紫菀 *Aster tataricus* L. f.	CBS-265
		紫菀 *Aster tataricus* L. f.	TYS-126
	天名精属 *Carpesium* L.	毛暗花金挖耳 *Carpesium triste* Maxim. var. *sinense* Diels	TYS-186
	秋英属 *Cosmos* Cav.	秋英 *Cosmos bipinnata* Cav.	TYS-141
	东风菜属 *Doellingeria* Nees	东风菜 *Doellingeria scaber* (Thunb.) Nees	CBS-224
	泽兰属 *Eupatorium* L.	林泽兰 *Eupatorium lindleyanum* DC.	TYS-149
	鼠麹草属 *Gnaphalium* L.	鼠麹草 *Gnaphalium affine* D. Don	TYS-124
	向日葵属 *Helianthus* L.	向日葵 *Helianthus annuus* L.	TYS-187
	狗娃花属 *Heteropappus* Less.	狗娃花 *Heteropappus hispidus* (Thunb.) Less.	TYS-181
		阿尔泰狗娃花 *Heteropappus altaicus* (Willd.) Novopokr.	CBS-249
	山柳菊属 *Hieracium* L.	山柳菊 *Hieracium umbellatum* L.	CBS-032
	旋覆花属 *Inula* L.	欧亚旋覆花 *Inula britanica* L.	CBS-233
		柳叶旋覆花 *Inula salicina* L.	CBS-133
	马兰属 *Kalimeris* Cass.	蒙古马兰 *Kalimeris mongolica* (Franch.) Kitam.	CBS-273
		蒙古马兰 *Kalimeris mongolica* (Franch.) Kitam.	TYS-183

科名	属名	种名	凭证标本
菊科 Asteraceae	火绒草属 Leontopodium (Pers.) R.Br. ex Cass.	火绒草 Leontopodium leontopodioides (Willd.) Beauv.	TYS-040
	橐吾属 Ligularia Cass.	蹄叶橐吾 Ligularia fischeri (Ledeb.) Turcz.	CBS-206
		蹄叶橐吾 Ligularia fischeri (Ledeb.) Turcz.	TYS-163
		长白山橐吾 Ligularia jamesii (Hemsl.) Kom.	CBS-151
	蟹甲草属 Parasenecio W. W. Sm. & Small	星叶蟹甲草 Parasenecio komarovianus (Poljark.) Y. L. Chen	CBS-210
	毛连菜属 Picris L.	毛连菜 Picris hieracioides L.	TYS-165
	风毛菊属 Saussurea DC.	风毛菊 Saussurea japonica (Thunb.) DC.	TYS-114
	千里光属 Senecio L.	麻叶千里光 Senecio cannabifolius Less.	CBS-158
		林荫千里光 Senecio nemorensis L.	TYS-115
	一枝黄花属 Solidago L.	兴安一枝黄花 Solidago virgaurea L. var. dahurica Kitag.	CBS-064
	蒲公英属 Taraxacum F. H. Wigg.	蒲公英 Taraxacum mongolicum Hand.-Mazz.	TYS-004
		东北蒲公英 Taraxacum ohwianum Kitam.	CBS-073
	狗舌草属 Tephroseris (Reichenb.) Reichenb.	狗舌草 Tephroseris kirilowii (Turcz. ex DC.) Holub	TYS-031
凤仙花科 Balsaminaceae	凤仙花属 Impatiens L.	凤仙花 Impatiens balsamina L.	CBS-238
		水金凤 Impatiens noli-tangere L.	CBS-211
		水金凤 Impatiens noli-tangere L.	TYS-182
		野凤仙花 Impatiens textori Miq.	CBS-209
小檗科 Berberidaceae	小檗属 Berberis L.	大叶小檗 Berberis ferdinandi-coburgii Schneid.	CBS-035
	淫羊藿属 Epimedium L.	淫羊藿 Epimedium brevicornu Maxim.	TYS-010
	牡丹草属 Gymnospermium Spach	牡丹草 Gymnospermium microrrhynchum (S. Moore) Takht.	CBS-085
	鲜黄连属 Plagiorhegma Maxim.	鲜黄连 Plagiorhegma dubia Maxim.	CBS-099
桦木科 Betulaceae	桤木属 Alnus Mill.	东北桤木 Alnus mandshurica (Call.) Hand.-Mazz.	CBS-066
		辽东桤木 Alnus sibirica Fisch. ex Turcz	CBS-059
	桦木属 Betula L.	黑桦 Betula dahurica Pall.	TYS-084
		白桦 Betula platyphylla Suk.	TYS-022
	榛属 Corylus L.	毛榛 Corylus mandshurica Maxim.	CBS-044
		毛榛 Corylus mandshurica Maxim.	TYS-020
	虎榛子属 Ostryopsis Decne.	虎榛子 Ostryopsis davidiana Decne.	TYS-021
紫草科 Boraginaceae	山茄子属 Brachybotrys Maxim.	山茄子 Brachybotrys paridiformis Maxim. ex Oliv.	CBS-049
十字花科 Brassicaceae	南芥属 Arabis L.	硬毛南芥 Arabis hirsuta (L.) Scop.	CBS-023
		垂果南芥 Arabis pendula L.	CBS-262
	山芥属 Barbarea W. T. Aiton	山芥 Barbarea orthoceras Ledeb.	CBS-026

科名	属名	种名	凭证标本
十字花科 Brassicaceae	独行菜属 *Lepidium* L.	家独行菜 *Lepidium sativum* L.	CBS-056
	葶菜属 *Rorippa* Scop.	风花菜 *Rorippa globosa* (Turcz.) Hayek	CBS-280
桔梗科 Campanulaceae	沙参属 *Adenophora* Fisch.	大花沙参 *Adenophora grandiflora* Nakai	CBS-278
		薄叶荠苨 *Adenophora remotiflora* (Sieb. et Zucc.) Miq.	CBS-194
		多歧沙参 *Adenophora wawreana* Zahlbr.	TYS-143
	牧根草属 *Asyneuma* Griseb. & Schenk	牧根草 *Asyneuma japonicum* (Miq.) Briq.	CBS-272
	风铃草属 *Campanula* L.	聚花风铃草 *Campanula glomerata* L.	CBS-248
		紫斑风铃草 *Campanula puncatata* Lam.	TYS-157
	党参属 *Codonopsis* Wall.	党参 *Codonopsis pilosula* (Franch.) Nannf.	CBS-277
		党参 *Codonopsis pilosula* (Franch.) Nannf.	TYS-188
	半边莲属 *Lobelia* L.	山梗菜 *Lobelia sessilifolia* Lamb.	CBS-157
	桔梗属 *Platycodon* A. DC.	桔梗 *Platycodon grandiflorus* (Jacq.) A. DC.	CBS-253
大麻科 Cannabaceae	大麻属 *Cannabis* L.	大麻 *Cannabis sativa* L.	TYS-185
	葎草属 *Humulus* L.	葎草 *Humulus scandens* (Lour.) Merr.	TYS-170
忍冬科 Caprifoliaceae	六道木属 *Abelia* R. Br.	六道木 *Abelia biflora* Turcz.	TYS-080
	忍冬属 *Lonicera* L.	蓝靛果忍冬 *Lonicera caerulea* L. var. *edulis* Turcz. ex Herd.	CBS-139
		金花忍冬 *Lonicera chrysantha* Turcz.	CBS-141
		金花忍冬 *Lonicera chrysantha* Turcz.	TYS-058
		葱皮忍冬 *Lonicera ferdinandii* Franch.	TYS-049
		金银忍冬 *Lonicera maackii* (Rupr.) Maxim.	CBS-063
		长白忍冬 *Lonicera ruprechtiana* Regel	CBS-001
		华北忍冬 *Lonicera tatarinowii* Maxim.	CBS-012
	败酱属 *Patrinia* Juss.	岩败酱 *Patrinia rupestris* (Pall.) Juss.	TYS-134
		败酱 *Patrinia scabiosaefolia* Fisch. ex Trev.	CBS-274
		败酱 *Patrinia scabiosaefolia* Fisch. ex Trev.	TYS-113
	缬草属 *Valeriana* L.	缬草 *Valeriana officinalis* L.	CBS-027
	锦带花属 *Weigela* Thunb.	早锦带花 *Weigela praecox* (Lemoine) Bailey	CBS-154
石竹科 Caryophyllaceae	卷耳属 *Cerastium* L.	卷耳 *Cerastium arvense* L.	CBS-109
	石竹属 *Dianthus* L.	头石竹 *Dianthus barbatus* L. var. *asiaticus* Nakai	CBS-160
		石竹 *Dianthus chinensis* L.	CBS-198
	蝇子草属 *Silene* L.	浅裂剪秋罗 *Silene cognata* (Maxim.) H. Ohashi et H. Nakai	CBS-246
		剪秋罗 *Silene fulgens* (Fisch.) E. H. L. Krause	CBS-201
		丝瓣剪秋罗 *Silene wilfordii* (Regel) H. Ohashi et H. Nakai	CBS-161
	种阜草属 *Moehringia* L.	种阜草 *Moehringia lateriflora* (L.) Fenzl	CBS-102

科名	属名	种名	凭证标本
石竹科 Caryophyllaceae	鹅肠菜属 *Myosoton* Moench	鹅肠菜 *Myosoton aquaticum* (L.) Moench	CBS-113
		鹅肠菜 *Myosoton aquaticum* (L.) Moench	TYS-057
	繁缕属 *Stellaria* L.	林繁缕 *Stellaria bungeana* Fenzl var. *stubendorfii* (Regel) Y. C. Chu	CBS-184
		长叶繁缕 *Stellaria longifolia* Muehl. ex Willd.	CBS-080
卫矛科 Celastraceae	卫矛属 *Euonymus* L.	卫矛 *Euonymus alatus* (Thunb.) Sieb.	CBS-037
		纤齿卫矛 *Euonymus giraldii* Loes.	TYS-082
		白杜 *Euonymus meaackii* Rupr.	TYS-083
		栓翅卫矛 *Euonymus phellomanus* Loes.	TYS-081
		瘤枝卫矛 *Euonymus verrucosus* Scop.	CBS-075
	梅花草属 *Parnassia* L.	梅花草 *Parnassia palustris* L.	TYS-155
秋水仙科 Colchicaceae	万寿竹属 *Disporum* Salisb. ex G. Don	宝珠草 *Disporum viridescens* (Maxim.) Nakai	CBS-007
鸭跖草科 Commelinaceae	鸭跖草属 *Commelina* L.	鸭跖草 *Commelina communis* L.	CBS-132
旋花科 Convolvulaceae	打碗花属 *Calystegia* R. Br.	旋花 *Calystegia sepium* (L.) R. Br.	CBS-103
山茱萸科 Cornaceae	山茱萸属 *Cornus* L.	山茱萸 *Cornus officinalis* Sieb. et Zucc.	CBS-019
	梾木属 *Swida* Opiz	红瑞木 *Swida alba* Opiz	CBS-241
		红瑞木 *Swida alba* Opiz	TYS-038
景天科 Crassulaceae	红景天属 *Rhodiola* L.	高山红景天 *Rhodiola cretinii* (Hamet) H. Ohba subsp. *sino-alpina* (Frod.) H. Ohba	CBS-146
	景天属 *Sedum* L.	费菜 *Sedum aizoon* L.	CBS-258
		费菜 *Sedum aizoon* L.	TYS-172
莎草科 Cyperaceae	薹草属 *Carex* L.	蟋蟀薹草 *Carex eleusinoides* Turcz. ex Kunth	CBS-047
		溪水薹草 *Carex forficula* Franch. et Sav.	CBS-090
		毛缘薹草 *Carex pilosa* Scop.	CBS-041
薯蓣科 Dioscoreaceae	薯蓣属 *Dioscorea* L.	穿龙薯蓣 *Dioscorea nipponica* Makino	TYS-164
胡颓子科 Elaeagnaceae	胡颓子属 *Elaeagnus* L.	牛奶子 *Elaeagnus umbellata* Thunb.	TYS-063
	沙棘属 *Hippophae* L.	沙棘 *Hippophae rhamnoides* L.	TYS-025
杜鹃花科 Ericaceae	杜香属 *Ledum* (L.) Kron & Judd	宽叶杜香 *Ledum palustre* L. var. *dilatatum* Wahl.	CBS-145
	鹿蹄草属 *Pyrola* L.	日本鹿蹄草 *Pyrola japonica* Klenze ex Alef.	CBS-069
	杜鹃花属 *Rhododendron* L.	高山杜鹃 *Rhododendron lapponicum* (L.) Wahl.	CBS-053
		兴安杜鹃 *Rhododendron dauricum* L.	CBS-074
大戟科 Euphorbiaceae	大戟属 *Euphorbia* L.	林大戟 *Euphorbia lucorum* Rupr.	CBS-061
豆科 Fabaceae	合欢属 *Albizia* Durazz.	山槐 *Albizia kalkora* (Roxb.) Prain	CBS-107
	黄耆属 *Astragalus* L.	背扁黄耆 *Astragalus complanatus* Bunge	TYS-139
		黄耆 *Astragalus membranaceus* (Fisch.) Bunge	CBS-129
		湿地黄耆 *Astragalus uliginosus* L.	CBS-121

科名	属名	种名	凭证标本
豆科 Fabaceae	锦鸡儿属 *Caragana* Fabr.	鬼箭锦鸡儿 *Caragana jubata* (Pall.) Poir.	TYS-053
		毛掌叶锦鸡儿 *Caragana leveillei* Kom.	TYS-044
		锦鸡儿 *Caragana sinica* (Buc'hoz) Rehd.	TYS-007
	大豆属 *Glycine* Willd.	大豆 *Glycine max* (Linn.) Merr.	CBS-163
	岩黄耆属 *Hedysarum* L.	拟蚕豆岩黄耆 *Hedysarum vicioides* Turcz.	TYS-125
	木蓝属 *Indigofera* L.	河北木蓝 *Indigofera bungeana* Walp.	TYS-144
	山黧豆属 *Lathyrus* L.	山黧豆 *Lathyrus quinquenervius* (Miq.) Litv.	CBS-052
	胡枝子属 *Lespedeza* Michx.	胡枝子 *Lespedeza bicolor* Turcz.	CBS-180
		胡枝子 *Lespedeza bicolor* Turcz.	TYS-133
		长叶胡枝子 *Lespedeza caraganae* Bunge	TYS-160
		美丽胡枝子 *Lespedeza formosa* (Vog.) Koehne	TYS-132
	苜蓿属 *Medicago* L.	天蓝苜蓿 *Medicago lupulina* L.	CBS-164
		天蓝苜蓿 *Medicago lupulina* L.	TYS-112
	草木犀属 *Melilotus* L.	草木犀 *Melilotus officinalis* (L.) Pall.	CBS-110
		草木犀 *Melilotus officinalis* (L.) Pall.	TYS-151
	棘豆属 *Oxytropis* DC.	长白棘豆 *Oxytropis anertii* Nakai ex Kitag.	CBS-055
		蓝花棘豆 *Oxytropis caerulea* (Pall.) DC.	TYS-108
	刺槐属 *Robinia* L.	香花槐 *Robinia pseudoacacia* L. cv. Idaho	TYS-041
	车轴草属 *Trifolium* L.	野火球 *Trifolium lupinaster* L.	CBS-267
	野豌豆属 *Vicia* L.	黑龙江野豌豆 *Vicia amurensis* Oett.	CBS-172
		广布野豌豆 *Vicia cracca* L.	CBS-254
		歪头菜 *Vicia unijuga* A. Br.	CBS-168
		歪头菜 *Vicia unijuga* A. Br.	TYS-184
壳斗科 Fagaceae	栎属 *Quercus* L.	蒙古栎 *Quercus mongolica* Fisch. ex Ledeb.	CBS-043
		辽东栎 *Quercus wutaishanica* Mayr	TYS-066
龙胆科 Gentianaceae	龙胆属 *Gentiana* L.	长白山龙胆 *Gentiana jamesii* Hemsl.	CBS-114
牻牛儿苗科 Geraniaceae	老鹳草属 *Geranium* L.	粗根老鹳草 *Geranium dahuricum* DC.	TYS-123
		毛蕊老鹳草 *Geranium platyanthum* Duthie	CBS-008
绣球科 Hydrangeaceae	溲疏属 *Deutzia* Thunb.	光萼溲疏 *Deutzia glabrata* Kom.	CBS-030
		大花溲疏 *Deutzia grandiflora* Bge.	TYS-032
		小花溲疏 *Deutzia parviflora* Bge.	TYS-043
	山梅花属 *Philadelphus* L.	东北山梅花 *Philadelphus schrenkii* Rupr.	CBS-017
金丝桃科 Hypericaceae	金丝桃属 *Hypericum* L.	黄海棠 *Hypericum ascyron* L.	TYS-190
		短柱金丝桃 *Hypericum hookerianum* Wight et Arn.	CBS-214
		长柱金丝桃 *Hypericum longistylum* Oliv.	CBS-266

科名	属名	种名	凭证标本
胡桃科 Juglandaceae	胡桃属 *Juglans* L.	胡桃楸 *Juglans mandshurica* Maxim.	CBS-031
		胡桃 *Juglans regia* L.	TYS-088
唇形科 Lamiaceae	藿香属 *Agastache* Gronov.	藿香 *Agastache rugosa* (Fisch. et Mey.) O. Ktze.	CBS-250
		藿香 *Agastache rugosa* (Fisch. et Mey.) O. Ktze.	TYS-131
	风轮菜属 *Clinopodium* L.	风车草 *Clinopodium urticifolium* (Hance) C. Y. Wu et Hsuan	CBS-156
		风车草 *Clinopodium urticifolium* (Hance) C. Y. Wu et Hsuan	TYS-176
	青兰属 *Dracocephalum* L.	香青兰 *Dracocephalum moldavica* L.	TYS-142
		毛建草 *Dracocephalum rupestre* Hance	TYS-136
	香薷属 *Elsholtzia* Willd.	密花香薷 *Elsholtzia densa* Benth.	TYS-121
	活血丹属 *Glechoma* L.	活血丹 *Glechoma longituba* (Nakai) Kupr	TYS-050
	香茶菜属 *Isodon* (Benth.) kudo	尾叶香茶菜 *Isodon excisus* (Maxim.) Kudo	CBS-197
		毛叶香茶菜 *Isodon japonicus* (N. Burman) H. Hara	TYS-168
		蓝萼香茶菜 *Isodon japonicus* var. *glaucocalyx* (Maximowicz) H. W. Li	TYS-091
	野芝麻属 *Lamium* L.	野芝麻 *Lamium barbatum* Sieb. et Zucc.	CBS-024
	益母草属 *Leonurus* L.	益母草 *Leonurus artemisia* (Laur.) S. Y. Hu	CBS-235
		益母草 *Leonurus artemisia* (Laur.) S. Y. Hu	TYS-107
	糙苏属 *Phlomis* L.	糙苏 *Phlomis umbrosa* Turcz.	TYS-140
	鼠尾草属 *Salvia* L.	荫生鼠尾草 *Salvia umbratica* Hance	TYS-153
	黄芩属 *Scutellaria* L.	并头黄芩 *Scutellaria scordifolia* Fisch. ex Schrank.	TYS-171
	水苏属 *Stachys* L.	毛水苏 *Stachys baicalensis* Fisch. ex Benth	CBS-192
百合科 Liliaceae	猪牙花属 *Erythronium* L.	猪牙花 *Erythronium japonicum* Decne.	CBS-147
	百合属 *Lilium* L.	卷丹 *Lilium lancifolium* Thunb.	TYS-117
千屈菜科 Lythraceae	千屈菜属 *Lythrum* L.	千屈菜 *Lythrum salicaria* L.	CBS-236
锦葵科 Malvaceae	椴树属 *Tilia* L.	紫椴 *Tilia amurensis* Rupr.	CBS-101
		辽椴 *Tilia mandshurica* Rupr. et Maxim.	CBS-137
藜芦科 Melanthiaceae	重楼属 *Paris* L.	北重楼 *Paris verticillata* M. Bieb.	CBS-020
		北重楼 *Paris verticillata* M. Bieb.	TYS-069
	藜芦属 *Veratrum* L.	毛穗藜芦 *Veratrum maackii* Regel	CBS-204
防己科 Menispermaceae	蝙蝠葛属 *Menispermum* L.	蝙蝠葛 *Menispermum dauricum* DC.	CBS-115
木犀科 Oleaceae	连翘属 *Forsythia* Vahl	连翘 *Forsythia suspensa* (Thunb.) Vahl	TYS-008
	梣属 *Fraxinus* L.	白蜡树 *Fraxinus chinensis* Roxb.	TYS-073
	女贞属 *Ligustrum* L.	女贞 *Ligustrum lucidum* Ait.	TYS-098
	丁香属 *Syringa* L.	朝鲜丁香 *Syringa dilatata* Nakai	CBS-131
		紫丁香 *Syringa oblata* Lindl.	TYS-011

科名	属名	种名	凭证标本
木犀科 Oleaceae	丁香属 *Syringa* L.	小叶巧玲花 *Syringa pubescens* Turcz. subsp. *microphylla* (Diels) M. C. Chang et X. L. Chen	CBS-006
		小叶巧玲花 *Syringa pubescens* Turcz. subsp. *microphylla* (Diels) M. C. Chang et X. L. Chen	TYS-048
		暴马丁香 *Syringa reticulata* (Blume) Hara var. *amurensis* (Rupr.) Pringle	CBS-050
柳叶菜科 Onagraceae	露珠草属 *Circaea* Tourn. ex L.	高山露珠草 *Circaea alpina* L.	TYS-147
		露珠草 *Circaea cordata* Royle	CBS-205
	柳叶菜属 *Epilobium* L.	柳兰 *Epilobium angustifolium* L.	CBS-092
列当科 Orobanchaceae	山罗花属 *Melampyrum* L.	山罗花 *Melampyrum roseum* Maxim.	CBS-275
	阴行草属 *Siphonostegia* Benth.	阴行草 *Siphonostegia chinensis* Benth.	TYS-178
芍药科 Paeoniaceae	芍药属 *Paeonia* L.	草芍药 *Paeonia obovata* Maxim.	CBS-077
罂粟科 Papaveraceae	白屈菜属 *Chelidonium* L.	白屈菜 *Chelidonium majus* L.	CBS-159
		白屈菜 *Chelidonium majus* L.	TYS-192
	紫堇属 *Corydalis* DC.	黄紫堇 *Corydalis ochotensis* Turcz.	CBS-276
		黄堇 *Corydalis pallida* (Thunb.) Pers.	CBS-078
		小黄紫堇 *Corydalis raddeana* Regel	TYS-175
	荷青花属 *Hylomecon* Maxim.	荷青花 *Hylomecon japonica* (Thunb.) Prantl	CBS-036
	罂粟属 *Papaver* L.	野罂粟 *Papaver nudicaule* L.	TYS-106
透骨草科 Phrymaceae	透骨草属 *Phryma* L.	透骨草 *Phryma leptostachya* L. subsp. *asiatica* (Hara) Kitamura	CBS-082
车前科 Plantaginaceae	车前属 *Plantago* L.	大车前 *Plantago major* L.	CBS-173
	婆婆纳属 *Veronica* L.	水蔓菁 *Veronica linariifolia* Pall. ex Link subsp. *dilatata* (Nakai et Kitagawa) D. Y. Hong	TYS-150
禾本科 Poaceae	看麦娘属 *Alopecurus* L.	看麦娘 *Alopecurus aequalis* Sobol.	CBS-004
	披碱草属 *Elymus* L.	肥披碱草 *Elymus excelsus* Turcz.	CBS-076
		老芒麦 *Elymus sibiricus* L.	CBS-138
		吉林鹅观草 *Elymus nakaii* (Kitagawa) S. L. Chen	CBS-111
	早熟禾属 *Poa* L.	早熟禾 *Poa annua* L.	TYS-090
花荵科 Polemoniaceae	花荵属 *Polemonium* L.	花荵 *Polemonium coeruleum* L.	CBS-011
远志科 Polygalaceae	远志属 *Polygala* L.	远志 *Polygala tenuifolia* Willd.	TYS-193
蓼科 Polygonaceae	何首乌属 *Fallopia* Adans.	木藤蓼 *Fallopia aubertii* (L. Henry) Holub	TYS-137
		篱蓼 *Fallopia dumetorum* (L.) Holub	CBS-223
	蓼属 *Polygonum* L.	酸模叶蓼 *Polygonum lapathifolium* L.	TYS-162
		春蓼 *Polygonum persicaria* L.	CBS-178
		粘蓼 *Polygonum viscoferum* Mak.	CBS-252
	酸模属 *Rumex* L.	巴天酸模 *Rumex patientia* L.	TYS-138

科名	属名	种名	凭证标本
报春花科 Primulaceae	点地梅属 *Androsace* L.	点地梅 *Androsace umbellata* (Lour.) Merr.	CBS-022
	珍珠菜属 *Lysimachia* L.	狼尾花 *Lysimachia barystachys* Bunge	CBS-211
		黄连花 *Lysimachia davurica* Ledeb.	CBS-222
	报春花属 *Primula* L.	樱草 *Primula sieboldii* E. Morren	CBS-060
毛茛科 Ranunculaceae	乌头属 *Aconitum* L.	两色乌头 *Aconitum alboviolaceum* Kom.	CBS-239
		西伯利亚乌头 *Aconitum barbatum* Pers. var. *hispidum* (DC.) Seringe	TYS-167
		鸭绿乌头 *Aconitum jaluense* Kom.	CBS-271
		北乌头 *Aconitum kusnezoffii* Reichb.	TYS-166
		长白乌头 *Aconitum tschangbaischanense* S. H. Li et Y. H. Huang	CBS-279
	侧金盏花属 *Adonis* L.	侧金盏花 *Adonis amurensis* Regel et Radde	CBS-118
	银莲花属 *Anemone* L.	黑水银莲花 *Anemone amurensis* (Korsh.) Kom.	CBS-057
		长毛银莲花 *Anemone narcissiflora* L. var. *crinita* (Juz.) Tamura	CBS-128
		野棉花 *Anemone vitifolia* Buch.-Ham.	TYS-174
	耧斗菜属 *Aquilegia* L.	白山耧斗菜 *Aquilegia japonica* Nakai et Hara	CBS-095
		尖萼耧斗菜 *Aquilegia oxysepala* Trautv. et Mey.	CBS-010
		华北耧斗菜 *Aquilegia yabeana* Kitag.	TYS-037
	升麻属 *Cimicifuga* Wernisch.	兴安升麻 *Cimicifuga dahurica* (Turcz.) Maxim.	TYS-135
		大三叶升麻 *Cimicifuga heracleifolia* Kom.	CBS-229
		单穗升麻 *Cimicifuga simplex* Wormsk.	CBS-084
	铁线莲属 *Clematis* L.	芹叶铁线莲 *Clematis aethusifolia* Turcz.	TYS-156
		粉绿铁线莲 *Clematis glauca* Willd.	TYS-122
		朝鲜铁线莲 *Clematis koreana* Kom.	CBS-002
	翠雀属 *Delphinium* L.	翠雀 *Delphinium grandiflorum* L.	TYS-154
	菟葵属 *Eranthis* Salisb.	菟葵 *Eranthis stellata* Maxim.	CBS-120
	白头翁属 *Pulsatilla* Mill.	白头翁 *Pulsatilla chinensis* (Bunge) Regel	TYS-006
		兴安白头翁 *Pulsatilla dahurica* (Fisch.) Spreng.	CBS-062
	毛茛属 *Ranunculus* L.	深山毛茛 *Ranunculus franchetii* de Boiss.	CBS-117
		毛茛 *Ranunculus japonicus* Thunb.	TYS-161
		白山毛茛 *Ranunculus japonicus* Thunb. var. *monticola* Kitag.	CBS-116
	唐松草属 *Thalictrum* Tourn. ex L.	唐松草 *Thalictrum aquilegifolium* L. var. *sibiricum* Regel et Tiling	CBS-119
		瓣蕊唐松草 *Thalictrum petaloideum* L.	TYS-146
	金莲花属 *Trollius* L.	长白金莲花 *Trollius japonicus* Miq.	CBS-068

科名	属名	种名	凭证标本
鼠李科 Rhamnaceae	鼠李属 *Rhamnus* L.	锐齿鼠李 *Rhamnus arguta* Maxim.	TYS-067
		鼠李 *Rhamnus davurica* Pall.	CBS-039
		金刚鼠李 *Rhamnus diamantiaca* Nakai	CBS-003
		小叶鼠李 *Rhamnus parvifolia* Bunge	TYS-068
		冻绿 *Rhamnus utilis* Decne.	TYS-093
蔷薇科 Rosaceae	龙芽草属 *Agrimonia* Tourn. ex L.	龙芽草 *Agrimonia pilosa* Ldb.	CBS-135
		龙芽草 *Agrimonia pilosa* Ldb.	TYS-177
	栒子属 *Cotoneaster* Medik.	水栒子 *Cotoneaster multiflorus* Bge	TYS-054
		毛叶水栒子 *Cotoneaster submultiflorus* Popov	TYS-076
		西北栒子 *Cotoneaster zabelii* Schneid.	TYS-075
	山楂属 *Crataegus* Tourn.ex L.	毛山楂 *Crataegus maximowiczii* C. K. Schneid.	CBS-067
		山楂 *Crataegus pinnatifida* Bge.	TYS-055
		山里红 *Crataegus pinnatifida* var. *major* N. E. Brown	CBS-025
		山里红 *Crataegus pinnatifida* var. *major* N. E. Brown	TYS-062
	仙女木属 *Dryas* L.	东亚仙女木 *Dryas octopetala* var.*asiatica*	CBS-091
	蚊子草属 *Filipendula* Mill.	蚊子草 *Filipendula palmata* (Pall.) Maxim.	CBS-187
	苹果属 *Malus* Mill.	山荆子 *Malus baccata* (L.) Borkh.	CBS-083
		山荆子 *Malus baccata* (L.) Borkh.	TYS-034
		苹果 *Malus pumila* Mill.	TYS-009
		海棠 *Malus spectabilis* (Ait.) Borkh.	TYS-023
	委陵菜属 *Potentilla* L.	蛇莓委陵菜 *Potentilla centigrana* Maxim.	CBS-071
		委陵菜 *Potentilla chinensis* Ser.	TYS-119
		狼牙委陵菜 *Potentilla cryptotaeniae* Maxim.	CBS-193
		金露梅 *Potentilla fruticosa* L.	CBS-148
		菊叶委陵菜 *Potentilla tanacetifolia* Willd. ex Schlecht.	TYS-128
	李属 *Prunus* L.	山桃 *Prunus davidiana* (Carrière) Franch.	TYS-003
		桃 *Prunus persica* L.	TYS-002
		东北杏 *Prunus mandshurica* (Maxim.) Koehne	CBS-098
		杏 *Prunus armeniaca* L.	TYS-005
		欧李 *Prunus humilis* (Bge.) Sok.	TYS-035
		毛樱桃 *Prunus tomentosa* (Thunb.) Wall.	TYS-018
		斑叶稠李 *Prunus maackii* Rupr.	CBS-051
		稠李 *Prunus padus* L.	CBS-042

续表

科名	属名	种名	凭证标本
蔷薇科 Rosaceae	梨属 *Pyrus* L.	木梨 *Pyrus xerophila* Yü	TYS-033
		秋子梨 *Pyrus ussuriensis* Maxim.	CBS-123
	蔷薇属 *Rosa* L.	山刺玫 *Rosa davurica* Pall.	CBS-013
		黄刺玫 *Rosa xanthina* Lindl.	TYS-030
	悬钩子属 *Rubus* L.	库页悬钩子 *Rubus sachalinensis* Lévl.	CBS-269
	地榆属 *Sanguisorba* L.	地榆 *Sanguisorba officinalis* L.	TYS-179
		大白花地榆 *Sanguisorba sitchensis* C. A. Mey.	CBS-188
	珍珠梅属 *Sorbaria* (Ser.) A. Braun	珍珠梅 *Sorbaria sorbifolia* (L.) A. Br.	CBS-261
	花楸属 *Sorbus* L.	花楸树 *Sorbus pohuashanensis* (Hance) Hedl.	CBS-015
	绣线菊属 *Spiraea* L.	石蚕叶绣线菊 *Spiraea chamaedryfolia* L.	CBS-088
		土庄绣线菊 *Spiraea pubescens* Turcz.	CBS-106
		绣线菊 *Spiraea salicifolia* L.	CBS-079
		绣线菊 *Spiraea salicifolia* L.	TYS-072
茜草科 Rubiaceae	拉拉藤属 *Galium* L.	北方拉拉藤 *Galium boreale* L.	CBS-054
		大叶猪殃殃 *Galium dahuricum* Turcz. ex Ledeb.	CBS-166
		异叶轮草 *Galium maximowiczii* (Kom.) Pobed.	CBS-021
	茜草属 *Rubia* L.	中国茜草 *Rubia chinensis* Regel et Maack	CBS-215
		茜草 *Rubia cordifolia* L.	CBS-182
芸香科 Rutaceae	黄檗属 *Phellodendron* Rupr.	黄檗 *Phellodendron amurense* Rupr.	CBS-100
杨柳科 Salicaceae	杨属 *Populus* L.	山杨 *Populus davidiana* Dode	CBS-152
		山杨 *Populus davidiana* Dode	TYS-014
		小叶杨 *Populus simonii* Carr.	TYS-013
	柳属 *Salix* L.	黄花柳 *Salix caprea* L.	TYS-001
		毛枝柳 *Salix dasyclados* Wimm.	CBS-086
		崖柳 *Salix floderusii* Nakai	CBS-072
		细柱柳 *Salix gracilistyla* Miq.	CBS-038
		杞柳 *Salix integra* Thunb.	CBS-065
		朝鲜柳 *Salix koreensis* Anderss.	CBS-149
		越桔柳 *Salix myrtilloides* L.	CBS-046
		多腺柳 *Salix polyadenia* Hand.-Mazz.	CBS-144
		卷边柳 *Salix siuzevii* Seemen	CBS-125
		松江柳 *Salix sungkianica* Y. L. Chou et Skv.	CBS-087
		三蕊柳 *Salix triandra* L.	CBS-096
		蒿柳 *Salix viminalis* E. L. Wolf	CBS-150
		白河柳 *Salix yanbianica* C. F. Fang et Ch. Y. Yang	CBS-124

科名	属名	种名	凭证标本
无患子科 Sapindaceae	槭属 *Acer* L.	茶条槭 *Acer ginnala* Maxim.	CBS-014
		茶条槭 *Acer ginnala* Maxim.	TYS-079
		色木槭 *Acer mono* Maxim.	CBS-153
		色木槭 *Acer mono* Maxim.	TYS-061
		梣叶槭 *Acer negundo* L.	CBS-093
		花楷槭 *Acer ukurunduense* Trautv. et Mey.	CBS-155
虎耳草科 Saxifragaceae	落新妇属 *Astilbe* Buch.-Ham. ex D.Don	落新妇 *Astilbe chinensis* (Maxim.) Franch. et Savat.	CBS-179
	大叶子属 *Astilboides* (Hemsl.) Engl.	大叶子 *Astilboides tabularis* (Hemsl.) Engl.	CBS-143
五味子科 Schisandraceae	五味子属 *Schisandra* Michx.	五味子 *Schisandra chinensis* (Turcz.) Baill.	CBS-104
茄科 Solanaceae	茄属 *Solanum* L.	龙葵 *Solanum nigrum* L.	CBS-234
榆科 Ulmaceae	刺榆属 *Hemiptelea* Planch.	刺榆 *Hemiptelea davidii* (Hance) Planch.	TYS-027
	榆属 *Ulmus* L.	春榆 *Ulmus davidiana* Planch. var. *japonica* (Rehd.) Nakai	CBS-130
		榆树 *Ulmus pumila* L.	TYS-012
荨麻科 Urticaceae	艾麻属 *Laportea* Gaudich.	珠芽艾麻 *Laportea bulbifera* (Sieb. et Zucc.) Wedd.	CBS-169
	冷水花属 *Pilea* Lindl.	透茎冷水花 *Pilea pumila* (L.) A. Gray	CBS-177
	荨麻属 *Urtica* L.	狭叶荨麻 *Urtica angustifolia* Fisch. ex Hornem	CBS-260
堇菜科 Violaceae	堇菜属 *Viola* L.	鸡腿堇菜 *Viola acuminata* Ledeb.	CBS-070
		双花堇菜 *Viola biflora* L.	CBS-134
		紫花地丁 *Viola philippica* Cav.	TYS-016
葡萄科 Vitaceae	葡萄属 *Vitis* L.	山葡萄 *Vitis amurensis* Rupr.	CBS-112

后 记

　　在本书的编辑过程中，河北师范大学的武丽伟博士、王丹丹博士、李怡雯硕士和兰州大学孙沅浩博士参与了花粉图版的整理和编排；河北师范大学郝佳硕士、王叶星硕士、黄荣硕士、王娜硕士和石晋东硕士参与了花粉形态数据的测量。兰州大学任秀秀博士和郑敏博士对书稿进行了仔细审读并提出了宝贵意见。感谢他们的协助，使本书编写得以顺利完成。

　　本书由国家自然科学基金重点项目"基于花粉产量定量重建我国 6ka 以来的土地覆被（1°×1°）变化"（编号：41630753）和第二次青藏高原综合科学考察项目任务六第一专题"人类活动历史及其影响"（编号：2019QZKK0601）资助。